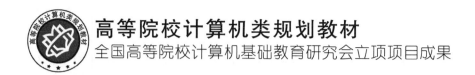

高等院校计算机类规划教材

全国高等院校计算机基础教育研究会立项项目成果

计算机技术与人工智能基础

主　编　赵学军　武　岳　刘振晗

U0304048

北京邮电大学出版社
www.buptpress.com

内 容 简 介

本教材遵照教育部《关于进一步加强高校计算机基础教学的意见》的指示精神和要求,并结合高校计算机基础教育的特点及本校计算机教学的实际情况编写而成,主要以普及大学计算机公共基础课程中计算机技术及人工智能基础知识为目的。

本教材主要内容包括上下两篇,共 12 章。上篇有 7 章,其内容包括计算机概述、计算机中的信息表示与编码、计算机系统基础、计算机操作系统基础知识、多媒体技术概述、数据库技术基础、软件工程基础。下篇有 5 章,其内容包括计算机网络与物联网概述、大数据及云计算、人工智能基础、机器学习及 Python 程序设计基础。书中主要介绍计算机软件学科中所涉及的基本知识,以及大学计算机基础知识。书中内容由浅入深,对计算机学科中最基础的常识性内容进行了概括性的阐述,以使得每一位大学生通过学习,都能大体了解计算机技术的基础知识,特别是当今计算机的新技术以及 Python 语言程序设计的基础内容。

本教材可作为高等院校计算机公共课程的教材,也可供相关行业培训及参考使用。

图书在版编目(CIP)数据

计算机技术与人工智能基础 / 赵学军,武岳,刘振晗主编. −− 北京:北京邮电大学出版社,2020.6 (2022.8 重印)

ISBN 978-7-5635-6039-4

Ⅰ. ①计… Ⅱ. ①赵… ②武… ③刘… Ⅲ. ①电子计算机—基本知识②人工智能—基本知识 Ⅳ. ①TP3②TP18

中国版本图书馆 CIP 数据核字(2020)第 062686 号

策划编辑:彭 楠 **责任编辑:**王晓丹 左佳灵 **封面设计:**七星博纳

出版发行:北京邮电大学出版社
社 址:北京市海淀区西土城路 10 号
邮政编码:100876
发 行 部:电话:010-62282185 传真:010-62283578
E-mail:publish@bupt.edu.cn
经 销:各地新华书店
印 刷:保定市中画美凯印刷有限公司
开 本:787 mm×1 092 mm 1/16
印 张:17.25
字 数:428 千字
版 次:2020 年 6 月第 1 版
印 次:2022 年 8 月第 3 次印刷

ISBN 978-7-5635-6039-4 **定价:45.00 元**

前　言

本书主要根据教育部《关于进一步加强高校计算机基础教学的意见》的要求,针对高等院校大学生计算机基础课程学习的基本需求,结合目前高等院校计算机基础教学的实际情况编写而成。

当今社会是信息社会,计算机技术飞速发展并得到广泛应用。信息社会、智慧时代对高校的人才培养提出了更高的要求,同时提高了高校计算机教育的标准和水平。大学计算机基础课程的特点及重要性,决定了它一直是我国高等院校的基础及主干课程,处于高校公共基础课程的地位,从而备受重视。我们依托现代计算机教育的技术和思想,针对目前计算机的发展现状以及授课学生的实际情况,汲取兄弟院校的教学经验及我校计算机基础教学的情况,编写了这套"计算机技术及人工智能基础"课程教材。其目的是使学生了解计算机传统技术及新技术的基础知识,掌握在当今社会生活与工作学习中必备的计算机技术基础知识与基本操作技能,培养学生的计算思维能力以及在人工智能基础理论方面具有基础性和先导性的信息素养,提高学生运用计算机知识和技术解决各专业领域实际问题的能力,提升学生对人工智能的整体认知和应用水平,拓展学生的知识视野,也为学生后续课程的学习做好铺垫,以满足社会对人才培养的需求。

"计算机技术及人工智能基础"课程教材包括《计算机技术与人工智能基础》及与之相配套的实验教材《计算机技术与人工智能基础实验教程》。《计算机技术与人工智能基础》侧重于介绍计算机技术的基本概念、基本原理、计算机新技术的理论及当今应用广泛的 Python 语言,可进一步夯实大学生计算机技术的基础理论知识,拓宽大学生计算机技术的应用视野,培养大学生利用计算机知识和技术分析并解决实际问题的能力。《计算机技术与人工智能基础》是强实践性课程,主要面向应用实践。学生在掌握计算机基本概念和计算机技术基本理论的基础上要多动手多上机实践。通过实践培养学生计算机应用的综合素质,为各专业学生通过使用计算机这个现代化信息处理工具来解决各自研究领域的计算机应用问题打下良好的基础。

本书根据教师多年的教学经验,精心安排各个章节的内容,编排顺序合理,重点突出,有利于学生循序渐进、逐渐深入,从而加深对计算机基本概念的理解,有助于计算机技术及人工智能等新技术的普及。

本书共 12 章,分为上下两篇。上篇有 7 章,其内容包括计算机概述、计算机中的信息表示与编码、计算机系统基础、计算机操作系统基础知识、多媒体技术概述、数据库技术基础、软件工程基础。下篇有 5 章,其内容包括计算机网络与物联网概述、大数据及云计算、人工智能基础、机器学习及 Python 程序设计基础。

作者建议本套的教学时数如下:课堂教学 40 个学时,上机实践 24 个学时。

本书由赵学军、武岳及刘振晗任主编,负责全书的统稿工作,各章分工如下:第 1 章由刘振晗编写;第 2 章、第 3 章、第 4 章、第 5 章、第 6 章及第 7 章由武岳编写;第 8 章由赵学军及张登科编写;第 9 章、第 10 章、第 11 章由赵学军及臧泽龙编写;第 12 章由赵学军及闫雪编写。

最后,对多年来关心和支持本书及本书作者的领导、同事和朋友们表示由衷的感谢。尤其对中国矿业大学(北京)的学校领导、教务处领导、机电学院领导和计算机系领导及基础课程任课教师的关心和大力支持表示感谢!

由于水平有限,书中难免存在错误和问题,恳请专家和读者批评指正。

作　者

2020 年 3 月 1 日于中国矿业大学(北京)

目　录

上　篇

第1章　计算机概述 ·· 3

1.1　计算机与信息 ··· 3

1.2　计算机分类 ··· 3

   1.2.1　高性能计算机 ··· 3

   1.2.2　微型计算机 ·· 4

   1.2.3　工作站 ·· 4

   1.2.4　服务器 ·· 4

   1.2.5　嵌入式计算机 ··· 5

1.3　国际计算机的发展 ··· 5

   1.3.1　第1代 电子管计算机（1944年—1958年）·· 6

   1.3.2　第2代 晶体管计算机（1958年—1964年）·· 7

   1.3.3　第3代 集成电路计算机（1964年—1971年）··· 7

   1.3.4　第4代 大规模集成电路计算机（1971年至今）·· 8

1.4　国内计算机的发展 ··· 9

   1.4.1　第1代 电子管计算机的研制(1958年—1964年)·· 9

   1.4.2　第2代 晶体管计算机的研制(1965年—1972年)·· 11

   1.4.3　第3代 中小规模集成电路计算机的研制(1973年—20世纪80年代初期)······· 11

   1.4.4　第4代 超大规模集成电路计算机的研制(20世纪80年代中期至今)·········· 12

   1.4.5　自主研发之路 ··· 13

   1.4.6　国内与国际计算机发展的对比·· 14

1.5　计算机的主要应用领域··· 15

   1.5.1　科学计算 ··· 15

   1.5.2　数据处理 ··· 15

   1.5.3　计算机辅助系统··· 15

   1.5.4　过程控制 ··· 16

1.5.5　人工智能 ·· 16

1.5.6　网络应用 ·· 16

1.6　计算机技术对于社会发展的影响 ·· 16

1.6.1　推动社会生产力的发展 ·· 17

1.6.2　对经济的影响 ·· 17

1.6.3　对生产方式和工作方式的影响 ··· 17

1.6.4　对生活的影响 ·· 18

1.6.5　其他方面 ··· 18

1.7　计算机的发展趋势 ·· 18

1.7.1　计算机的发展方向 ·· 18

1.7.2　未来的新型计算机 ·· 19

本章小结 ·· 20

习题 ··· 20

第2章　计算机中的信息表示与编码 ·· 22

2.1　计算机中的信息表示 ··· 22

2.1.1　数制 ·· 22

2.1.2　不同数制之间的转换 ·· 22

2.1.3　二进制数的运算规则 ·· 24

2.1.4　计算机中的数据存储单位 ··· 25

2.1.5　数值型数据的表示与处理 ··· 26

2.2　计算机信息编码 ·· 28

2.2.1　字符编码 ··· 28

2.2.2　数字编码 ··· 29

2.2.3　汉字编码 ··· 30

2.2.4　多媒体信息编码 ··· 31

本章小结 ·· 33

习题 ··· 33

第3章　计算机系统基础 ·· 34

3.1　冯·诺依曼体系结构 ··· 34

3.1.1　冯·诺依曼体系结构 ·· 34

3.1.2　冯·诺依曼体系结构与哈佛体系结构的比较 ·························· 35

3.1.3　冯·诺依曼体系结构的局限 ··· 35

3.2　微型计算机的组成结构与工作原理 …………………………… 35

　　3.2.1　微型计算机的组成结构 …………………………………… 36

　　3.2.2　微型计算机的工作原理 …………………………………… 36

3.3　计算机硬件系统 ………………………………………………… 38

　　3.3.1　中央处理器 CPU ………………………………………… 38

　　3.3.2　总线 ………………………………………………………… 40

　　3.3.3　内部存储器 ………………………………………………… 41

　　3.3.4　外部存储器 ………………………………………………… 41

　　3.3.5　主板 ………………………………………………………… 42

　　3.3.6　输入设备 …………………………………………………… 43

　　3.3.7　输出设备 …………………………………………………… 44

3.4　计算机软件系统 ………………………………………………… 45

　　3.4.1　系统软件 …………………………………………………… 45

　　3.4.2　应用软件 …………………………………………………… 46

本章小结 ………………………………………………………………… 47

习题 ……………………………………………………………………… 47

第 4 章　计算机操作系统的基础知识 ………………………………… 49

4.1　操作系统概述 …………………………………………………… 49

　　4.1.1　操作系统的定义 …………………………………………… 49

　　4.1.2　操作系统的发展历程 ……………………………………… 50

　　4.1.3　操作系统的作用 …………………………………………… 52

　　4.1.4　操作系统的性能指标 ……………………………………… 52

　　4.1.5　操作系统的基本特征 ……………………………………… 53

　　4.1.6　相关概念 …………………………………………………… 53

4.2　操作系统的基本类型 …………………………………………… 54

　　4.2.1　批处理系统 ………………………………………………… 54

　　4.2.2　分时操作系统 ……………………………………………… 54

　　4.2.3　实时操作系统 ……………………………………………… 55

　　4.2.4　通用操作系统 ……………………………………………… 55

　　4.2.5　个人计算机操作系统 ……………………………………… 55

　　4.2.6　网络操作系统 ……………………………………………… 55

　　4.2.7　分布式操作系统 …………………………………………… 56

4.3　操作系统的功能 ………………………………………………… 56

　　4.3.1　处理机管理 ·· 56

　　4.3.2　存储管理 ·· 56

　　4.3.3　设备管理 ·· 57

　　4.3.4　信息管理 ·· 57

　　4.3.5　用户接口 ·· 57

　4.4　进程管理 ·· 57

　　4.4.1　进程的概念 ·· 57

　　4.4.2　进程的描述及上下文 ·· 58

　　4.4.3　进程的状态及其转换 ·· 59

　　4.4.4　进程间的制约关系及死锁问题 ································ 60

　　4.4.5　线程的概念 ·· 61

　4.5　处理机调度 ·· 61

　　4.5.1　分级调度 ·· 61

　　4.5.2　作业调度 ·· 62

　　4.5.3　进程调度及调度算法 ·· 63

　4.6　存储管理 ·· 64

　　4.6.1　存储管理的功能 ·· 64

　　4.6.2　分区存储管理 ·· 64

　　4.6.3　覆盖与交换技术 ·· 65

　　4.6.4　页式管理的基本原理 ·· 66

　　4.6.5　段式与段页式管理 ·· 66

　　4.6.6　分段与分页技术的比较 ······································ 68

　4.7　设备管理 ·· 68

　　4.7.1　设备分类及管理的功能 ······································ 68

　　4.7.2　数据传输控制方式及中断 ···································· 68

　4.8　常见操作系统简介 ·· 69

　　4.8.1　Windows 系列 ·· 69

　　4.8.2　UNIX 操作系统简介 ··· 70

　　4.8.3　Linux 操作系统简介 ·· 70

　本章小结 ·· 71

　习题 ·· 72

第 5 章　多媒体技术概述 ·· 75

　5.1　多媒体技术的基本概念 ·· 75

5.1.1　多媒体与多媒体技术 ··· 75

5.1.2　多媒体的数据格式 ·· 77

5.2　多媒体类型 ·· 79

5.3　多媒体系统的组成 ·· 80

5.3.1　多媒体系统硬件 ·· 80

5.3.2　多媒体系统软件 ·· 83

5.4　流行的多媒体应用软件 ·· 84

5.4.1　记事本 ··· 84

5.4.2　Microsoft Office Word ··· 85

5.4.3　Photoshop ·· 88

5.4.4　Adobe Premiere Pro ··· 93

本章小结 ·· 94

习题 ·· 95

第6章　数据库技术基础 ·· 97

6.1　数据库系统的基本概念 ·· 97

6.1.1　数据库系统的组成 ·· 97

6.1.2　数据描述 ·· 98

6.1.3　概念模型 ·· 99

6.2　数据模型 ·· 100

6.3　关系数据库 ·· 101

6.3.1　基本概念 ··· 101

6.3.2　关系数据库的主要特点 ·· 102

6.3.3　关系的基本运算 ··· 103

6.3.4　关系完整性约束 ··· 104

6.4　实时数据库基础 ·· 104

6.4.1　实时数据库简介 ··· 104

6.4.2　实时数据库作用 ··· 105

6.5　数据库系统应用 ·· 105

6.5.1　专用数据库应用系统 ·· 105

6.5.2　电子商务系统 ··· 106

6.5.3　数据仓库与数据挖掘分析系统 ······································· 106

6.6　常用的数据库管理系统简介 ·· 106

6.6.1　DB2 ·· 106

6.6.2 SQL-Server ……………………………………………… 107

6.6.3 Sybase ……………………………………………………… 108

6.6.4 FoxPro ……………………………………………………… 109

6.6.5 Access ……………………………………………………… 110

6.6.6 Oracle ……………………………………………………… 110

本章小结 ……………………………………………………………… 111

习题 ………………………………………………………………… 112

第 7 章 软件工程基础 ……………………………………………… 114

7.1 软件工程概述 …………………………………………………… 114

7.1.1 软件危机 …………………………………………………… 114

7.1.2 软件工程 …………………………………………………… 114

7.1.3 软件生命周期 ……………………………………………… 115

7.1.4 软件过程 …………………………………………………… 116

7.2 软件的需求分析 ………………………………………………… 121

7.2.1 需求分析的过程 …………………………………………… 121

7.2.2 结构化分析方法 …………………………………………… 122

7.2.3 实体-联系图与状态转换图 ………………………………… 125

7.3 软件设计 ………………………………………………………… 126

7.3.1 总体设计 …………………………………………………… 126

7.3.2 详细设计 …………………………………………………… 127

7.4 软件的实现 ……………………………………………………… 131

7.4.1 编码 ………………………………………………………… 131

7.4.2 软件测试概述 ……………………………………………… 132

7.4.3 测试方法 …………………………………………………… 132

7.4.4 测试的过程 ………………………………………………… 134

7.4.5 调试 ………………………………………………………… 135

7.5 软件维护 ………………………………………………………… 135

7.5.1 软件维护的特点 …………………………………………… 135

7.5.2 软件维护的类型 …………………………………………… 136

7.5.3 软件维护的过程 …………………………………………… 137

7.5.4 软件的可维护性 …………………………………………… 139

本章小结 ……………………………………………………………… 139

习题 ………………………………………………………………… 140

下　篇

第8章　计算机网络与物联网概述 ···································· 145

8.1　计算机网络概述 ·· 145

8.1.1　计算机网络概念 ··· 145

8.1.2　计算机网络的组成 ······································· 145

8.1.3　网络类型及拓扑结构 ····································· 146

8.1.4　网络的技术术语 ··· 149

8.2　计算机网络体系结构 ·· 150

8.2.1　网络协议与体系结构的基本概念 ··························· 150

8.2.2　OSI/RM 开放系统互连参考模型 ··························· 151

8.2.3　TCP/IP 的体系结构 ······································ 152

8.3　局域网技术 ·· 153

8.3.1　局域网概述 ··· 153

8.3.2　网络互联设备 ··· 154

8.4　Internet 简介 ·· 155

8.4.1　Internet 概述 ··· 155

8.4.2　IP 地址和域名 ·· 156

8.4.3　Internet 提供的服务 ····································· 158

8.5　物联网概述 ·· 160

8.5.1　物联网定义 ··· 160

8.5.2　物联网的发展 ··· 160

8.5.3　物联网的特征 ··· 163

8.6　物联网的相关技术 ·· 163

8.6.1　地址资源技术 ··· 163

8.6.2　人工智能 ··· 164

8.6.3　物联网架构 ··· 164

8.6.4　云计算技术 ··· 165

8.6.5　物联网系统 ··· 165

8.6.6　物联网传输方式的选择 ··································· 166

8.7　物联网的主要应用领域 ·· 166

8.7.1　智能家居 ··· 167

8.7.2 智能医疗 …………………………………………………… 167

8.7.3 智能城市 …………………………………………………… 168

8.7.4 智能环保 …………………………………………………… 168

8.7.5 智能交通 …………………………………………………… 168

8.7.6 智能司法 …………………………………………………… 169

8.7.7 智能农业 …………………………………………………… 169

8.7.8 智能物流 …………………………………………………… 169

8.7.9 智能文博 …………………………………………………… 170

8.8 物联网产生的影响 …………………………………………………… 170

8.9 物联网的发展前景 …………………………………………………… 170

本章小结 …………………………………………………………………… 172

习题 ………………………………………………………………………… 173

第9章 大数据及云计算 …………………………………………………… 175

9.1 初识大数据 …………………………………………………………… 175

9.1.1 大数据的基本概念 …………………………………………… 175

9.1.2 大数据的主要技术 …………………………………………… 175

9.1.3 大数据的特征 ………………………………………………… 178

9.1.4 大数据的价值与挑战 ………………………………………… 179

9.1.5 大数据的典型应用 …………………………………………… 181

9.2 云计算综述 …………………………………………………………… 182

9.2.1 云计算的基本概念 …………………………………………… 182

9.2.2 云计算的特点 ………………………………………………… 183

9.2.3 云计算的服务类型 …………………………………………… 184

9.2.4 云计算实现的关键技术 ……………………………………… 184

9.2.5 云计算的典型应用 …………………………………………… 185

本章小结 …………………………………………………………………… 186

习题 ………………………………………………………………………… 186

第10章 人工智能基础 …………………………………………………… 188

10.1 初识人工智能 ……………………………………………………… 188

10.2 人工智能的发展史 ………………………………………………… 189

10.2.1 孕育期 ……………………………………………………… 189

10.2.2 形成期 ……………………………………………………… 190

10.2.3 知识应用期 ······ 190

10.2.4 从学派分立走向综合 ······ 192

10.2.5 智能科学技术学科的兴起 ······ 192

10.3 人工智能的研究目标 ······ 192

10.4 人工智能的研究领域 ······ 193

10.4.1 机器思维 ······ 193

10.4.2 机器感知 ······ 194

10.4.3 机器行为 ······ 196

10.4.4 机器学习 ······ 196

10.4.5 计算智能 ······ 197

10.4.6 分布智能 ······ 199

10.4.7 智能系统 ······ 199

10.4.8 人工心理与人工情感 ······ 200

10.5 人工智能的典型应用 ······ 200

10.5.1 智能机器人 ······ 200

10.5.2 智能网络 ······ 201

10.5.3 智能检索 ······ 201

本章小结 ······ 201

习题 ······ 202

第 11 章 机器学习 ······ 203

11.1 机器学习概述 ······ 203

11.2 分类算法 ······ 204

11.3 聚类算法 ······ 206

本章小结 ······ 207

习题 ······ 208

第 12 章 Python 程序设计基础 ······ 209

12.1 Python 语言基础知识 ······ 209

12.1.1 Python 语言 ······ 209

12.1.2 Python 环境的搭建 ······ 211

12.1.3 基础语法 ······ 211

12.1.4 变量和运算符 ······ 213

12.1.5 列表、元组、字典和集合 ······ 218

12.1.6 字符串 ······ 223

12.2　Python 程序设计基础 ……………………………………………… 226

　　12.2.1　流程控制 ………………………………………………… 226

　　12.2.2　函数 ……………………………………………………… 232

　　12.2.3　类和对象 ………………………………………………… 236

　　12.2.4　文件操作(I/O) …………………………………………… 242

12.3　综合案例 ……………………………………………………………… 244

　　12.3.1　贪吃蛇游戏 ………………………………………………… 245

　　12.3.2　网络爬虫与信息提取 ……………………………………… 249

　　12.3.3　泰坦尼克号遇难人数预测模型 …………………………… 251

本章小结 ……………………………………………………………………… 256

习题 …………………………………………………………………………… 257

参考文献 ……………………………………………………………………… 262

上　　篇

第1章　计算机概述

1.1　计算机与信息

计算机(computer)是一类可以进行高速运算的计算机器。它不仅具备数值计算和逻辑计算的功能,同时它还是能够按照程序运行并高速处理大量数据的智能电子设备。由于电子计算机是人类脑力劳动的工具,因此又被称为电脑。如今计算机不但已经成为人类社会走向现代化的必备工具,而且计算机的科技水平以及应用程度也已经成为衡量一个国家国防、科技、经济水平的重要标志。

计算机的飞速发展同时带动了信息产业的发展。所谓信息,是人类一切生存活动和自然存在所传达的信号与消息,是人类社会所创造的全部知识的总和。而与信息息息相关的就是信息技术。信息技术是人类开发利用信息的方法和手段,主要包括信息的产生、收集、表示、存储、传递、处理以及利用等方面的技术。如今信息技术不仅涵盖了通信技术、计算机技术、多媒体技术、信息处理技术等技术,同时还涉及自控技术、新材料技术、传感技术等前沿技术。在当今信息社会中,因特网的应用持续扩展,信息技术和信息产业也日新月异。

1.2　计算机分类

计算机技术发展迅速,计算机类型不断分化,各种不同类型的计算机不断涌现出来。根据计算机结构原理的不同对其进行分类,可分为模拟计算机、数字计算机和混合式计算机;根据计算机的用途对其进行分类,可分为专用计算机和通用计算机;根据计算机的性能指标和作用来对其进行分类,可分为巨型机、大型计算机、小型机及微型机。随着计算机技术的飞速发展,计算机性能也在不断地改进。过去一台大型机的各项性能指标可能还不及今天的一台微型计算机,因此计算机类别的划分很难有一个非常精确的标准。根据计算机的性能指标,同时结合计算机应用领域的不同,我们将计算机分为五大类:高性能计算机、微型计算机、工作站、服务器、嵌入式计算机。

1.2.1　高性能计算机

高性能计算机也就是超级计算机。我国生产的曙光 4000A(如图 1.1 所示)、联想深腾6800 都位列全球高性能计算机 Top 500 排行榜中。其中落户于上海超级计算中心的曙光4000A 凭着 11 万亿次每秒的峰值速度位列全球前十。至此,中国已经成为继美国、日本之后第 3 个拥有进入世界前十位的高性能计算机的国家。

图 1.1 曙光 4000A 高性能计算机

1.2.2 微型计算机

大规模、超大规模集成电路的发展为微型计算机的出现奠定了基础。中央处理器（central processing unit，CPU）就是运用接触电路技术将计算机运算器和控制器集成在一块大规模的集成电路芯片上。中央处理器就好比微型计算机的心脏，是微型计算机的核心部件。由于微型计算机价格便宜、软件丰富、使用简捷、性能优越，因此已经广泛应用于办公和家庭生活中。台式计算机和笔记本计算机都是我们常用的微型计算机。

1.2.3 工作站

工作站（如图 1.2 所示）是一种高档的通用微型计算机，通常配有高分辨率的大屏幕显示器和大容量的内部存储器和外部存储器，具备强大的图形、图像处理功能和高速的数据运算能力。工作站主要用于工程设计、金融管理、动画制作等专业领域的设计开发。

图 1.2 工作站

1.2.4 服务器

服务器（如图 1.3 所示）是在网络环境下为多个用户提供共享资源和服务的一类计算机

产品。服务器具有存储容量大、网络通信功能强、安全可靠等优点。在服务器上一般运行专门的网络操作系统,为网络用户提供文件传输、数据库通信等服务。

图 1.3　服务器

1.2.5　嵌入式计算机

嵌入式计算机是指嵌入到对象中,实现对对象智能化控制的专用计算机系统。嵌入式计算机系统是以应用为中心,以计算机技术为基础,并且软硬件可裁剪,适用于应用系统对功能、可靠性、成本、体积、功耗有严格要求的专用计算机系统。它一般由嵌入式微处理器、外围硬件设备、嵌入式操作系统和用户应用程序 4 部分组成,用于实现对其他设备的控制、监视和管理等功能。如今嵌入式计算机已经深入到我们生活中,手机、空调、电视机顶盒、数码相机、汽车等都有嵌入式计算机的身影。

1.3　国际计算机的发展

在人类社会的发展进程中,计算工具起着举足轻重的作用。从贝壳、结绳、算筹、算盘到后来的计算尺、计算器、机械计算机等,计算工具在不断改善我们的生活,是人脑的延伸。1946 年 2 月,世界上第一台电子计算机 ENIAC(electronic numerical integrator and computer)问世于美国宾夕法尼亚大学。它的诞生,是人类科学发展史上的里程碑。经过半个多世纪的发展,计算机在提高性能、减小体积、降低成本等方面取得了极大进步。在信息爆炸的今天,计算机在人类生活中起着不可估量的作用。

根据计算机所使用的物理元器件的不同,计算机的发展大致分为 4 个阶段,见表1.1。

表 1.1　计算机发展的 4 个重要阶段

代别	第 1 代	第 2 代	第 3 代	第 4 代
年代	20 世纪 40 年代～20 世纪 50 年代末期	20 世纪 50 年代末期～20 世纪 60 年代初期	20 世纪 60 年代中期～20 世纪 70 年代初期	20 世纪 70 年代至今
主机器件	电子管	晶体管	中小规模集成电路	大规模、超大规模集成电路
外存	纸带、穿孔卡片	磁带	磁盘、磁带	光盘等大容量存储器
内存	汞延迟线	磁芯存储器	半导体存储器	半导体存储器
处理方式	汇编语言、机器语言	作业批量处理编译语言	多道程序、实时处理	实时、分时处理网络操作系统
运算速度	每秒五千至四万次	每秒几十万至几百万次	每秒一百万至几百万次	每秒几百万至几千亿次
代表机型	ENIAC EDVAC	IBM7090 CDC6600	IBM360 NOVA1200 PDP11	IBM360 215MPC X86 系列

1.3.1　第 1 代 电子管计算机(1944 年—1958 年)

1944 年 8 月，马克 1 号计算机问世。它长约 15 m，高约 2.4 m，自重达到 31.5 t，它可以每分钟进行 200 次以上的运算，可以做 23 位数加 23 位数的加法，一次仅需要 0.3 s，进行同样位数的乘法只需要 6 秒多的时间。马克 1 号被称为最后一台"史前"计算机，即最后一台通过机械/电动方式运作的计算机。

1943 年，正值第二次世界大战时期，美国为了实验新式火炮，需要计算火炮的弹道表，需要进行大量计算。一张弹道表需要计算近 4 000 条弹道，每条弹道需要计算 750 次乘法和更多的加减法，工作量巨大。一发炮弹打出去，需要一百多人使用手摇计算机不停计算，还经常出错。时任宾夕法尼亚大学莫尔电机工程学院的莫希利(John Mauchly)提出了试制第一台电子计算机的设想。美国军方得知这一设想后，拨款成立了一个研制小组。终于，1946 年 2 月 14 日，世界上第二台电子计算机，也是世界上第一台通用计算机"埃历阿克"(ENIAC，电子数字积分计算机)诞生于美国宾夕法尼亚大学。

ENIAC(如图 1.4 所示)长 30.48 m，宽 6 m，高 2.4 m，占地面积约 170 m^2，拥有 30 个操作台，重达 30 英吨(1 英吨=1.016 t)，耗电量 150 kW，造价 48 万美元。它包含了 17 468 根真空管(电子管)，7 200 根晶体二极管，1 500 个中转，70 000 个电阻器，10 000 个电容器，1 500 个继电器，6 000 多个开关。它每秒能进行 5 000 次加法运算(据测算，人最快的运算速度每秒仅 5 次加法运算)，或 400 次乘法运算。

1945 年 6 月，冯·诺依曼等人发表了一篇长达 101 页的报告，即计算机史上著名的"101 页报告"。这份报告奠定了现代电脑体系结构坚实的根基，直到今天，它仍然被认为是现代电脑科学发展里程碑式的文献。报告明确规定了计算机的五大部件(输入系统、输出系统、存储器、运算器、控制器)，并用二进制替代十进制运算，大大方便了机器的电路设计。

1947 年，晶体管问世。晶体管运算的速度非常快，不容易损坏，并且更加耐用，而且这种材料是固态的，其体积也远远小于继电器或者真空管。

图 1.4 世界上第一台计算机 ENIAC

1.3.2 第 2 代 晶体管计算机（1958 年—1964 年）

晶体管代替了真空管。这既减小了计算机的体积，也节省了开支，从而使中小型企业也能够负担得起。FORTRAN 和 COBOL 两种高级计算机程序设计语言的发明使得编程变得更加容易。这两种语言将编程任务和计算机运算任务分离出来，新的职业（程序员、分析员和计算机系统专家）和整个软件产业由此诞生。晶体管计算机采用了监控程序，这是操作系统的雏形。

晶体管计算机的主要特点：

（1）体积小，可靠性增强，寿命延长；

（2）运算速度快；

（3）提高了操纵系统的适应性；

（4）容量提高；

（5）应用领域扩大。

1.3.3 第 3 代 集成电路计算机（1964 年—1971 年）

以中小规模集成电路来构成计算机的主要功能部件。主存储器采用半导体存储器。运算速度可达每秒几十万次至几百万次基本运算。在软件方面，操作系统日趋完善。

集成电路可在几平方毫米的单晶硅片上集成十几个甚至上百个电子元件。计算机开始采用中小规模的集成电路元件，这一代计算机的体积比上一代更小，耗电更少，功能更强，寿命更长，应用领域更广，总体性能比上一代有很大提高。

集成电路计算机的主要特点：

（1）体积更小，寿命更长；

（2）运行计算速度更快；

（3）外围设备出现多样化；

（4）操作系统、应用程序、高级语言进一步发展；

（5）应用范围扩大到企业管理和辅助设计等领域。

1964 年 4 月 7 日，在 IBM 成立 50 周年之际，由年仅 40 岁的吉恩·阿姆达尔（G. Amdahl）担任主设计师，历时 4 年研发的 IBM360（如图 1.5 所示）计算机问世，标志着第 3

代计算机的全面登场,这也是 IBM 历史上最为成功的机型。

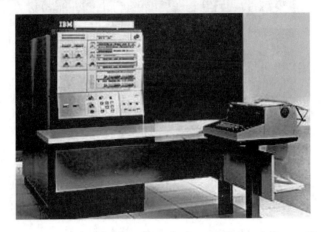

图 1.5　IBM360 计算机

1965 年 DEC 公司推出了 PDP-8 型计算机,标志着小型机时代的到来。

1968 年 Intel 公司成立,从此为计算机的发展和普及做出了不可磨灭的贡献。

与此同时,美国加利福尼亚大学的恩格巴特(Douglas Englebart)博士发明了世界上第一只鼠标。

1.3.4　第 4 代 大规模集成电路计算机 (1971 年至今)

这时期计算机的体积、重量、功耗进一步减少,运算速度、存储容量、可靠性都有很大的提高。

大规模集成电路计算机的主要特点:

(1) 采用了大规模和超大规模集成电路逻辑元件,体积与第 3 代相比进一步缩小,可靠性更高,寿命更长。

(2) 运算速度加快,每秒可达几千万次到几十亿次。

(3) 系统软件和应用软件得到了巨大的发展,软件配置丰富,程序设计部分自动化。

(4) 计算机网络技术、多媒体技术、分布式处理技术有了很大的发展,微型计算机大量进入家庭,产品更新速度加快。

(5) 计算机在办公自动化、数据库管理、图像处理、语言识别和专家系统等各个领域得到应用,电子商务已开始进入家庭,出现个人电脑(PC)。

计算机的发展进入到了一个新的历史时期。

1971 年,来自《电子新闻》的记者唐·赫夫勒(Don Hoefler)依据半导体中的主要成分"硅"命名了当时的帕洛阿托地区,"硅谷"由此得名。同年 1 月,Intel 的特德·霍夫研制成功了第一枚能够实际工作的微处理器 4004,该处理器在面积约 12 mm^2 的芯片上集成了 2 250 个晶体管,运算能力足以超过 ENICA。Intel 于同年 11 月 15 日正式对外公布了这款处理器。

1972 年,曾经开发了 UNIX 操作系统的 Dennis Ritchie 领导开发出 C 语言。

1974 年 4 月 1 日,Intel 推出了自己的第一款 8 位微处理芯片 8080。

1975 年 7 月,比尔·盖茨(B. Gates)在成功为"牛郎星"电脑配上了 BASIC 语言之后,从哈佛大学退学,与好友保罗·艾伦(Paul Allen)一同创办了微软公司,并为公司制定了奋斗目标:"每一个家庭每一张桌上都有一部微型电脑运行着微软的程序!"

1976年4月1日,斯蒂夫·沃兹尼亚克(Stephen Wozinak)和斯蒂夫·乔布斯(Stephen Jobs)共同创立了苹果公司,并推出了自己的第一款计算机 Apple-I。

1977年6月,拉里·埃里森(Larry Ellison)与自己的好友 Bob Miner 和 Edward Oates 一起创立了甲骨文公司(Oracle Corporation)。

1981年8月12日,PC机之父唐·埃斯特奇(D. Estridge)领导的开发团队完成了 IBM 个人电脑的研发。IBM 宣布了 IBM PC 的诞生,由此掀开了改变世界历史的一页。

1985年11月,在经历了多次延期之后,微软公司终于正式推出了 Windows 操作系统。

1990年,并行巨型机问世。

1994年,机群结构问世。

1.4　国内计算机的发展

中国计算机的发展走过了风雨60多年。1956年,周恩来总理亲自提议、主持、制定我国《十二年科学技术发展规划》,选定了"计算机、电子学、半导体、自动化"作为"发展规划"的4项紧急措施,并制定了计算机科研、生产、教育发展计划。我国计算机事业由此起步。

1956年3月,由闵乃大教授、胡世华教授、徐献瑜教授、张效祥教授、吴几康副研究员和北大的党政人员组成的代表团,参加了在莫斯科主办的"计算技术发展道路"国际会议。这次参会可以说是到苏联"取经"。随后,在制定的"十二年规划"中明确中国要研制计算机,并批准中国科学院成立计算技术、半导体、电子学及自动化4个研究所。

1.4.1　第1代 电子管计算机的研制(1958年—1964年)

我国从1957年开始研制通用数字电子计算机。1958年8月1日,该机可以表演短程序运行,标志着我国第一台电子计算机的诞生。为纪念这个日子,该机定名为"八一型数字

图1.6　103型计算机

电子计算机"。该机在738厂开始小量生产,后改名为103型计算机(如图1.6所示),该机共生产了38台。

1958年5月,我国开始了第一台大型通用电子计算机104机(如图1.7所示)的研制,以苏联当时正在研制的 БЭСМ-Ⅱ 计算机为蓝本,在苏联专家的指导帮助下,中科院计算所、四机部、七机部和部队的科研人员与738厂密切配合,于1959年国庆节前完成了研制任务。

在研制104机同时,夏培肃院士领导的科研小组首次自行设计,并于1960年4月成功研制出小型通用电子计算机107机(如图1.8所示)。

1964年我国第一台自行设计的大型通用数字电子管计算机119机(如图1.9所示)研制成功,平均浮点运算速度每秒5万次,参加119机研制的科研人员约有250人,有十几个单位参与协作。

图 1.7　104 机

图 1.8　107 机

图 1.9　119 机

1.4.2 第2代 晶体管计算机的研制(1965 年—1972 年)

我国在研制第 1 代电子管计算机的同时,已开始了晶体管计算机的研制。1965 年,我国第一台大型晶体管计算机 109 乙机(如图 1.10 所示)研制成功,实际上从 1958 年起,计算所就已着手启动该机的研制。在国外禁运的条件下要造晶体管计算机,必须先建立一个生产晶体管的半导体厂(109 厂)。经过两年努力,109 厂提供了机器所需的全部晶体管(109 乙机共用 2 万多支晶体管,3 万多支二极管)。对 109 乙机加以改进,两年后我国又推出 109 丙机,为用户运行了 15 年,有效算题时间达 10 万小时以上,在我国"两弹"试验中发挥了重要作用,被用户誉为"功勋机"。

图 1.10 109 机

我国工业部门在第 2 代晶体管计算机的研制与生产中发挥了重要作用。华北计算所先后研制成功 108 机、108 乙机(DJS-6)、121 机(DJS-21)和 320 机(DJS-6),并在 738 厂等 5 家工厂生产。中国人民解放军军事工程学院(国防科大前身)于 1965 年 2 月成功推出了 441B 晶体管计算机并小批量生产了 40 多台。

1.4.3 第3代 中小规模集成电路计算机的研制(1973 年—20 世纪 80 年代初期)

IBM 公司于 1964 年推出 360 系列大型机是美国进入第 3 代计算机时代的标志,我国到 20 世纪 70 年代初期才陆续推出大、中、小型集成电路的计算机。1973 年,北京大学与北京有线电厂等单位合作成功研制出运算速度每秒 100 万次的大型通用计算机。进入 80 年代,我国高速计算机,特别是向量计算机有了新的发展。1983 年,中国科学院计算所完成我国第一台大型向量机 757 机(如图 1.11 所示)的研制,计算速度达到每秒 1 000 万次。

这一记录同年就被国防科大研制的银河-I 亿次巨型计算机(如图 1.12 所示)打破。银河-I 巨型机是我国高速计算机研制史上的一个重要里程碑。

图 1.11　757 机

图 1.12　银河-Ⅰ

1.4.4　第 4 代　超大规模集成电路计算机的研制(20 世纪 80 年代中期至今)

我国第 4 代计算机的研制也是从微机开始的。1980 年初我国不少单位开始采用 Z80，X86 和 M6800 芯片研制微机。

1992 年，国防科大成功研制银河-Ⅱ通用并行巨型机，峰值速度达每秒 4 亿次浮点运算（相当于每秒 10 亿次基本运算操作），总体上达到 80 年代中后期的国际先进水平。1997 年，国防科大成功研制银河-Ⅲ百亿次并行巨型计算机系统，采用可扩展分布共享存储并行处理体系结构，由 130 多个处理结点组成，峰值性能为每秒 130 亿次浮点运算，系统综合技术达到 90 年代中期的国际先进水平。国家智能机中心与曙光公司于 1997 年至 1999 年先后在市场上推出了具有机群结构的曙光 1000A、曙光 2000-Ⅰ、曙光 2000-Ⅱ超级服务器，峰值计算速度已突破每秒 1 000 亿次浮点运算，机器规模已超过 160 个处理机。后来，我国又于 2000 年推出了每秒浮点运算速度在 3 000 亿次的曙光 3000 超级服务器，于 2003 年上半年推出了每秒浮点运算速度在 1 万亿次的曙光 4000L(如图 1.13 所示)超级服务器。

图 1.13　曙光 4000L

2018 年，世界超算组织对全世界最快的 10 台超级计算机进行统计(截至 2018 年 11 月)，中国两机上榜：一台是排名第 3 的中国的神威·太湖之光(Sunway TaihuLight)，其 HPL 性能为 93.0 千万亿次浮点运算；另一台是排名第 4 的天河-2A(Tianhe-2A)(如图 1.14 所示)，它采用 Intel Xeon E5-2692v2 和 Matrix-2000 处理器，核心数量接近 500 万，最高性能为 61.44 千万亿次浮点运算。

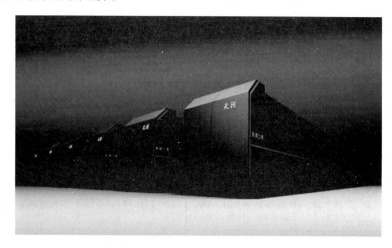

图 1.14　天河-2A

其实早些年,中国的"天河 2 号"已经霸占了世界计算机榜首六连冠(天河-2A 为升级后的天河 2 号),4 年占据全球超算排行榜的最高席位,而太湖之光的运行速度是天河 2 号的 2 倍。太湖之光的研发将全面提高我国应对气候和自然灾害的减灾防灾能力,可以较为精准地预测出地震等自然灾害,减少不必要的损失,同时为我国的航空航天、医疗药物等多个领域带来不可替代的帮助。

1.4.5　自主研发之路

从 20 世纪 80 年代中期开始,我国的计算机和半导体电子器件工业的发展模式过分强调技术引进,企业急功近利。在此期间,全社会对研发经费投入的 R&G/GDP 值不到 0.70%。

进入 20 世纪 90 年代,我国仍然延续了研发经费的低投入,除了 1993 年之前的几年受国际封锁的影响 R&D/GDP 略微超过 0.70% 以外,20 世纪 90 年代中期再次回到 80 年代的水平,其中 1995 年和 1996 年连续两年下跌到 0.60%

1989 年,中美关系的"蜜月期"结束,美国政府严格限制对中国出口高性能计算机,除了要中国支付高额的采购费用外,还要把服务器放在一个透明的玻璃房子中,由美方监控,以防止中国用于其他目的。这时,我国开始走上了自主研发高性能计算机的道路。

1993 年,具有标志性意义的曙光 1 号诞生,然而,由于国内微电子业近十年的技术停滞,这些高性能计算机没有完全实现国产化,技术上仍然受制于人。例如,曙光 1 号采用美国 Motorola 公司于 1989 年底推出的 M88100 商业微处理器,操作系统移植了美国 IBM 公司的 AT&T UNIX。后来的国产计算机,也都使用的进口芯片。

1999 年,以美国为首的北约侵略军悍然轰炸了中国驻南斯拉夫大使馆。美帝国主义的暴行,激发了中国人民的爱国热情。人们逐渐认识到,国家安全是花钱买不来的,意识到了自主科技研发的重要性。

2002 年 8 月 10 日,我国成功制造出首枚高性能通用 CPU——龙芯 1 号。此后龙芯 2 号问世,龙芯 3 号也处于紧张的研制中。龙芯的诞生,打破了国外长期技术垄断的局面,结束了中国近 20 年无"芯"的历史。

1.4.6 国内与国际计算机发展的对比

综观 60 多年来我国高性能通用计算机的研制历程,从 103 机到曙光机,走过了一段不平凡的历程。国外的代表性计算机为 ENIAC、IBM 7090、IBM 360、CRAY-1、Intel Paragon、IBM SP-2,国内的代表性计算机为 103 机、109 机、150 机、银河-Ⅰ、曙光 1000、曙光 2000。国内与国际计算机发展对比见表 1.2。

表 1.2 国内与国际计算机发展对比表

阶段	国　　际	国　　内
1	• 1944 年 2 月,马克 1 号电子计算机问世 • 1946 年,世界上第一台通用计算机 ENIAC 诞生	• 1945 年,日军投降,开始解放战争
2	• 1958 年,美国诞生了第 2 代晶体管计算机	• 1956 年,周总理亲自主持制定规划 • 1957 年,筹建了中国第一个计算技术研究所 • 1958 年 8 月 1 日,我国第一台电子计算机诞生
3	• 1964 年,第 3 代集成电路计算机 IBM360 问世 • 1965 年,DEC 公司推出了 PDP 8 型计算机标志着小型机时代的到来	• 1964 年,我国第一台自行设计的大型通用数字电子管计算机 119 机研制成功 • 1965 年,成功研制第 2 代大型晶体管计算机 109 乙机
4	• 1971 年,第 4 代大规模集成电路计算机研制成功 • 1976 年,向量计算机问世 • 1976 年,苹果公司推出了自己的第一款计算机 Apple-Ⅰ	• 20 世纪 70 年代,第 3 代计算机的研制基本处于停滞阶段 • 1973 年,第 3 代基于中小规模集成电路的计算机研制成功
5	• 1981 年,微软推出 MS-DOS 1.0 版 • 1985 年,微软公司正式推出了 Windows 操作系统	• 1983 年,中国科学院计算所完成我国第一台大型向量机 757 机的研制
6	• 1990 年,并行巨型机问世 • 1994 年,机群结构问世	• 1992 年,国防科大成功研制银河-Ⅱ通用并行巨型机,总体上达到 20 世纪 80 年代中后期国际先进水平 • 1997 年,国防科大成功研制银河-Ⅲ百亿次并行巨型计算机系统,系统综合技术达到 20 世纪 90 年代中期国际先进水平 • 1997 年至 1999 年,先后推出具有机群结构的曙光 1000A、曙光 2000-Ⅰ、曙光 2000-Ⅱ超级服务器

综合比较 2000 年前	机型	第 1 代	第 2 代	第 3 代	向量机	大规模并行机	机群
	美国	1946 年	1958 年	1964 年	1976 年	1990 年	1994 年
	中国	1958 年	1965 年	1973 年	1983 年	1995 年	1997 年
	推出时间相关年数	12	6	9	7	5	4

综合比较 2000 年后			
			• 2018 年,世界超算组织对全世界最快的 10 台超级计算机进行统计。中国两台机上榜,分别是排名第 3 的中国的神威·太湖之光和排名第 4 的天河-2A

1.5　计算机的主要应用领域

计算机的应用已经渗透到社会的各行各业,正在改变着人类传统的工作、学习和生活方式,推动着人类社会的发展。计算机的主要应用领域有科学计算、数据处理、计算机辅助系统、过程控制、人工智能、网络应用等。

1.5.1　科学计算

科学计算又称为数值计算,是指利用计算机技术来完成工程技术和科学研究中所提出的数学问题的计算。科学计算是计算机最早的应用领域。在现代科学技术工作中,科学计算问题是大量且复杂的,这就要求计算机具备高速计算和连续运算的能力,以及超大的存储容量,从而实现人工计算无法解决的各种科学计算问题。

1.5.2　数据处理

数据处理也就是信息处理,是指对各种数据进行收集、存储、整理、分类、统计、比较、检索、增删、判别等一系列活动的统称。数据处理的主要工作不是运算,即使涉及运算,计算方法一般都比较简单。

数据处理从简单到复杂已经历了 3 个发展阶段,具体如下。

(1)电子数据处理(electronic data processing,EDP)阶段,以文件系统为工具,实现一个部门内的单项管理,以提高工作效率。

(2)管理信息系统(management information system,MIS)阶段,以数据库技术为工具,实现部门事务的全面管理,以提高工作效率。

(3)决策支持系统(decision support system,DSS)阶段,以数据库、模型库和方法库为基础,协助决策者提高决策水平,提高运营策略的正确性与有效性。

目前,数据处理已广泛地应用于办公自动化、企业计算机辅助管理与决策、情报检索、电影电视动画设计、图书管理等各行各业。

1.5.3　计算机辅助系统

计算机辅助技术包括计算机辅助设计、计算机辅助制造和计算机辅助教育等内容。

(1)计算机辅助设计(computer aided design,CAD)是利用计算机系统辅助设计人员进行工程或产品设计,从而实现最佳设计效果的一种技术。目前此技术已广泛应用于飞机、汽车、机械、电子、建筑和轻工业等领域。例如,在电子计算机的设计过程中,利用 CAD 技术进行体系结构模拟、逻辑模拟、插件划分、自动布线等,从而大大提高设计工作的自动化程度。采用 CAD 技术,不但可以提高设计速度,而且可以大幅度提高设计质量。

(2)计算机辅助制造(computer aided manufacturing,CAM)是指利用计算机系统进行生产设备的管理、控制和操作的过程。例如,在产品的制造过程中,利用计算机控制机器的运行、处理生产过程中所需的数据、控制和处理材料的流动以及对产品进行检测等。使用 CAM 技术可以大幅度提高产品质量,降低成本,缩短生产周期,改善劳动条件。

（3）计算机集成制造系统（computer integrated manufacturing system，CIMS）是将CAD和CAM技术集成，实现设计和生产自动化。在信息技术自动化技术与制造的基础上，通过计算机把分散在产品设计制造过程中孤立的自动化子系统有机地集成起来，形成能够实现整体效益的集成化和智能化体系。计算机集成制造系统将真正实现无人化工厂。

（4）计算机辅助教育（computer based education，CBE）目前已经广泛应用于教育领域。近20年来计算机辅助教育逐渐兴起，已经成为教育现代化的标志之一。计算机辅助教育包括计算机辅助教学CAI（computer aided instruction）和计算机管理教学CMI（computer managed instruction）。CAI的主要特色是交互教育、个别指导和因人施教。CMI包括使用计算机实现多种教学事务管理，如课程安排、教学计划的制订等工作。CBE利用计算机系统使用课件来进行教学，计算机向学习人员提供教学内容，通过学习者和计算机之间相互交互来完成多种教学任务。

1.5.4 过程控制

过程控制又称为实时控制，是利用计算机及时采集检测数据，按最优值迅速地对控制对象进行自动调节或自动控制。通过计算机进行过程控制，不仅可以大大提高控制的自动化水平，还可以提高控制的及时性和准确性，从而改善劳动条件，提高产品质量。计算机过程控制已在冶金、机械、石油、纺织、化工、水电、航天等行业得到了广泛的应用。例如，在汽车工业方面，利用计算机控制机床，全方面控制整个装配流水线，不仅可以实现精度要求高、形状复杂的零件加工的自动化，还可以让整个车间或工厂实现全面自动化。

1.5.5 人工智能

人工智能（artificial intelligence，AI）是计算机模拟人类的智力活动，诸如感知、判断、理解、学习、问题求解和图像识别等。近年来，人工智能已经成为计算机技术领域中十分重要的一门学科。人工智能不但可以模拟人类的视觉、触觉、听觉和嗅觉，而且可以模拟人类的推理能力和思维能力、人类自然语言的理解与自动翻译能力、文字和图像的识别能力。计算机博弈等也是人工智能的应用研究范围。目前人工智能的研究已取得很大的成果，很多方面已经开始走向实用阶段。例如，利用计算机人工智能模拟医学专家进行疾病诊疗的专家系统，以及制造业具有一定思维能力的智能机器人等。

1.5.6 网络应用

计算机技术与现代通信技术的结合构成了计算机网络。计算机网络的建立，不仅解决了一个单位、一个地区、一个国家内计算机与计算机之间的通信及各种软、硬件资源共享的问题，也极大地促进了国际的视频、声音、文字、图像等各类数据的传输与处理。

1.6 计算机技术对于社会发展的影响

随着计算机技术的飞速发展，它在人们的社会生活中的地位越来越重要，已经被应用到社会生产和生活的各个领域中，并显示出了强大的生命力。我们将从以下几个方面来探讨计算机技术是如何影响社会发展的。

1.6.1　推动社会生产力的发展

自工业革命以来,人类社会主要发生了3次技术革命,其中,第3次技术革命中最有划时代意义的是电子计算机的迅速发展和广泛应用,它是现代信息技术的核心。第3次技术革命与前两次最明显的不同之处就是它更好地解决了技术问题,即科学由潜在生产力向现实生产力转化的中间环节问题。通过计算机的发展和应用,信息技术的可靠性、及时性和有效性会变得更强,人们掌握的信息量将增大,信息的传输渠道也将增多。信息技术的发展将会影响到与之相关产业的产生与发展,例如,现代物流、电子商务、现代生物技术等,同时,信息技术在这些产业的开发和应用过程中也会得到巨大的发展。信息技术作为科学技术的前沿,它的广泛应用,使科学技术作为人类社会第一生产力的地位得到提升,加快了社会生产力的发展和人们生活水平的提高。

1.6.2　对经济的影响

计算机技术在整个社会的应用,对社会经济产生了巨大影响。一方面,计算机技术将使原有的产业结构发生变化。以电子计算机为基础,从事信息生产、传递、储存、加工和处理的信息产业凭借自身的优势,迅速从第三产业中划分出来,形成独具特色的第四产业。据德国有关部门统计,1997年—2000年,信息与通信技术在全球范围内的市场经济总量增长了50%,达到20 120亿欧元。如果按照每年平均15%的增长速度推算,信息产业未来将逐步超越第一、第二产业,在各国经济发展中占据更加突出的地位。另一方面,计算机技术将推动社会经济大幅度提升。信息产业是高就业型产业,可扩大就业带动产出。截至2010年上半年,信息产业的国内生产总值占中国国内生产总值的4%,对GDP的直接贡献率超过10%。据中商情报网数据显示,2011年,中国电子计算机行业规模以上企业从业人员为185.2万人,同比增长18.03%。

1.6.3　对生产方式和工作方式的影响

工业社会里,机器生产取代了以往的农业、手工业生产,生产力水平大幅度提高,大大减轻了工人的劳动强度,工人沦为了“机器的附庸”,但仍然是工厂劳动的主力。随着计算机技术的发展,工人的简单重复劳动以及繁重的体力劳动逐渐被计算机以及与计算机辅助技术和控制技术相关的机器所取代,工人阶级的素质和知识化水平发生重要变化,越来越多的工人开始从事脑力劳动。

计算机技术在生产领域的广泛应用,使人们的生产方式和工作方式发生了巨大的变化。例如,在工程或产品的设计过程中,计算机辅助设计代替了传统的工人手工绘图方式,使设计人员从繁重、复杂的计算过程中解脱出来,集中力量发挥人的创造性思维,提高了设计效率和产品设计的质量,缩短了设计周期;在产品的制造过程中,利用计算机控制机器的运行,自动完成产品的加工、装配、检测和包装等过程,改变了传统加工手段的烦琐,工人在操作时只需监视设备的运行状态,如此一来,降低了工人的劳动强度,改善了工人的工作条件,提高了加工速度和生产自动化水平,缩短了加工准备时间,降低了生产成本,提高了产品质量。此外,那些需要大量繁重而重复的劳动且精度要求高,或需要长时间连续在放射性、有毒等危险环境下进行的工作,在没有计算机之前,都是由工人完成的,而有了计算机之后,这些工作正在逐步由计算机代替。不难看出,随着计算机进入生产过程,它将工人从原先大量繁重的体力劳动中解放出来,让他们从事更为灵活的与计算机相关的生产活动,可以说,这是人类生产史上的一个飞跃。

1.6.4 对生活的影响

计算机技术已经融入人类的日常生活中。我们可以利用计算机进行信息处理,比如,处理文字、声音、图像等。教师可以利用计算机进行辅助教学,使学生从图文并茂的课件中轻松学到所需知识;医生可以利用具有高诊断水平的智能机器人为病人进行诊断等。随着计算机技术和现代通信技术的结合,一方面,我们可以通过计算机进行方便的交流、沟通,缩短了人与人之间在空间上、时间上的距离,形成地球村;另一方面,我们还可以通过计算机得到任何需要的服务,如网上办公、收发电子邮件、网上看电影、网上购物、网上授课、网上看病等。计算机使我们的生活变得更加丰富多彩。

1.6.5 其他方面

除了上面列举的内容之外,计算机对社会的其他方面也有着积极的影响。例如,帮助人们攻克一个又一个科学难题,使得原来人工需要花费几十年甚至上百年才能解决的复杂的计算在几秒内就能完成;帮助决策者明确决策目标,提供各种备选方案及评价,提高决策水平,改善运营策略的正确性和有效性;帮助工人在工作过程中控制系统,代替工人的体力劳动和部分代替脑力劳动,对工人的科学文化素质提出了新的要求,类似的,全体社会成员的科学文化素养也将会随着计算机的广泛应用而提高。

由此可见,计算机技术的发展将会对人类社会产生积极的影响,将会引起社会生产和生活方式发生革命性变化,将会推动人类社会向更高的阶段发展。

1.7 计算机的发展趋势

1.7.1 计算机的发展方向

从 1946 年第一台计算机诞生至今的半个多世纪里,计算机的各项应用得到不断拓展,计算机类型不断分化,使得计算机的发展朝不同的方向延伸。如今的计算机技术正朝着巨型化、网络化、微型化和智能化方向发展。

1. 巨型化

巨型化是指计算机具有极高的运算速度、超大容量的存储空间以及更加强大和完善的功能,巨型计算机主要用于航空航天、军事、气象、人工智能、生物工程等领域。

2. 微型化

随着大规模、超大规模集成电路的发展,计算机微型化已成为必然趋势。从第一块微处理器芯片问世以来,微型化发展速度与日俱增。计算机芯片的集成度每隔 18 个月增加一倍,而其价格则减一半,符合信息技术发展功能和价格比的摩尔定律。计算机芯片集成度越来越高,能够完成的功能越来越强,使计算机微型化的普及和进程也越来越快。

3. 网络化

网络化是计算机技术和通信技术紧密结合的产物。进入 20 世纪 90 年代以来，随着 Internet 的飞速发展，计算机网络已经广泛应用于政府机构、学校、企业、科研、家庭等领域，越来越多的人接触并了解到计算机网络的概念。计算机网络技术将不同地理位置上具有独立功能的计算机通过通信设备和传输介质连接起来，在通信软件的支持下，可以实现网络中计算机之间的资源共享、信息交换。计算机网络技术发展水平已成为衡量国家现代化程度的重要指标，在国家经济发展中发挥着极其重要的作用。

4. 智能化

智能化是指计算机能够模拟人类的智力活动，如学习、感知、理解、判断、推理等。智能化的计算机拥有理解自然语言、声音、文字和图像的能力，同时具有说话的能力，使人机能够用自然语言直接对话。它能不断学习知识，并可以利用已有的知识，进行思维、联想、推理，从而得出结论并解决复杂问题。

1.7.2　未来的新型计算机

从计算机的诞生及发展我们可以看到，如今计算机技术的发展都是以电力电子技术的发展为基础的，集成电路芯片是计算机的核心部件。伴随着高新技术的研究和发展，新型计算机也在不断开辟新的领域。目前开发研究的新型计算机有分子计算机、量子计算机、生物计算机和光计算机。

分子计算机(molecular computer)就是尝试利用分子计算的能力进行信息的处理。分子计算机的运行依靠的是分子晶体可以吸收以电荷形式存在的信息，并以更加有效的方式对其进行组织排列。凭借着分子纳米级的尺寸，分子计算机的体积将剧减。此外，分子计算机的耗电量可以大大减少，并且能更长期地存储大量数据。

量子计算机(quantum computer)是一类在遵循量子力学规律的前提下，进行高速的数学和逻辑运算、存储及处理量子信息的物理装置。当计算机中的某个装置处理和计算的是量子信息，并且运行的是量子算法时，那么这台计算机就是量子计算机。量子计算机中最小的信息单元为量子比特。量子比特不是只有开、关两种状态，而是以多种状态同时出现。量子比特的数据结构对采用并行结构的计算机处理信息的功能是非常有帮助的。

量子计算机的概念源于对可逆计算机的研究。研究可逆计算机的目的是为了解决计算机中的能耗问题。量子计算机具有一些非常神奇的性质，如信息传输可以不需要时间，信息处理的能量可以接近于零。

生物计算机(biological computer)又称仿生计算机(bionic computer)。它是以生物芯片取代集成在半导体硅片上数以万计的晶体管而制成的计算机。它的主要原材料是生物工程技术产生的蛋白质分子，并以此作为生物芯片。生物芯片本身还具有并行处理的功能，其运算速度要比当今最新一代的计算机快 10 万倍，而能量消耗仅相当于普通计算机的十亿分之一。生物计算机涉及计算机科学、脑科学、分子生物学、神经生物学、生物工程、生物物理、物理学和化学等学科。目前，生物芯片仍然处于研制阶段，但在生物元件尤其是生物传感器的研制上已经取得不少成果。

光子计算机是一种利用光信号进行数字运算、逻辑操作、信息存贮和处理的新型计算机。它由激光器、光学反射镜、透镜、滤波器等光学元件和设备构成，依靠激光束进入反射镜和透镜组成的阵列来进行信息处理,以光子代替电子,光运算代替电运算。光并行、高速的特点,决定了光子计算机并行处理的能力很强,具有超高运算速度。光子计算机同时还具有与人脑相似的容错性,系统中某一元件损坏或出错时,并不影响最终的计算结果。光子在光介质中传输所造成的信息畸变和失真非常小。在光子的传输和转换过程中,能量消耗和散热量也极低,对环境条件的要求比电子计算机低得多。

本 章 小 结

本章中第 1 节与第 2 节概述了计算机的基本概念,简要介绍了计算机的分类以及各种类型计算机的用途。第 3 节与第 4 节简要概述了计算机国内国外的发展历史,使大家对于计算机的发展史有所了解。第 4 节中对比了国内外计算机的发展,使大家对我国计算机的发展有进一步的了解与认识。第 5 节介绍了计算机的主要应用领域。第 6 节阐述了计算机技术对于社会发展产生的影响。最后一节简单概述了计算机未来的发展趋势。通过本章的学习,使读者对计算机基本概念有一个概括性的了解。

习 题

1. 填空题

(1) 第一台电子计算机 ENIAC 诞生于_____年。

(2) 第 4 代电子计算机采用的电子器件是_____。

(3) 计算机主要分为_____、_____、_____、_____和_____。

(4) 我国第一台自主研制的计算机诞生于_____年。

(5) 我国首枚高性能 CPU 为_____。

(6) 计算机未来发展方向为_____、_____、_____和_____。

2. 选择题

(1) 我国第一台小型通用电子计算机为( )。

A. 103 机　　　　　B. 104 机　　　　　C. 107 机　　　　　D. 119 机

(2) 财务软件属于计算机在( )中的应用。

A. 计算机辅助设计　B. 工程计算　　　C. 人工智能　　　　D. 数据处理

(3) 关于第一台计算机 ENIAC,下列说法正确的是( )。

A. ENIAC 的中文含义是电子数字积分计算机

B. ENIAC 是由图灵等人研制成功的

C. ENIAC 是第二次世界大战初期问世的

D. ENIAC 的体积太小,所以它的功能也有限

(4) 为实现计算机资源共享,计算机正朝( )方向发展。

A. 微型化　　　　　B. 智能化　　　　　C. 网络化　　　　　D. 巨型化

(5) 大规模和超大规模集成电路芯片组成的微型计算机属于现代计算机阶段的( )。

A. 第 2 代　　　　　B. 第 3 代　　　　　C. 第 4 代　　　　　D. 第 5 代

(6) 有关计算机应用领域中的人工智能,下面叙述正确的是( )。

A. 人工智能与机器智能不同　　　　B. 人工智能即是要计算机做人所做的事情

C. 计算机博弈属于人工智能的范畴　　D. AI 与人工智能无关

(7) 我们平时所使用的计算机属于(　　　)。

A. 微型计算机　　　B. 工作站　　　　C. 服务器　　　　D. 嵌入式计算机

3. 简答题

(1) 简述计算机的分类。

(2) 简述计算机发展各阶段所采用的逻辑部件。

(3) 简述计算机的主要应用领域。

(4) 简述计算机未来的发展趋势。

第2章　计算机中的信息表示与编码

2.1　计算机中的信息表示

计算机内部的信息表示及运算数据的数制均为二进制。

2.1.1　数制

什么是数制？数制就是用一组固定的数字和一套完整统一的规则来表示数目的方法。

按照进位方式来计数的数制叫作进位计数数制。二进制就是逢二进一，八进制就是逢八进一。日常生活中还有十进制、十六进制等。

进位计数都包含两个要素：基数和位权。

基数是指进制中允许使用的数码个数。每一种进制中都有固定的计数符号。

（1）二进制 B(binary) 基数为2，计数符号为0和1，每个数码符号都根据它在数中的数位，按照"逢二进一"来决定它的实际数值。

（2）八进制 O(octal)，基数为8，计数符号为0,1,2,3,4,5,6,7，每个数码符号都根据它在数中的数位，按照"逢八进一"来决定它的实际数值。

（3）十进制 D(decimal)，基数为10，计数符号为0,1,2,3,4,5,6,7,8,9，每个数码符号都根据它在数中的数位，按照"逢十进一"来决定它的实际数值。

（4）十六进制 H(hexadecimal)，基数为16，计数符号为0~9,A,B,C,D,E,F，每个数码符号都根据它在数中的数位，按照"逢十六进一"来决定它的实际数值。

我们知道在进制表示法中，处在不同位置的相同数字所代表的意义是不同的，位权表示跟这个位置有关的常数的大小（所处位置的价值）。例如，对于十进制的"234.56"，2在百位，它的位权是10^2；3在十位，它的位权是10^1……依次类推，4的位权是10^0，5的位权是10^{-1}，6的位权是10^{-2}。二进制中的1001，从左往右第1位1的位权是2^3，第2位0的位权是2^2，第3位0的位权是2^1，第4位1的位权是2^0。对于k进制数，整数部分从右往左数第i位的位权为k^{i-1}，小数部分从左往右数第i位的位权是k^{-i}。

2.1.2　不同数制之间的转换

下面我们来看看各数制之间是怎么转换的。

（1）非十进制数转换为十进制数

k进制数转换为十进制数，采用位权展开法进行转换，即将k进制按位权展开，然后各项相加求和，就得到相应的十进制数。

【例2.1】　$(10101.101)_2 = 1 \times 2^4 + 0 \times 2^3 + 1 \times 2^2 + 0 \times 2^1 + 1 \times 2^0 + 1 \times 2^{-1} + 0 \times 2^{-2} + 1 \times 2^{-3}$

$$=16+0+4+0+1+0.5+0+0.125$$
$$=(21.625)_{10}$$

（2）十进制数转换为非十进制数

将十进制数分两部分即整数部分和小数部分。

整数部分：将待转换数的整数部分除以新进制的基数，将余数作为新进制的最低位；

将上一步得到的商再除以新进制的基数，将得到的余数作为新进制的次低位。不断重复上述步骤，直到最后的商为 0，此时的余数就是新进制数的最高位。

小数部分：将待转换数的小数部分乘以新进制的基数，把得到的整数部分作为新进制小数部分的最高位；将上一步得到的小数部分再乘以新进制的基数，把得到的整数部分作为新进制小数部分的次高位……不断重复上述步骤，直到小数部分变成 0，取到有效数位（达到一定精度）为止，此时的余数就是新进制数的最低位。

① 十进制数转换为二进制数

【例 2.2】　将 $(10.25)_{10}$ 转换为二进制数。

```
                                    余数
        2 | 10                       0
          2 | 5                      1
            2 | 2                    0
              2 | 1                  1
                  0
```

所以 $(10)_{10}=(1010)_2$

```
        小数部分        整数
          0.25
        ×    2
        ─────────
          0.5          整数0
        ×    2
        ─────────
          1.00         整数1
```

所以 $(0.25)_{10}=(0.01)_2$

结果 $(10.25)_{10}=(1010.01)_2$

注：十进制小数并不一定能够转换成完全等值的二进制小数，有时需要取近似值。

② 十进制数转换成八进制数和十六进制数

与十进制数转换为二进制数的方法相同，分别采用"除 8 取余，乘 8 取整"和"除 16 取余，乘 16 取整"的方法进行转换。

（3）非十进制数之间的转换

两个非十进制数之间的转换方法是采用以上方法的组合运算，即先将需要转换的非十进制数转换为对应的十进制数，然后再将十进制数转换为所求进制数。因为二进制数、八进制数和十六进制数存在着内在关系，所以这三种进制数之间的相互转换比较容易。希望读者牢记表 2.1。

表 2.1　二进制、八进制和十六进制之间的转换关系

二进制	八进制	二进制	十六进制	二进制	十六进制
000	0	0000	0	1000	8
001	1	0001	1	1001	9
010	2	0010	2	1010	A
011	3	0011	3	1011	B
100	4	0100	4	1100	C
101	5	0101	5	1101	D
110	6	0110	6	1110	E
111	7	0111	7	1111	F

① 二进制数与八进制数之间的转换

1 位八进制数等同于 3 位二进制数,因此二进制数转换为八进制数时,只需要以小数点为界,整数部分按从右往左的顺序,小数部分按从左往右的顺序,每 3 位划分成一组,不足 3 位用 0 补足。八进制数转换成二进制数正好相反。读者参照表 2.1 即可完成转换。

【例 2.3】 将 $(10101110.01001110)_2$ 转换为八进制数。

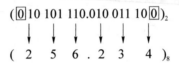

【例 2.4】 将 $(472.321)_8$ 转换为二进制数。

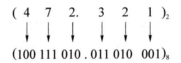

② 二进制数与十六进制数之间的转换

二进制数与十六进制数之间的转换与二进制数与八进制数之间的转换一样,只是每 4 位划分成一组,不足 4 位补 0。

【例 2.5】 将 $(110101110.010011101)_2$ 转换为十六进制数。

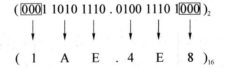

2.1.3　二进制数的运算规则

1. 计算机采用二进制数的原因

日常生活中人们已经习惯使用十进制数,因为十进制数书写方便而且计算方法一目了然,但是计算机中采用的是二进制数,其原因主要是由于二进制编码具有如下特点。

(1) 易于技术实现。二进制数只需要两个数字符号"0"和"1"。计算机由逻辑电路组成,具有两种稳定状态的物理器件比较容易实现。比如,开关的接通与断开,电压的高和低,

这两种状态正好可以用"1"和"0"表示。

（2）简化运算规则。十进制数加法和乘法运算规则各有 55 条,而二进制数加法和乘法运算组合各只有 3 条。二进制数运算规则简单,有利于简化运算器的物理设计,提高运算速度。

（3）适合逻辑运算。逻辑代数是逻辑运算的理论依据,二进制有"0"和"1"两种状态,正好与逻辑代数中的"真"和"假"相吻合,因此非常适合用于逻辑运算。

（4）工作可靠性高。用二进制表示数据具有抗干扰能力强、可靠性高等优点。例如,电压的高低非常容易分辨,用二进制表示每位数据只有高低两个状态,即便受到一定程度的干扰,也能可靠地分辨出电压是高还是低。

2．二进制数的算术运算

在计算机内部,二进制加法是基本运算,减法其实就是加上一个负数,而乘、除运算可以通过加减运算实现,这样就可以使运算器的结构更为简单,更加稳定。

二进制数的加法运算规则如下。

$0+0=0;0+1=1;1+0=1;1+1=10$（两个 1 相加,结果本位为 0,按照逢二进一的原则向高位进 1。）

【例 2.6】　计算二进制数 1001+1101：

$$
\begin{array}{r}
1\ 0\ 0\ 1 \quad \text{被加数} \\
+\ 1\ 1\ 0\ 1 \quad \text{加数} \\
\hline
1\ 0\ 1\ 1\ 0 \quad \text{和}
\end{array}
$$

由上述加法计算过程可知,两个二进制数相加,按照从低位到高位的规则逐位相加,每一位上都有被加数、加数以及来自低位的进位。

2.1.4　计算机中的数据存储单位

程序和数据在计算机中都是以二进制数的形式存放于存储器中的,现在我们来介绍数据的存储单位。

位(bit,简写为 b)是计算机中存储数据的最小单位,它是量度信息的单位,也是表示信息量的最小单位,只有 0 和 1 两种二进制状态。由于机器设备的限制,计算机用有限的二进制位来存储数据,称为机器数。1 位二进制数只能表示 2^1 种状态。每增加 1 位,所能表示的信息量就增加一倍。

字节(Byte,简写为 B)是数据处理中最常用的单位,通常我们以字节为单位存储和解释信息。字节是由相连的 8 位二进制位组成的信息单位,即 1 B＝8 b。

存储容量的大小通常以字节为单位来衡量。我们日常见到的 KB(千字节)、MB(兆字节)、GB(吉字节)、TB(太字节),它们之间的关系如下。

8 bit＝1 Byte	1 字节
1 024 B＝1 KB(Kilobyte)	千字节
1 024 KB＝1 MB(Megabyte)	兆字节
1 024 MB＝1 GB(Gigabyte)	吉字节
1 024 GB＝1 TB(Terabyte)	太字节

字(Word,简写为 W)是指计算机处理数据时,处理器通过数据总线一次存取、加工和传送的数据。一个字一般由若干个字节组成。字长是指计算机一次所能够加工处理的二进制数据的实际位数,字长由 CPU 的寄存器和数据总线的宽度决定,所以字长是衡量计算机性能的重要标志,字长越长,计算机性能越好。通常所见的计算机字长有 8 位、16 位、32 位、64 位等。

由于计算机内部采用二进制,所以只能识别出 0 和 1。日常生活中由于人们习惯使用十进制,因此,计算机就被设定成了 2 的 10 次方的进位,也就是说,1 K$=2^{10}$(10 个 2 进行相乘,最后的结果是 1 024)。

2.1.5 数值型数据的表示与处理

计算机中的数据包括数值型数据和非数值型数据两大类。数值型数据分为整数(定点数)和实数(浮点数)两种。下面我们分别介绍这两种数据类型的二进制表示方法。

1. 定点数表示

所谓定点数就是小数点在数中的位置固定不变,它总是隐含在预定位置上。定点数有两种:定点整数和定点小数。对于整数,小数点固定在数值部分的最右端。对于小数,在计算机中并不是利用某个二进制位来存储小数点的,而是用隐含的规则来确定数值中小数点的位置。作为特殊的小数,定点小数一般是将小数点固定在数值部分最左端,但如果最左位是符号位,那么要将小数点放在符号位的后面,即放在数的符号位之后、最高数位之前。整数又分为两类:无符号整数和有符号整数。

(1) 无符号整数

无符号整数通常用于表示地址等正整数,可以是 8 位数、16 位数或者更多位数。8 位正整数的表示范围为 0~255(2^8-1),16 位正整数的表示范围为 0~65 535($2^{16}-1$)。

(2) 有符号整数

有符号整数的规则:用一个二进制位作为符号位,一般最高位是符号位,"0"代表正号"+","1"代表负号"−",其余各位表示数值的大小。有符号整数采用不同的方法表示,通常有原码、反码和补码。

① 原码表示

数 X 的原码记作 $[X]_原$,如果机器字长为 n,则原码的定义如下。
例如:X_1,X_2 的真值为 $X_1=+1110110,X_2=-1011010$,

$$[X]_原=\begin{cases} X, & 0\leqslant X<2^{n-1}-1, \\ 2^{n-1}+|X|, & -(2^{n-1})\leqslant X\leqslant 0. \end{cases}$$

$[X_1]_原=[+1110110]_原=01110110$,
$[X_2]_原=[-1011010]_原=11011010$。

由此可得,原码的最高位是符号位,正数的最高位为 0,负数的最高位为 1,其余 $n-1$ 位表示数的真值的绝对值。需要注意的是,0 的原码表示有两种:$[+0]_原=00000000$;$[-0]_原=10000000$

原码的优点是简单易懂,与真值转换方便,用于乘除法运算十分方便。但是采用原码对于加减法运算相对麻烦,因为当两个同号数相减或两个异号数相加时,必须判断两个数的绝对值哪个大,用绝对值大的数减去绝对值小的数,而运算结果的符号则应与绝对值大的数符号相同。完成这些操作不仅相当麻烦,还会增加运算器的复杂性,同时,零的表示不唯一也给计算机的判断带来弊端。

② 反码表示

数制 X 的反码定义如下。

若 X 是纯整数,则

$$[X]_{反}=\begin{cases}X, & 0\leqslant X\leqslant 2^{n-1}-1,\\ 2^n-1+X, & -(2^{n-1}-1)\leqslant X\leqslant 0。\end{cases}$$

若 X 是纯小数,则

$$[X]_{反}=\begin{cases}X, & 0\leqslant X<1,\\ 2-2^{-(n-1)}+X, & -1<X\leqslant 0。\end{cases}$$

由定义可知,反码是将负数原码(除符号位外)逐位取反所得的数,正数的反码则与其原码形式相同。

例如:X_1,X_2 的真值为 $X_1=+1110110,X_2=-1011010$,反码表示为
$$[X_1]_{反}=01110110,[X_2]_{反}=10100101。$$

同样,反码表示方式中,0 也有两种表示方法:$[+0]_{反}=00000000$;$[-0]_{反}=11111111$。

③ 补码表示

数 X 的补码记作 $[X]_{补}$,如果机器字长为 n,则补码的定义如下。

$$[X]_{补}=\begin{cases}X, & 0\leqslant X<2^{n-1}-1,\\ 2^n-|X|, & -2^{n-1}\leqslant X\leqslant 0。\end{cases}$$

其中,正数的补码等于其原码本身,而负数的补码等于 2^n 减去它的绝对值,即等同于对它的原码(符号位除外)各位取反,并将得到的反码加 1 所得到的数。

例如:X_1,X_2 的真值为 $X_1=+1110110,X_2=-1011010$,补码表示为
$[X_1]_{补}=01110110,[X_2]_{补}=10100110。$

注:在补码中,0 有唯一的编码,即 $[+0]_{补}=[-0]_{补}=00000000$。

补码可以将减法运算转化为加法运算,即可以实现类似代数中 $x-y=x+(-y)$ 的运算。补码的加减法运算规则:$[X+Y]_{补}=[X]_{补}+[Y]_{补}$;$[X-Y]_{补}=[X]_{补}+[-Y]_{补}$。

2. 浮点数表示

当机器字长为 n 时,定点数的补码可以表示 2^n 个数,而它的原码和反码只能表示 2^n-1 个数(正负 0 占了两个编码)。定点数所能表示的数值范围小,容易溢出,所以引入了浮点数的概念。浮点数是小数点位置不固定的数,它能表示更大的范围。

二进制数 M 的浮点数表示方法为
$$M=2^E\cdot F,$$
其中,E 称为阶码,F 称为尾数。

在浮点数表示法中,阶码通常为带符号的整数,尾数为带符号的小数。浮点数的一般表示格式如下:

阶码符号	阶码	数符号	尾数

浮点数的表示并不是唯一的。当小数点的位置改变时,阶码也随之改变,所以可用多种浮点形式表示同一个数。

浮点数所能表示的数值范围主要是由阶码决定的,而所表示的数值精度则由尾数决定。为了利用尾数来表示更多的有效数字,我们通常对浮点数进行规格化。规格化就是将尾数的绝对值限定在区间$[0.5,1]$内。当尾数用补码表示时,我们需要注意以下两点。

(1) 若尾数 $F \geqslant 0$,则其规格化的尾数形式为:$F=0.1 \times \times \times \times \cdots \times$,其中,$\times$ 可为 0,也可为 1,即把尾数 F 的范围限定在区间$[0.5,1]$内。

(2) 若尾数 $F < 0$,则其规格化的尾数形式为:$F=1.0 \times \times \times \times \cdots \times$,其中,$\times$ 可为 0,也可为 1,即把尾数 F 的范围限定在区间$[-1,-0.5)$内。

2.2 计算机信息编码

数字化信息编码是将少量二进制符号(代码)根据一定规则进行组合,用来表示大量复杂多样的信息的一种编码。通常来讲,根据描述信息种类的不同可将信息编码分为字符编码、数字编码、汉字编码、多媒体信息编码等。

2.2.1 字符编码

如今,计算机的大部分工作已经不再是简单的科学计算,而是掺杂着大量符号、文字等非数值数据的操作,因此需要将这些字符用二进制来表示,然而二进制并不能直接表示非数值数据,解决办法就是给这些字符编号,并且用二进制数来表示这个编号,这种表示字符的方式称为字符编码。

(1) ASCII 码

ASCII 码(American Standard Code of Information Interchange)是"美国标准信息交换代码"的缩写。后来被国际标准化组织 ISO 采纳,作为国际通用的字符信息编码方案。ASCII 码利用 7 位二进制数的不同编码来表示 128 个不同的字符($2^7=128$)。ASCII 码中,每一个编码转换为十进制数的值被称为该字符的 ASCII 码值。ASCII 表如表 2.2 所示。

这 128 个字符又可分为两类:可显示或可打印字符 95 个和控制字符 33 个。所谓可显示或可打印字符是指包括 0~9 这 10 个数字符,a~z,A~Z 这 52 个英文字母符号,"＋""－""≠""/"等运算符号,"。""?"","";"等标点符号,以及"♯""％"等商用符号在内的 95 个可以通过键盘直接输入的符号,它们都能在屏幕上显示或通过打印机打印出来。

控制字符可以用来实现数据通信时的传输控制、打印或显示的格式控制,以及对外部设备的操作控制等特殊功能。ASCII 码共有 33 个控制字符,它们均是不可直接显示或打印(即不可见)的字符。如编码为 7DH(最后一个字母 H 表示前面的 7D 用十六进制表示)的 DEL 用作删除操作,编码为 08H 的 BS 用作退格控制等。ASCII 的字符编码表一共有 2^4(16)行,2^3(8)列。低 4 位编码 $d_4 d_3 d_2 d_1$ 用作行编码,而高 3 位 $d_7 d_6 d_5$ 用作列编码。

值得注意的是,数字 0 到 9 的编码,它们都位于第 3 列(011),从 0 行(0000)排列到 9 行(1001),即"0"的 ASCII 码为 $(0110000)_2=(30)_{16}$,"9"的 ASCII 码为 $(0111001)_2=(39)_{16}$,将高 3 位屏蔽,低 4 位恰巧是 0~9 的二进制码,这个特点使得在数字符号(ASCII 码)与数字值(二进制码)之间进行转换非常方便。

表 2.2 ASCII 表

$d_4d_3d_2d_1$ \ $d_7d_6d_5$	000	001	010	011	100	101	110	111
0000	NUL	DLE	SP	0	@	P	、	p
0001	SOH	DC	!	1	A	Q	a	q
0010	STX	DC	"	2	B	R	b	r
0011	ETX	DC	#	3	C	S	c	s
0100	EOT	DC	$	4	D	T	d	t
0101	ENQ	NAK	%	5	E	U	e	u
0110	ACK	SYN	&	6	F	V	f	v
0111	BEL	ETB	'	7	G	W	g	w
1000	BS	CAN	(	8	H	X	h	x
1001	HT	EM	)	9	I	Y	i	y
1010	LF	SUB	*	:	J	Z	j	z
1011	VT	ESC	+	;	K	[	k	{
1100	FF	FS	,	<	L	\	l	|
1101	CR	GS	—	=	M	]	m	}
1110	SO	RS	.	>	M	∧	n	~
1111	SI	US	/	?	O	-	o	DEL

（2）EBCDIC 码

EBCDIC（Extended Binary Coded Decimal Interchange Code）就是扩展的二/十进制交换码，采用 8 bit 编码来表示一个字符，总共可以表示 $2^8 = 256$ 个不同符号。EBCDIC 码中并没有使用全部编码，只选取了其中一部分，剩下的保留用作扩充。EBCDIC 码常用于 IBM 大型计算机中。在 EBCDIC 码制中，数字 0～9 的高 4 位编码都是 1111，而低 4 位编码则依次为 0000 到 1001。将高 4 位屏蔽掉，也很容易实现从 EBCDIC 码到二进制数字值的转换。

2.2.2 数字编码

数字编码是采用二进制数码按照某种规律来描述十进制数的一种编码。最常用的是 8421 码，或称 BCD 码（Binary-Code-Decimal）。它利用 4 位二进制代码进行编码，从高位到低位的位权分别为 2^3，2^2，2^1，2^0，即 8，4，2，1。并用来表示一位十进制数。

BCD 码能用二进制数的形式来满足数字系统的要求，同时又具有十进制的特点（只有 10 种有效状态）。在某些情况下，计算机也可对这种形式的数直接进行运算。

常见的 BCD 码有以下几种表示。

（1）8421BCD 码

8421BCD 码是使用最为广泛的 BCD 码，是一种有权码，其各位的权分别是（从最高有效位开始到最低有效位）8，4，2，1。

在使用 8421BCD 码时一定要注意其有效的编码只有 10 个，即 0000～1001。4 位二进制数的其余 6 个编码 1010，1011，1100，1101，1110，1111 不是有效编码。

（2）2421BCD 码

2421BCD 码同样也是一种有权码，从高位到低位的权分别为 2,4,2,1,它也可以用 4 位二进制数来表示 1 位十进制数。

（3）余 3 码

余 3 码也是一种 BCD 码,但它是无权码,由于该编码每一个码与对应的 8421BCD 码之间相差 3,故称为余 3 码。余 3 码通常使用较少,故只作一般性了解。

常见 BCD 编码见表 2.3。

表 2.3 BCD 码编码表

十进制数	8421BCD 码	2421BCD 码	余 3 码
0	0000	0000	0011
1	0001	0001	0100
2	0010	0010	0101
3	0011	0011	0110
4	0100	0100	0111
5	0101	1011	1000
6	0110	1100	1001
7	0111	1101	1010
8	1000	1110	1011
9	1001	1111	1100

2.2.3 汉字编码

汉字在计算机内也采用二进制编码形式进行数字化信息编码。汉字的数量庞大,常用的有几千个之多,汉字编码远比 ASCII 码要复杂得多,用一个字节（8 bit）是不够的。目前的汉字编码方案有 2 字节、3 字节甚至 4 字节的方案。在汉字处理系统中,汉字具有特殊性,输入、内部处理、输出过程中对汉字的要求不同,所用代码也不尽相同。汉字信息处理系统在处理汉字以及汉字词语时,要进行输入码、国标码、机内码、字形码等一系列的汉字代码转换。

（1）国标码

1981 年,我国国家标准局制定了《中华人民共和国国家标准信息交换汉字编码》,代号为 GB2312—80。这种编码称为国标码。国标码字符集中共收录了字符符号 7 445 个,其中一级常用汉字 3 755 个,二级常用汉字 3 008 个,西文和图形符号 682 个。

GB2312—80 规定,所有的国标汉字与字符符号组成一个 94×94 的矩阵。在此矩阵中,每一行称为一个区（区号分别为 01～94）,每个区内有 94 位（位号分别为 01～94）汉字字符集。

汉字与符号在矩阵中的分布情况如下：

1～15 区为图形符号区;16～55 区为常用的一级汉字区;56～87 区为不常用的二级汉字区;88～94 区为自定义汉字区。

（2）输入码

输入码也叫外码，是将汉字由各种输入设备以不同方式输入计算机所用到的编码。每一种输入码都与相应的输入方案有关。根据输入编码方案的不同，输入码一般可分为数字编码（如区位码）、字形码（如五笔字型编码）、音码（如拼音编码）及音形混合码等，每个人可以根据自己的需求进行选择。

（3）机内码

计算机内部对汉字信息的存储和处理采用了统一的编码方式，即汉字机内码（简称机内码）。机内码与国标码稍有区别，如果计算机中直接使用国标码作内码，就会与 ASCII 码冲突。在汉字输入时，根据输入码通过计算或查找输入码表完成输入码到机内码的转换。

（4）字形码

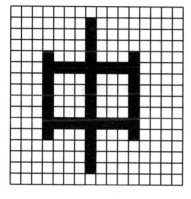

图 2.1　16×16 汉字点阵"中"

汉字在显示和打印输出时，都是以汉字字形信息表示的，每个汉字都可以写在同样大小的方块中，即以点阵的方式形成汉字图形。汉字字形码是指确定一个汉字字形点阵的代码（汉字字模）。

如图 2.1 所示是一个 16×16 点阵的汉字"中"，其中用"1"表示黑点、"0"表示白点，则黑白信息就可以用二进制数来表示。每一个点都用一位二进制数来表示，则一个 16×16 的汉字字模要用 32 字节来存储。国标码中的 6 763 个汉字及图形符号要用 261 696 字节来存储。利用这种形式存储所有汉字字形信息的集合称为汉字字库。显然，随着点阵的增大，所需存储容量也会增大，其字形质量也越好，但成本也越高。如今的汉字信息处理系统，屏幕显示一般用 16×16 点阵，打印输出时采用 32×32 点阵，在质量要求较高时可以采用更高的点阵。

2.2.4　多媒体信息编码

在信息大爆炸的今天，多媒体信息充斥着人们的生活。我们日常所用的手机、影音播放器等设备，都是依靠多媒体信息来进行传输的。多媒体信息的编码大致分为音频编码和图像编码两种。

（1）音频编码

音频信息本身为模拟信息。模拟声音在时间上是连续的，而利用数字表示的声音是一个数据序列，在时间上只能是间断的，因此如果把模拟声音转换为数字声音，则需要每隔一个时间间隔就在模拟声音的波形上取一个幅度值，称为采样。该时间间隔为采样周期，采样周期的倒数为采样频率。由此我们可以看出，数字声音是一个数据序列，它是将模拟声音经过采样、量化和编码后得到的。

① MIDI

MIDI(musical instrument digital interface)是音乐与计算机技术结合的产物，始创于1982 年。它是乐器数字接口的缩写，泛指数字音乐的国际标准。MIDI 采用数字方式对乐器所发出的声音进行记录，然后在播放这些音乐时使用调频（FM）音乐合成技术或者采用波表将这些记录合成。标准的多媒体 PC 平台能够通过内部合成器或者连接到计算机 MIDI 端口的外部合成器录入 MIDI 文件。利用 MIDI 文件来演奏音乐，所需要的存储容量最少，例如，演奏两分钟乐曲的 MIDI 文件所需的存储空间不到 8 KB。

② WAVE

WAVE 编码格式记录了声音的波形，只要机器处理速度快、采样率高、采样字节长，那么利用 WAVE 格式记录下的声音文件就可以和原声保持一致。WAVE 编码的缺陷是不可以压缩数据，导致存储的文件体积巨大。

③ MOD

MOD 格式和它的播放器的应用大约开始于 20 世纪 80 年代初，该格式利用 Modplayer 通过 LPT 口自制"声卡"或者通过机器自带的喇叭直接播放乐曲。MOD 仅仅是这类音乐文件的一个总称，这是因为该格式早期的文件扩展名是 MOD，只是后来经过发展逐渐产生了 ST3、S3M、XT、669、FAR 等扩展格式，但其基本原理和原来是一样的。该格式的文件里既存放了乐谱，又存放了乐曲使用到的音色样本。

④ MP3

MP3 利用的是 MPEG Audio Layer 3 的技术，由于它较大程度地压缩了人耳不敏感的部分，导致其音质并不令人满意。MP3 是一种有损压缩格式，但是 MP3 能够在音质丢失很小的情况下把文件压缩到更小的程度，而且保持了原来的音质。由于 MP3 具有体积小、音质高等特点，使得 MP3 格式几乎成为网上音乐的代名词。

（2）图像编码

图像格式可以分为两类：一类是描绘类或矢量类的图像；另一类是位图。前者是由几何元素组成，并用数学方法描述的图像，后者用像素形式描述图像。通常情况下，前者对图像的表达真实细致，图像的分辨率在缩小后不发生变化，因此被较多地应用在专业级的图像处理中。

图像的主要指标为灰度、分辨率与色彩数。分辨率通常有两种，即输出分辨率和屏幕分辨率。前者是用来检测输出设备精度的标准，用每英寸（1 英寸＝2.54 cm）所包含的像素点数来表示，数值越小越差。后者用每英寸的行、列的数量来表示，数值越小，图像质量越差；反之，图像质量越好。我们常见的色彩位表示有 2 位、4 位、8 位、16 位、24 位、32 位、64 位。如果图像是 16 位图像，那么可以表现出 2 的 16 次方，也就是 65 536 种颜色。假如图像达到 24 位，那么就可以表现出 1 677 万种颜色，即真彩。其中具代表性的图形格式主要有以下几种。

① BMP(bit map picture)：该格式是 PC 上最为常用的位图格式，它有压缩和不压缩两种形式，是 Windows 附件中绘画应用程序默认的图形格式。一般的 PC 图像软件都可以访问它，但 BMP 格式存储的文件容量相对较大。

② PCX(PC paint brush)：这是一种由 Zsoft 公司创建的 PC 位图格式，其优点是可以压缩、节约磁盘空间，最高可以表现 24 位图像。

③ GIF(graphics interschange format)：这是一种在不同平台的不同图形处理软件上均可处理的压缩图形格式。GIF 作为一种标准位图格式，其优点是可以在 IBM、Macintosh 等机器间进行移植，但是这个格式存储的色彩最高仅能达到 256 种。由于这个缺点，只有像 Animator Pro 和 Web 网页这类二维图形软件还在使用它，其他方面的应用已经很少了。

本 章 小 结

本章介绍了常用数制以及数制之间的转换,简要说明了二进制的运算规则以及数值型数据的表示及处理,使大家对计算机中的信息表示有了初步的了解。另外,概括了计算机信息的几种编码方式,让大家了解计算机中文字的表示与处理方法。通过本章的学习,读者将对计算机编码有一个概括性的了解。

习　　题

1. 填空题

(1) 标准 ASCII 字符集总共有_____个编码。

(2) 在计算机内用_____字节的二进制数码代表一个汉字。

(3) 二进制数 11110 转换为十进制数是_____。

(4) 在计算机内部,数字和符号都用_____代码表示。

(5) 汉字编码包括汉字输入码、国标码、_____和_____几方面内容。

2. 计算题

(1) 将下面二进制数转换为八进制数、十进制数和十六进制数。

① $(10110101101011)_2$；② $(11111111000011)_2$。

(2) 将下面十进制数转换为二进制数、八进制数和十六进制数。

① $(223)_{10}$；② $(137)_{10}$；③ $(65.625)_{10}$。

(3) 将下面十六进制数转换为二进制数、八进制数和十进制数。

① $(4E1)_{16}$；② $(11A)_{16}$；③ $(5F25)_{16}$。

(4) 假设计算机字长为 8 位,采用补码进行表示,请写出下列十进制数在计算机中的二进制表示。

34　0　−3　−10　−127

3. 简答题

(1) 简述计算机内部的信息为什么要采用二进制数编码来表示。

(2) 汉字有哪几种常用的编码方式？请简述它们的编码规则和用途。

第3章 计算机系统基础

如同人脑的构造一样,计算机是一个有机的组成。计算机系统由计算机硬件系统和软件系统组成,如图3.1所示。计算机系统接收并存储外界(用户)输入的信息,自动进行各种信息处理,并将处理结果反馈给外界。相比于人脑,计算机系统具有以下几个特点:计算快速精准、存储量巨大、通用易用,可以形成巨大的网络。计算机系统广泛用于科学计算、过程控制和事务处理,改变了人们的生活方式,影响着社会的发展。

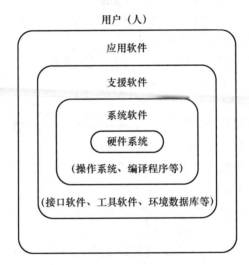

图 3.1　计算机系统层次结构

本章首先介绍计算机系统思想的起源——冯·诺依曼体系结构。计算机体系结构是程序员所看到的计算机的属性,即概念性结构和功能特性。按照图3.1所示的计算机系统的层次结构,不同级的程序员所看到的计算机的属性是不同的,通常来讲,低级的机器属性对于高层的程序员基本透明。本章主要讲解机器语言级别的系统结构。

3.1　冯·诺依曼体系结构

3.1.1　冯·诺依曼体系结构

冯·诺依曼之所以被世界公认为"计算机之父",如图3.2所示,主要是因为他设计了"冯·诺依曼体系结构",该结构的计算机采用二进制并且按照程序顺序执行命令。冯·诺依曼体系结构是现代计算机的基础,同时也奠定了计算机系统结构的基础。在冯·诺依曼体系机构中,计算机主要由控制器、运算器、存储器(内存储器、外存储器)、输入设备、输出设备 5 部分组成,如图 3.3 所示。

图 3.2 冯·诺依曼

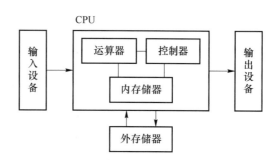

图 3.3 计算机五大组成部件

在冯·诺依曼体系结构构成的计算机中,程序和数据存储在同一个存储器中,程序指令和数据的宽度相同,利用地址进行线性的存储和访问,通过 5 个基本组成部件完成指令控制和数据传递。该结构的计算机具有如下能力。

1. 把需要的程序和数据送至计算机中。
2. 具有长期记忆程序、数据、中间结果及最终运算结果的能力。
3. 能够完成各种算术、逻辑运算和数据传送等数据加工处理的工作。
4. 能够根据需要控制程序走向,并能根据指令控制机器各部件协调操作。
5. 能够按照要求将处理结果输出给用户。

3.1.2 冯·诺依曼体系结构与哈佛体系结构的比较

与冯·诺依曼体系结构的计算机相比,哈佛体系结构计算机的程序和数据分别存在各自的存储器中,程序计数器只指向程序存储器而不指向数据存储器,虽然这样无法自己修改体系结构中的程序,但是程序和数据的数据宽度可以不同,效率较高,尤其是在进行数字信号处理时性能较高,如 ARM10 系列、摩托罗拉公司的 MC68 系列、Zilog 公司的 Z8 系列等。

3.1.3 冯·诺依曼体系结构的局限

冯·诺依曼体系结构以二进制作为计算机数据的表达方式,这可以显示该进制本身的优势,并且满足了物理元件的限制。但人脑神经元的构造远超过二进制逻辑的表达范围,另外计算机依靠存储器的线性运算过程与人脑依靠记忆的非线性运算过程也有着本质区别,所以冯·诺依曼体系结构从某种程度也限制了计算机的发展,目前正在发展的量子计算机对逻辑的单一性有很好的突破。

3.2 微型计算机的组成结构与工作原理

微型计算机是一台进行着数据计算的机器,同所有的大型器械一样,微型计算机由自己的硬件组成和软件组成,并且按照提前设定好的规则进行工作运转。下面分别介绍微型计算机的组成结构和工作原理。

3.2.1 微型计算机的组成结构

微型计算机由硬件和软件组成。硬件主要是主机和外设,而软件分为系统软件和应用软件,主要结构如图 3.4 所示。

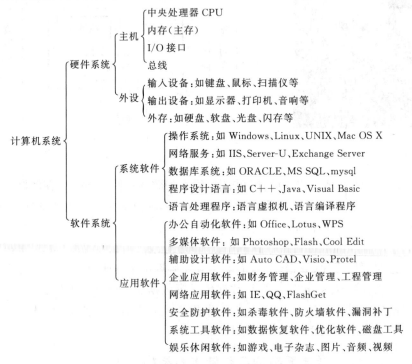

图 3.4 计算机系统

3.2.2 微型计算机的工作原理

根据冯·诺依曼的构想,计算机的基本工作原理是程序的存贮和控制。

程序存储是指人们运用一定的方法将程序和程序运行过程中所需的数据输入并保存到计算机的存储器之中。

程序控制是指当计算机正常运行时,按照顺序自动逐个取出程序中的一条条指令,对指令进行分析并执行。

由程序存储和控制的定义可以看出,计算机运行过程包含两种流动的信息——数据流和控制信号。数据流的内容是指令和原始数据,这些数据以二进制形式编码,并且在程序运行之前就已经被放到了主存当中。当程序被执行时,数据参与运算被送到运算器,而指令被送到控制器。控制器根据指令的内容发出控制信号,计算机各部件接收到控制信号,根据控制信号做出相应的运算和操作,并控制执行流程的进行。

计算机之所以能进行各项操作,主要是因为它有一个非常重要的核心部件 CPU(中央处理器)。CPU 能够控制一组操作(程序)的正常执行,例如,在存储器中得到一个数据,或者完成数据的加减乘除,保存得出的结果等。每个动作对应一条指令,指令被 CPU 接收以后,就会去执行相应的动作。程序就是由一系列的指令构成的,执行程序就是让 CPU 执行一系列的指令,完成一系列动作,从而完成一件复杂的工作。将 CPU 的动作抽象以后,执行过程可以看作是 CPU 从存储器中取出它要执行的下一条指令,根据这条指令的要求,执行相应的动作,一直循环进行取指令、执行这两个动作,直到程序执行结束或者有指令要求 CPU 停止工作,当然也可能无休止地工作下去,也就是死机。

计算机另一个重要的中心部件是内部存储器。在计算机刚刚诞生的时候,存储器保存的内容仅仅是正在被处理的数据。CPU 在执行指令的过程中,会到存储器里提取有关的数据,指令执行之后再把计算的结果保存到存储器中。冯·诺依曼提出,应该把程序也存放到存储器中,CPU 按照要求从存储器中提取指令、执行指令,并且不断地循环执行以上两个动作。这样,计算机就能够完全摆脱外界对程序执行过程的影响,自动地运行。这种基本思想被称作"存储程序控制原理"。如果构造出来的计算机遵循这个原理,那么计算机就被称作"存储程序控制计算机",也称作"冯·诺依曼计算机"。

1. 指令和指令系统

指令电路如图 3.5 所示,指令是对计算机进行程序控制的最小单位,包括操作码和地址码,如图 3.6 所示。

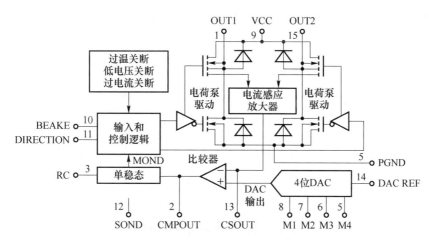

图 3.5 指令电路图

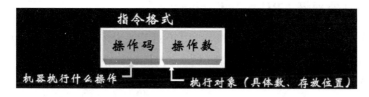

图 3.6 指令格式

操作码(operation code,OP)说明了操作的性质及功能,用于表示指令需要完成的操作。

地址码用于描述指令的操作对象、直接的操作数、操作数的存储器地址或寄存器地址。

计算机的指令系统是所有指令的集合。不同计算机的指令系统不同,从指令的角度讲,程序是为完成一项特定任务而编写的一组指令序列。

2．工作原理——执行程序

指令的执行步骤如图 3.7 所示。

（1）取指令

（2）分析指令

（3）执行指令

（4）程序计数器加 1。

程序是若干指令的有序排列,计算机的工作便是执行程序,从第一条指令开始,逐条完成各条指令。首先是计算机从内存中读取指令,根据程序计数器 PC 中存放的将要执行指令的内存地址,从中读取相应指令,读取 1 字节后,PC 就自动加 1,指向下一字节,为机器的下次读取做好准备,如图 3.8 所示。指令寄存器 IR 存放从存储器中读出的当前要执行指令的指令码。该指令码在 IR 中缓冲后被送到指令译码器 ID 中译码,译码后即得到该指令要进行的操作,

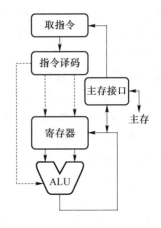

图 3.7　指令的执行步骤

这一步被称为分析指令。最后一步是执行指令,在时序部件和微操作控制部件的作用下控制相应部分进行操作完成指令的执行。

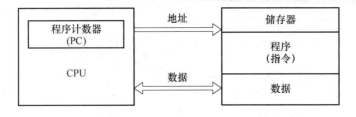

图 3.8　指令的执行

3.3　计算机硬件系统

3.3.1　中央处理器 CPU

中央处理器 CPU 是整个微型机的核心,用于对信息执行处理与控制,它有插卡式 Slot 和针脚式 Socket 两种,如图 3.9 和图 3.10 所示。目前的主流产品有 Intel 公司的 Pentium（奔腾）系列和 AMD 公司的 Athlon（速龙）系列,如图 3.11 和图 3.12 所示。

图 3.9　插卡式

图 3.10　针脚式

图 3.11 奔腾系列　　　　　　　　　　图 3.12 速龙系列

1. CPU 的组成及工作

CPU 主要由运算器和控制器构成,包括运算逻辑部件、寄存器部件和控制部件等,如图 3.13 所示。

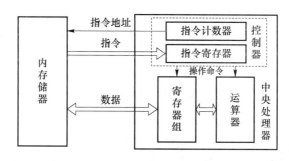

图 3.13 CPU 组成及其与内存关系

运算逻辑部件可以执行定点或浮点算术运算操作、移位操作以及逻辑操作,也可执行地址运算和转换。

寄存器部件包括通用寄存器、专用寄存器和控制寄存器。通用寄存器用来保存指令中的寄存器操作数和操作结果,也可分定点数和浮点数两类,通用寄存器的宽度决定了计算机内部的数据通路宽度,其端口数目往往可影响内部操作的并行性。专用寄存器是为了执行一些特殊操作而用的寄存器。控制寄存器通常用来指示机器执行的状态,或者保持某些指针,有处理状态寄存器、地址转换目录的基地址寄存器、特权状态寄存器、条件码寄存器、处理异常事故寄存器以及检错寄存器等。

控制部件主要是控制器。控制器是指挥计算机的各个部件按照指令的要求协调工作的部件,是计算机的神经中枢和指挥中心,由指令寄存器 IR、程序计数器 PC 和操作控制 OCsange 部件组成。它主要负责对指令译码,并且发出为完成每条指令所要执行的各个操作的控制信号。控制器主要有两种控制方式:一种是以微存储为核心的微程序控制方式;另一种是以逻辑硬布线结构为主的控制方式。微存储中保持微码,每一个微码对应一个最基本的微操作,又称微指令。各条指令由不同序列的微码组成,这种微码序列构成微程序。中央处理器在对指令译码以后,发出一定时序的控制信号,按给定序列的顺序以微周期为节拍执行由这些微码确定的若干个微操作,即可完成某条指令的执行。简单指令由 3～5 个微操作组成的,复杂指令则要由几十个微操作甚至几百个微操作组成。逻辑硬布线控制器则完全是由随机逻辑组成的。指令译码后,控制器通过不同的逻辑门的组合,发出不同序列的控制时序信号,直接去执行一条指令中的各个操作。

有的中央处理器中还有缓存,用来暂时存放一些数据指令,缓存越大,说明 CPU 的运算速度越快,目前市场上的中高端中央处理器都有 2 M 左右的二级缓存,高端中央处理器有 4 M 左右的二级缓存。

2. CPU 主要性能指标

(1) 字长:指计算机内部一次可以处理的二进制的位数,有 8 bit、16 bit、32 bit、64 bit 等。越来越多的微机采用 64 bit。

(2) 运算速度:指单字长定点指令的平均执行速度,即计算机每秒所能执行的指令数,也称工作频率,通常以 MH(兆赫)和 GH(千兆赫)为单位,目前大多数的 CPU 的主频均为 GH 数量级。

(3) 时钟频率:指 CPU 的外部时钟频率,它直接影响 CPU 与内存之间的数据交换速度,也是高速缓存(128 KB～2 MB)速度。

(4) 内存容量:计算机的内存大小,通常以 MB 来衡量,1 KB＝1 024 B,1 MB＝1 024 KB。

3.3.2 总线

微机系统采用以总线为中心的标准结构,总线是连接各个功能部件的信息通道。根据总线上数据传送范围的不同,总线可分为 4 级:片内总线、片间总线、系统内总线、系统外总线。如图 3.14 所示。①片内总线在芯片内部连接各元件(运算器、控制器、寄存器等);②片间总线连接主板上的各芯片;③系统内总线连接主板与扩展板;④系统外总线连接微机和外设。总线根据功能不同分为 3 类:数据总线 DB(data bus),宽度等于字长,即条数取决于 CPU 的字长,传送是双向的;地址总线 AB(address bus),条数决定计算机内存的大小,传送是单向的;控制总线 CB(control bus)。

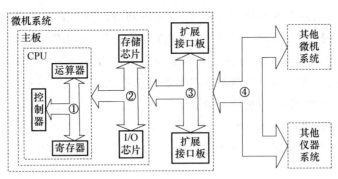

图 3.14　总线分级

总线的性能指标如下。

(1) 总线的带宽:指单位时间内总线上可传输的数据量,单位为 B/s。

(2) 总线的位宽:指总线能同时传送的数据位数,即数据总线(DB)的宽度。

(3) 总线的工作频率:指总线的时钟频率,单位为 MHz。

总线带宽＝总线的位宽/8 * 总线的工作频率

我们常用的总线标准有 ISA、EISA、VESA、PCI 总线,通常指的是(系统)内总线所遵循的标准。

3.3.3　内部存储器

内存(computer memory)是一种利用半导体技术做成的电子设备,用来存储数据,如图 3.15 所示。电子电路的数据是以二进制的方式存储的,存储器的每一个存储单元称作记忆元。存储器的种类很多,按其用途可分为主存储器和辅助存储器,主存储器又称内存储器(简称内存)。程序和数据存储在计算机的存储器中,存储器容量的大小和存储器存取数据的快慢会直接影响微机系统的性能。

主存储器(内存)分为随机存储器 RAM(运行时的程序和数据存储在其中,分为静态 SRAM 和动态 DRAM)、只读存储器 ROM、可编程只读存储器 PROM 和可改写只读存储器 EPROM。RAM 可读写,但断电后数据会丢失;ROM 不可写,但断电后数据不会丢失。

高速缓冲器(cache)位于 CPU 与内存之间,如图 3.16 所示,是一个读写速度比内存更快的存储器。它分为一级缓存(L1 cache)、二级缓存(L2 cache)和三级缓存(L3 cache)。

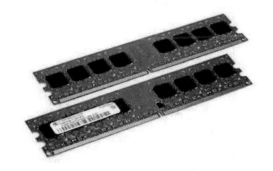

图 3.15　内存

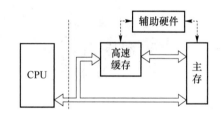

图 3.16　高速缓存的位置

内存地址:是存储单元的一个编号,需要通过此编号进行数据的存取。

内存容量:指内存单元的总数,通常 1 字节为一个单元(B),内存容量实际上是指 RAM 的容量,通常以 MB 来衡量。

内外存存取速度及容量大小如图 3.17 所示。

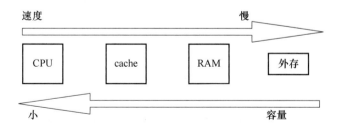

图 3.17　内外存存取速度及容量比较

3.3.4　外部存储器

外部存储器是指除计算机内部存储器及高速缓冲存储器之外的存储器,这类存储器在断电后依然能保存原有数据,虽然数据交换率低,但是存储量大、可转移,更为可靠。常见的外部存储器有硬盘、软盘、光盘和U盘等,如图3.18所示。

硬盘是电脑的主要存储媒介之一。容量是硬盘最主要的参数。硬盘的容量以兆字节、千兆字节或百万兆字节为单位,除此之外,硬盘还有如下几个重要的评估参数。

(1)转速:是指硬盘盘片在一分钟内所能完成的最大转数。转速的快慢标示了硬盘的档次,也决定了硬盘的传输速率。硬盘的传输速率是指硬盘读写数据的速度。硬盘上有一块内存芯片,调节硬盘内部和外界接口之间的传输速率,是硬盘内部存储和外界接口之间的缓冲器。

(2)盘面号:又叫磁头号,磁盘的每一个盘片都有两个盘面,每一个有效盘面都有一个对应的读写磁头。磁盘的盘片组在2~14片不等,通常有2~3个盘片,故盘面号(磁头号)为0~3或0~5。磁盘在格式化时被划分成许多同心圆,这些同心圆轨迹叫作磁道。所有盘面上的同一个磁道构成一个圆柱,通常叫作柱面。系统以扇区形式将信息存储在硬盘上。

(a) (b)

(c) (d) (e)

图3.18 外存

3.3.5 主板

主板是计算机中传输电子信号的部件。计算机的功能、兼容性都取决于主板的设计。目前市面上主要的主板产品是ATX主板,如图3.19及图3.20所示。北桥芯片决定主板性能的高低;南桥芯片决定主板功能的多少;BIOS芯片决定主板兼容性的好坏。生产芯片组的厂商有Intel、AMD、VIA、SIS等。

图 3.19 主板实物图

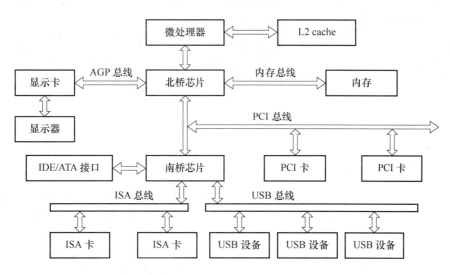

图 3.20 主板示意图

3.3.6 输入设备

输入设备是向计算机输入信息的设备,是计算机与用户或者其他设备通信的桥梁。通过鼠标、键盘、摄像头、扫描仪、光笔、手写输入板、游戏杆、语音输入装置等输入设备,输入数字、文字符号、图形图像、语音等各种类型的数据信息到计算机中,并转换成相应的数据编码。输入设备如图 3.21 所示。

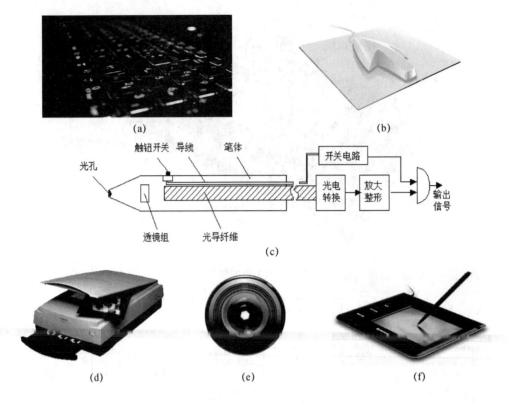

图 3.21　输入设备

3.3.7　输出设备

输出设备和输入设备一样，都是人与机器交互的主要装置。将计算机处理的结果进行转换，以用户需要的形式展现给用户，常用的输出设备有显示器、打印机、绘图仪、磁盘等，如图 3.22 所示。

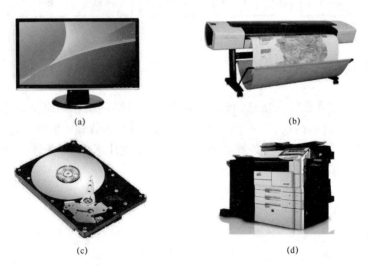

图 3.22　输出设备

3.4 计算机软件系统

软件是计算机的运行程序和相应文档。计算机的软件系统将计算机的硬件系统有序地组织起来,协调完成各种功能,是人与硬件系统之间的接口。具体来讲,计算机软件系统由系统软件和应用软件组成。

3.4.1 系统软件

系统软件是指控制和管理计算机系统运行及计算机资源的软件系统,是位于硬件层之上的第一层软件系统,包括操作系统、网络服务程序、数据库系统、诊断程序、编译程序等。系统软件都是由程序设计语言形成的。

操作系统(operating system,简称 OS)是管理和控制计算机硬件与软件资源的计算机程序,是直接运行在"裸机"上的最基本的系统软件,任何其他软件都必须在操作系统的支持下才能运行。操作系统是用户和计算机的接口,同时也是计算机硬件和其他软件的接口。

网络服务(Web services),是指一些在网络上运行的、面向服务的、基于分布式程序的软件模块。网络服务采用 HTTP 和 XML 等互联网通用标准,使人们可以在不同的地方通过不同的终端设备访问 Web 上的数据,如网上订票、查看订座情况等。

数据库系统 DBS(data base system,简称 DBS)通常由软件、数据库和数据管理员组成。其软件主要包括操作系统、各种宿主语言、实用程序以及数据库管理系统。数据库由数据库管理系统统一管理,数据的插入、修改和检索均要通过数据库管理系统来进行。数据库管理员负责创建、监控和维护整个数据库,使数据能被任何有权使用的人有效使用。数据库管理员一般由业务水平较高、资历较深的人员担任。

1) 程序设计语言的发展分以下 3 个阶段。

(1) 机器语言是最早的一种编程工具,以二进制的指令码进行编程,执行程序效率高,机器容易接受,但编程复杂,极易出错,可移植性差,现在已不采用。

(2) 汇编语言也是面向机器的程序设计语言,如图 3.23 所示,用助记符代替操作码,用地址符号或标号(label)代替地址码,机器语言就变成了汇编语言,也可看成二进制指令的简单符号化。与机器语言相比,汇编语言同样易于被接受,执行效率也较高,但编程仍然复杂,较易出错,目前主要用于计算机控制方面的编程。

(3) 高级语言远离对硬件的直接操作,其语法和结构更类似于普通英文,较易学习,编程容易,程序设计能力较强、可移植性好,目前正被广泛应用,如 BASIC、FORTRAN、C、FoxPro、VB、VC、VF、Java 语言等。

2) 程序可分为以下 3 类,程序处理过程如图 3.24 所示。

(1) 源程序:由高级语言或汇编语言编写的程序。

(2) 目标程序:由源程序翻译成的机器语言程序。

(3) 可执行程序:由机器语言组成的程序。

3) 语言处理程序包括以下 3 类。

(1) 汇编程序:将汇编语言源程序翻译成目标语言程序。

(2) 编译程序:将源程序一次性翻译成目标语言程序,如 Fortran、Pascal、C。

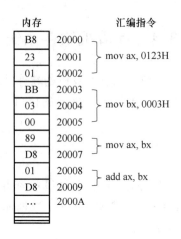

图 3.23　汇编语言指令

（3）解释程序：对源程序逐条解释，解释一条，执行一条，直至执行完整个程序。无目标程序生成，如 Basic 程序。

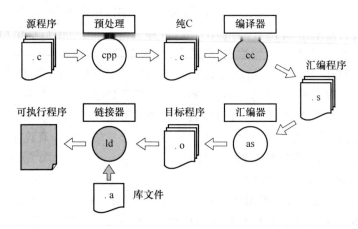

图 3.24　程序处理过程

3.4.2　应用软件

应用软件是为满足处在不同领域的用户的实际应用需求而提供的软件。它拓宽了计算机系统的应用领域，放大了硬件的功能。应用软件是用户可以使用的各种程序设计语言，以及用各种程序设计语言编制的应用程序的集合，分为用户程序和应用软件包。用户程序指为完成某项或多项特定工作的计算机程序。用户程序运行在用户模式，可以和用户进行交互，具有可视的用户界面。应用软件包是利用计算机解决某类问题而设计的程序的集合。应用软件包供多用户使用，与特定的应用领域有关，可分为通用包及专用包两类。通用软件包是根据社会的一些共同需求而开发的，专用软件包则是生产者根据用户的具体需求而定制的，可以为满足其特殊需要而进行修改或变更。

应用软件与我们的日常生活密切相关，如下几类。

办公自动化软件：是将办公和计算机网络功能结合起来从而产生的信息化产物，它方便高效，如我们经常所用的 Office、Lotus、WPS 等。

多媒体软件:把文本、图形、图像、动画和声音等形式的信息结合在一起,并通过计算机对其进行综合处理和控制,支持完成一系列交互操作,完成用户对多媒体的需求,如Photoshop、Flash、Cool Edit 等。

辅助设计软件也属于应用软件,是为辅助设计而开发的软件,如 AutoCAD、Visio、Protel 等。企业应用软件也是应用软件,是指在除了系统软件之外的全部应用软件上都能够运行的专门为企业开发的应用软件,是为了满足企业的应用需求而开发的软件,如财务管理软件、企业管理软件、工程管理软件等。

网络应用软件是指能够为网络用户提供各种服务的软件,如 IE、QQ、FlashGet 等。

此外,还有安全防护软件,如杀毒软件、防火墙软件、漏洞补丁等;系统工具软件,如数据恢复软件、优化软件、磁盘工具等;娱乐休闲软件,如游戏、电子杂志、图片、音频、视频等。

本 章 小 结

本章主要讲述了计算机系统的相关知识,计算机是人与机器的统一体,通过软件带动硬件,完成人们所需要的各种运算,介绍了计算机系统的概念、思想和功能。计算机系统的思想起源于计算机之父冯·诺依曼,冯·诺依曼体系结构的计算机结构简单,使用二进制数制,程序作为数据的一部分,指令按线性顺序执行。冯式结构的计算机由运算器、控制器、存储器、输入设备和输出设备组成,按照读取指令、分析指令、执行指令、程序计数器加 1 的顺序工作。

计算机系统由硬件系统和软件系统组成,硬件系统由主机和外设组成。软件系统由系统软件和应用软件组成。主机由 CPU、内部存储器、I/O 接口和总线组成。CPU 是微型计算机的核心,用于对信息进行处理和控制,CPU 由运算部件、控制部件和寄存器部件 3 部分组成。内部存储器用于存储数据,以提高微型机的运算速度。总线负责主机内的信息交流。外设由输入设备、输出设备和外部存储器组成。计算机软件系统完成了微型机的逻辑功能,由系统软件和应用软件组成。

习　　题

1. 填空题

(1) 计算机硬件由五大基本部分组成,分别为_____、_____、_____、_____和_____。

(2) KB、MB、GB 都是存储容量的单位。1 MB=_____ B

(3) HUB 的中文名称是_____。

(4) CPU 是_____的简称。

(5) 计算机能直接识别和执行的语言是_____。

(6) 计算机中的信息是以_____形式存储在外存储器中的。

(7) 现代微型计算机的内存储器都采用内存条,使用时把它们插在_____上的插槽中。

(8) 计算机分为_____和_____两类。

2. 单选题

(1) 将计算机的内存储器和外存储器相比,内存的主要特点之一是(　　)。

A. 价格更便宜　　　 B. 存储容量更大　　 C. 存取速度快　　　 D. 价格虽贵但容量大

(2) 计算机指令的集合称为(　　)。

A. 计算机语言　　　 B. 程序　　　　　　 C. 软件　　　　　　 D. 数据库系统

(3) 按存取速度来划分,下列哪类存储器的速度最快?(　　)

A. 主(内)存储器　 B. 硬盘　　　　　　 C. cache　　　　　　 D. U 盘

(4) 计算机性能指标包括多项,下列项目中(　　)不属于性能指标。

A. 主频　　　　　　 B. 字长　　　　　　 C. 运算速度　　　　 D. 是否带光驱

(5) CAM 是计算机应用领域中的一种,其含义是(　　)。

A. 计算机辅助设计 B. 计算机辅助制造 C. 计算机辅助教学 D. 计算机辅助实现

(6) 能把源程序翻译成目标语言程序的处理程序是(　　)。

A. 编辑程序　　　　 B. 汇编程序　　　　 C. 编译程序　　　　 D. 解释程序

(7) 要使用外存储器中的信息,应先将其调入(　　)。

A. 控制器　　　　　 B. 运算器　　　　　 C. 微处理器　　　　 D. 内存储器

(8) 在下列设备中,不能作为计算机的输入设备是(　　)。

A. 打印机　　　　　 B. 键盘　　　　　　 C. 扫描仪　　　　　 D. 鼠标

(9) Pentium(奔腾)指的是计算机中(　　)的型号。

A. 主板　　　　　　 B. 存储器　　　　　 C. 中央处理器　　　 D. 驱动器

(10) (　　)都是系统软件。

A. DOC 和 MIS　　 B. WPS 和 UNIX　　 C. DOS 和 UNIX　 D. UNIX 和 Word

3. 问答题

(1) 什么叫微处理器?什么叫微型计算机?什么叫微型计算机系统?这三者之间的联系和区别?

(2) 什么叫冯·诺依曼体系结构类型的计算机?它的内涵是什么?

(3) 为什么微型计算机的基本结构也叫作总线结构?试简述总线结构的分类及其优缺点。

(4) 微处理器内部一般由哪些基本部件组成?试简述它们的主要功能。

(5) 如何理解微型计算机的工作过程?它的本质是什么?

(6) 一般指令的执行由哪几段操作组成?各段操作的任务是什么?

(7) 什么叫微程序控制技术?

(8) PC 系列微机系统由哪几个基本部分组成?其中主机箱内一般包含哪些基本配置?

(9) 计算机软件系统的是如何构成的?系统软件具体包括哪些?

第4章 计算机操作系统的基础知识

操作系统(operating system，OS)是计算机最重要的系统软件，功能类似于人类大脑的"神经中枢"。操作系统作为整个计算机的指挥中心，负责指挥和调度计算机内的所有资源。操作系统性能的好坏在很大程度上直接决定了整个计算机系统性能的好坏。本章将具体介绍操作系统的定义、发展过程、类型、功能。最后再简要介绍几种常见的操作系统。

4.1 操作系统概述

4.1.1 操作系统的定义

硬件和软件是计算机系统的两大组成部分，计算机硬件部分由中央处理器(运算器和控制器)、存储器、输入设备和输出设备等部件组成，计算机的硬件部分是软件系统和用户作业正常运作的物质基础和工作环境。

软件部分包括系统软件和应用软件。操作系统、系统实用程序、汇编和编译程序等都属于系统软件。为应用程序编制的软件是应用软件。

裸机是无任何软件支持的计算机。裸机只是计算机系统的物质基础，呈现在用户面前的是经过若干层软件包装的计算机。图4.1展现了裸机与软件层的关系。

由图4.1可以看出，计算机硬件和软件以及应用之间是一种层次结构的关系，最里层的是裸机，裸机的外面是操作系统，操作系统外层是提供各种服务功能的软件系统。裸机加上这些软件层后变得功能强大且使用方便，通常被称为虚拟机(virtual machine)，也叫扩展机(extended machine)，各种实用程序和应用软件运行在操作系统之上，以操作系统作为支撑环境，向用户提供其所需的各种服务。

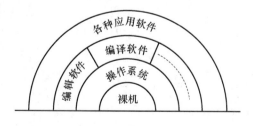

图4.1 裸机与软件层

因此，我们可以这样定义操作系统：操作系统是计算机系统中的一个重要的系统软件，它是一些功能模块的集合，它们管理和控制计算机系统中的硬件及软件资源，合理地组织计算机的工作流程，以便有效地利用这些资源为用户提供一个功能强大、使用方便、可扩展、可管理的安全的工作环境，从而在计算机与用户之间起到接口的作用。

4.1.2　操作系统的发展历程

操作系统是由客观需求产生的,它伴随计算机技术及其应用的日益发展而逐渐发展和完善。操作系统在计算机系统中的地位不断提高。今天,操作系统已经成为计算机系统中的核心,任何计算机都要配置操作系统。计算机技术的进步带动着操作系统的发展。

1. 计算机发展主要分为 4 个阶段。

第 1 代:电子管时代,无操作系统阶段。

第 2 代:晶体管时代,批处理系统阶段。

第 3 代:集成电路时代,多道程序设计阶段。

第 4 代:大规模和超大规模集成电路时代,分时系统阶段。

为适应计算机的发展过程,操作系统也经历了如下历程:手工操作系统(也称为无操作系统)、批处理系统、执行系统、多道程序系统、分时系统、实时系统、通用操作系统、网络操作系统、分布式操作系统等。

2. 操作系统的发展阶段

(1) 第 0 代　手工操作系统

1946 年至 20 世纪 50 年代是手工操作系统时代,即无操作系统时代。

手工操作系统计算机的特点:硬件上表现的是巨型机,使用电子管(运行速度每秒几千次);使用的语言是机器语言;无操作系统;输入输出采用插件板、纸袋、卡片;其用户既是程序员,又是管理员。

其操作过程是先把程序纸带(或卡片)装上计算机,然后启动输入机把程序送入计算机,接着通过控制台开关启动程序运行,计算完毕,打印机输出计算结果,用户卸下并取走纸带(或卡片),第二个用户上机,重复以上操作步骤。操作过程的特点主要是人工参与、独占式且串行式。手工操作系统存在的主要问题是人机矛盾,即当计算机速度提高时,手工操作的慢速度和计算机运行的高速度之间存在矛盾。

无操作系统工作情况如图 4.2 所示。

图 4.2　1946 年情人节诞生的第一台通用电子计算机——ENAIC

（2）第1代　批处理系统

20世纪50年代末至20世纪60年代中期是批处理系统时代。

在手工操作系统时代,任何一个步骤的错误操作都可能导致作业从头开始。用户希望将程序设计和运行管理分离,同时也为了提高CPU的利用率,因此提出了批处理系统。其解决方案主要是配备专门的计算机操作员。

批处理分为单道批处理和多道批处理。

单道批处理系统计算机的特点:计算机硬件主要为大型机和晶体管;所用语言为汇编语言,如FORTRAN等;操作系统是FMS(fortran monitor system)及IBMSYS(IBM为7094机配备的操作系统)。单道批处理系统主要用于较复杂的科学工程计算。

批处理方式的优点:实现了作业的自动过渡,改善了主机CPU和输入输出设备的使用效率,提高了计算机的系统处理能力。批处理方式的缺点:需要人工拆装磁带;监督程序、系统程序和用户程序之间的调用关系带来的系统保护问题;任何地方出现问题,整个系统都会出现停顿;用户程序可能会破坏监督程序等。

批处理系统工作如图4.3所示。

图4.3　20世纪60年代出现的IBM 7094

（3）第2代　多道程序系统

20世纪60年代中期至20世纪70年代中期是多道程序系统时代。

根据多道程序系统的需求,为了充分利用系统资源,提高效率,采用多道程序合理搭配交替运行。

多道程序系统计算机的特点:其硬件由集成电路构成(如IBM System/360);操作系统复杂、庞大(如OS/360)。

多道程序运行即计算机内存中同时存放多道相互独立的程序,它们在宏观上并行运行但都未运行完,而在微观上串行运行,各作业轮流使用CPU,交替执行。多道程序运行的优点是资源利用率高、系统吞吐量大,缺点是多道程序运行的平均周转时间长,无交互能力。

（4）第3代　多模式系统

20世纪70年代中期至20世纪末期是多模式系统时代。

分时系统实例：第一个分时操作系统于 1959 年在 MIT 提出，开创了多用户共享计算机资源的新时代。

实时操作系统实例：Symbian、Symbian OS(中文译音"塞班系统")由摩托罗拉、西门子、诺基亚等几家大型移动通信设备商共同出资组建的一个合资公司开发，Symbian 操作系统在智能移动终端上拥有强大的应用程序以及通信能力。

通用操作系统实例：UNIX 操作系统。

今天是网络操作系统和分布式操作系统时代。

4.1.3 操作系统的作用

操作系统有两个重要的作用，即管理员和服务员的作用。

1. 管理员作用——管理计算机系统内的各种资源

任何一个计算机系统都是由计算机硬件和软件组成的。操作系统是最基础的系统软件，它不仅是计算机系统中的一部分，同时又能反过来组织和管理整个计算机系统，充分利用各种软硬件资源，使计算机协调一致，高效地完成各种复杂的任务。

2. 服务员作用——为用户提供方便、良好的界面

从用户(用户包括计算机系统管理员、应用软件的设计人员等)的角度上看，操作系统不仅要能对系统资源进行管理，还应该能够为用户提供良好的操作界面，便于用户简单、高效地使用系统资源。

4.1.4 操作系统的性能指标

操作系统的性能指标反映了计算机系统的性能。良好的操作系统结构会提升整个操作系统的性能指标，从而充分发挥计算机系统的性能，充分利用 CPU 的处理速度和存储器的存储能力。

衡量操作系统的性能时，常采用如下一些指标。

(1) 系统的 RAS

可靠性 R(reliability)指的是系统正常工作时间的平均值，常用平均无故障时间 MTBF(mean time before failure)来衡量。

可用性 A(availability)指的是系统在任意时刻能正常工作的概率。

$$A = MTBF/(MTBF + MTRF)$$

可维护性 S(serviceability)指的是从故障发生到故障修复所需要的平均时间，常用平均故障修复时间 MTRF(mean time repair a fault)来衡量。

(2) 吞吐率

吞吐率指系统在单位时间内所处理的信息量。

(3) 响应时间

响应时间指系统从接收数据到输出结果的时间间隔。

(4) 资源利用率

资源利用率指系统中部件的使用速度。在给定的时间内，某一个设备实际被使用的时间占总时间的比例。

（5）可移植性

把一个操作系统从一个硬件环境转移到另一个硬件环境所需要的工作量。

4.1.5　操作系统的基本特征

了解操作系统的基本特征有助于人们从更深的层次上去认识操作系统。无论哪种类型的操作系统都具有以下 4 个基本特征。

（1）并发（concurrence）

并发指两个或者多个事件在同一时间间隔内发生。在多道程序环境下，并发性是指在一段时间内宏观上有多个程序在同时运行，但由于单处理机系统中，每一时刻仅能有一道程序执行，故宏观上同时运行的多个程序在微观上只能是分时地交替执行。如果计算机系统中有多个处理机，那么这些可以并发执行的程序就可以被分配到多个处理机上，实现并行执行，即利用每个处理机来处理可并发执行程序中的一个程序，这样，多个程序便可以同时执行。

（2）共享（sharing）

并发性必定要求对系统资源进行共享。共享指的是系统内的资源可供多个并发执行的进程共同使用，操作系统程序和用户程序共同享用系统内部的各种软、硬件资源。共享的好处是可以减轻对系统资源的浪费，但也存在问题，例如，如何处理系统资源竞争的问题；如何合理地进行系统资源分配；当程序同时执行时，如何保护程序不因受到其他程序的破坏而引起混乱。

（3）虚拟（virtual）

操作系统中的虚拟，指的是通过某种技术把一个物理实体转变成逻辑上的多个实体。物理实体是实际存在的，逻辑上的多个实体是用户感觉到的，是虚拟的、非真实的。如在多道分时系统中，虽然系统只有一个 CPU，但每一个终端客户都会感觉有一个专门的 CPU 单独为自己服务。利用多道程序技术把一台物理上的 CPU 虚拟成多台逻辑上的 CPU，这样的 CPU 也称为虚处理机。

（4）异步性（asynchronism）

异步性也称为不确定性。不确定性并不是指操作系统本身功能的不确定，也不是说程序结果的不确定，所谓异步性是指进程以不可预知的速度向前推进。比如，当正在执行的进程提出某种资源请求时，如打印请求，而此时打印机正在为其他进程打印，由于打印机属于临界资源，因此正在执行的进程必须等待，且放弃处理机，直到打印机空闲，并再次把处理机分配给该进程时，该进程方能继续执行。可见，由于资源等因素的限制，进程的执行通常都不是"一气呵成"，而是以"停停走走"的方式运行。尽管如此，只要在操作系统中配置有完善的进程同步机制，只要运行环境相同，作业经多次运行就会获得完全相同的结果，因此，异步运行方式是允许的。

4.1.6　相关概念

（1）进程：是并发执行的程序在执行过程中分配和管理资源的基本单位。

（2）线程：是 CPU 调度的一个基本单位，是进程中的一个实体，可作为系统独立调度和分派的基本单位，本身不拥有系统资源，只有少量必不可少的资源。

（3）程序：用来描述计算机所要完成的独立功能，并在时间上严格地按照先后顺序相继地进行计算机操作的序列集合，是一个静态的概念。

（4）并行：同一时刻两个事物均处于活动状态，指两个或者多个事件同时发生。

（5）并发：宏观上存在并行特征，微观上存在顺序性，同一时刻，只有一个事物处于活动状态。比如，分时操作系统中多个程序的同时运行。

4.2　操作系统的基本类型

随计算机技术和软件的发展，已经出现了各种类型的操作系统来满足人们不同的应用要求。根据使用环境和处理方式的不同，操作系统的基本类型可分为：

（1）批处理操作系统（batch processing operating system）；

（2）分时操作系统（time sharing operating system）；

（3）实时操作系统（real time operating system）；

（4）通用操作系统（general operating system）

（5）个人计算机操作系统（personal computer operating system）；

（6）网络操作系统（network operating system）；

（7）分布式操作系统（distributed operating system）。

下面进行具体说明。

4.2.1　批处理系统

在批处理系统中，运用多道程序设计技术形成多道批处理系统。工作流程如下：每个用户使用操作系统提供的作业控制语言来描述作业运行时的控制意图和对资源的需求，然后将程序和数据全部交给操作人员，操作员可在任意时刻将作业交给系统；外部存储器中存放大量的后备作业，系统根据具体的调度原则从外存的后备作业中选择一些搭配合理的作业调入内存。

批处理系统的主要特征如下。

（1）用户脱机使用计算机。用户提交作业以后，直到获得结果之前不再和计算机打交道。作业提交的方式有两种：一种是直接提交给管理操作员；另一种是通过远程通信线路来提交。

（2）成批处理。操作人员把用户提交的作业进行分批处理。

（3）多道程序运行。根据多道程序调度原则，从一批后备作业中选择多道作业调入内存并组织它们运行。

批处理系统的优缺点如下。

优点：因为系统资源可以被多个作业共享，其工作方式是靠作业之间自动调度来执行的，并且在运行过程中用户脱机使用计算机，不干预计算机的作业，因而很大程度上提高了系统资源的利用率和作业吞吐率。

缺点：用户使用不方便，作业一旦提交，便无法干预作业的运行，即使是程序中一个很小的错误都会导致作业无法正常运行，不利于程序的调试。

4.2.2　分时操作系统

虽然多道批处理系统省时高效，但不允许用户与计算机间进行交互，一旦作业被交给系统后,便无法再对该作业进行其他加工处理。分时操作系统能使用户与计算机进行交互,用户在程序运行过程中能随时进行干预,从而加快程序的调试。

分时操作系统指的是多个用户分享同一台计算机,就是把计算机系统资源在时间上进行分割,将整个工作时间分成一个个的时间段,每个时间段就是一个时间片,然后将CPU的工作时间分给多个用户使用,每个用户轮流使用时间片,从而达到多个用户使用一台计算机的目的。

分时操作系统具有下述特点:

(1) 交互性;

(2) 多用户同时性;

(3) 独立性。

4.2.3　实时操作系统

实时操作系统指的是能在规定的时间内响应用户提出请求的操作系统。实时系统的主要特点是随时响应、可靠性高。系统必须要保证对实时信息进行分析和处理的速度比其进入系统的速度快,同时系统本身一定要安全可靠。实时操作系统对资源的利用率不高,在保证高可靠性的同时需在硬件上允许冗余。

1. 实时系统的用途

(1) 实时控制系统:用于实现自动控制,如飞机飞行、导弹发射等。

(2) 实时信息处理系统:用于预订机票、查询航班、查询航线、查询票价等信息。

2. 实时系统的特征

(1) 及时性:有严格的时间限制。

(2) 高可靠性及安全性:实时操作系统常用于对生产过程和军事的现场控制,若出现故障,后果严重。

4.2.4　通用操作系统

操作系统的3种基本类型是:批处理操作系统、分时操作系统、实时操作系统。通用操作系统是在此基础上发展出来的具有多种操作系统特征的操作系统。它同时兼有批处理、分时、实时处理及多重处理的功能。

4.2.5　个人计算机操作系统

个人计算机操作系统是一种单用户的操作系统。

4.2.6　网络操作系统

网络操作系统(network operating system,NOS)的主要任务是采用统一的方法管理网络中的共享资源并对任务进行处理。它具有4个方面的功能:

(1) 网络通信;

(2) 资源管理;

(3) 提供多种网络服务;

(4) 提供网络接口。

因此我们可以将网络操作系统定义为：网络操作系统是建立在主机操作系统的基础上，致力于管理网络通信和网络资源，协调各个主机上任务的运行，并且向用户提供统一的、有效的网络接口的软件集合。网络操作系统是用户程序和主机操作系统间的接口，网络用户只有通过网络操作系统，才可以获得网络所提供的各种服务。

4.2.7　分布式操作系统

分布式操作系统可以定义为：将物理上分布的具有自治功能的数据处理系统或计算机系统互连起来，实现信息交换和资源共享。

分布式操作系统的特点：

（1）对系统中各类资源进行动态分配和管理，有效控制和协调任务的并行执行；

（2）允许系统中的处理单元无主、次之分；

（3）向系统提供统一的、有效的接口的软件集合。

4.3　操作系统的功能

操作系统的目的是为方便用户使用计算机系统并且充分提高计算机系统资源的使用率。操作系统的职能是有效地管理和控制计算机系统内的各种软、硬件资源，合理地安排计算机的工作流程，同时为用户提供良好的工作环境和接口。

4.3.1　处理机管理

处理机管理的任务是对处理机进行分配，并对其运行进行有效的控制和管理。进程是在系统中能独立运行并作为资源分配的基本单位，是一个活动的实体。在多道程序环境下，处理机的分配和运行都是以进程为基本单位的，因而对处理机的管理可归结为对进程的管理。

处理机管理包括进程控制、进程调度、进程的互斥与同步及进程通信等几个方面。

4.3.2　存储管理

存储管理是指对主存储器的管理，即如何把有限的主存储器进行合理的分配，满足多个用户程序运行的需要。主存储器分为两部分：一部分是系统区；另一部分是用户区。对主存储器的管理主要是对用户区域进行管理。

存储管理的功能如下。

（1）内存分配和释放。若当时的情况不能满足申请要求，则让申请的进程处于等待状态，直到有足够主存空间时再分配给该进程。当某个作业返回时，系统负责收回资源，使之成为自由区域。

（2）存储保护。保证进程间互不干扰、相互保密，如访问合法性检查，防止非法访问者从"垃圾"中窃取其他进程的信息，保证系统程序不会被用户程序破坏。

（3）内存扩充。为用户提供一个内存容量比实际内存容量大得多的虚拟存储器。通过虚拟存储技术或自动覆盖技术，把辅助存储器作为主存储器的扩充部分来使用。

4.3.3　设备管理

设备管理指的是对计算机系统中除了 CPU 和内存外的所有输入、输出设备的管理。设备管理的主要任务是对外部设备的分配、启动,以及对其故障的处理。在设备管理中,用户无须了解设备和接口的具体技术细节,可方便地对设备进行操作。设备管理的任务是提高 I/O 利用率和速度,为用户提供良好的界面,从而使用户方便使用。为了提高设备和主机之间的并行工作能力,常需采用虚拟技术和缓冲技术。

4.3.4　信息管理

处理机管理、存储管理和设备管理都是对计算机硬件资源的管理,信息管理(文件系统管理)指的是对计算机软件资源的管理。

程序和数据统称为文件。当一个文件暂时不用时,会被存储在外部存储器(如磁带、磁盘、光盘等)中,因此,外部存储器中保存了大量的文件,如对这些文件不能进行很好的管理,就会导致混乱,甚至使文件遭受破坏,这是信息管理需要解决的问题。

信息管理的任务是对信息的共享、保密和保护。

(1)文件存储空间的管理:为每个文件分配必要的外存空间,提高外存的利用率(一般以盘块为基本分配单位,容量通常为 512 B~4 KB)。

(2)目录管理:系统为每个文件建立一个目录项,目录项包含文件名、文件属性、文件在磁盘上的物理位置。用户只需要提供文件名,便可对文件进行存取。

(3)文件的读、写管理:读写文件时,系统根据用户给出的文件名去检索文件目录,从中获得文件在外存中的位置,然后利用文件读写指针,对文件进行读写,一旦读写完成便修改读写指针,为下一次读写做准备。

(4)文件的存取控制:防止未经核准的用户存取文件,防止冒名顶替存取文件,防止以不正确的方式使用文件。

4.3.5　用户接口

前面操作系统的 4 项功能是对系统资源的管理。除此之外,操作系统还能为用户提供友好的用户接口。

操作系统为用户提供两种方式的接口:程序一级的接口和作业一级的接口。程序一级的接口即提供一组系统调用命令供实用程序、应用程序等调用;作业一级的接口即提供一组控制操作命令,如作业控制语言等供用户组织和控制自己作业的运行。

4.4　进　程　管　理

4.4.1　进程的概念

1. 进程的引入

由于多道程序系统带来的复杂环境,程序段具有了并发、制约、动态的特性,原来的程序概念,难以刻画系统中的情况,首先程序本身是静态的概念,其次程序概念也反映不了系统中的并发特性,为了控制和协调各程序段执行过程中的软硬件资源的共享和竞争,必须有一个可以描述各程序执行过程和共享资源的基本单位,这个单位被称为进程,或任务。

2.进程的概念

进程是并发执行的程序在执行过程中分配和管理资源的基本单位。

3.进程和程序的区别

(1)进程是一个动态的概念,进程的实质是程序的一次执行过程,动态性是进程的基本特征,同时进程是有一定的生命期的;而程序只是一组有序指令的集合,本身并无运动的含义,是静态的。

(2)并发性是进程的重要特征,引入进程的目的正是为了使某个程序能和其他程序并发执行;而程序(没有建立进程)是不能并发执行的。

(3)进程是一个能独立运行、独立分配资源和独立调度的基本单位,凡未建立进程的程序,都不能作为一个独立的单位参加运行。

(4)不同的进程可以包含同一个程序,同一个程序在执行中也可以产生多个进程。

4.作业和进程的关系

作业是用户向计算机提交任务的任务实体,在用户向计算机提交作业之后,系统将它放入外存中的作业等待队列中等待执行;而进程则是完成用户任务的执行实体,是向系统申请分配资源的基本单位。一个作业可由多个进程组成,且必须至少由一个进程组成,作业的概念主要用在批处理系统中,而进程的概念则用在几乎所有的多道系统中。

作业、作业步、进程的关系如图4.4所示。

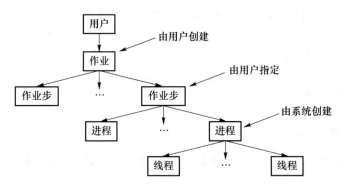

图4.4 作业、作业步、进程关系图

4.4.2 进程的描述及上下文

进程的静态描述用于描述进程的存在性和反映其变化的物理实体性。进程由进程控制块、程序段、数据段组成。

(1)进程控制块:用于描述进程情况及控制进程运行所需的全部信息,是进程动态特性的集中反映。

(2)程序段:用于描述进程要完成的功能,是进程中能被进程调度程序在CPU上执行的程序代码段。

(3)数据段:可以是进程对应的程序加工处理的原始数据,也可以是程序执行后产生的中间或最终数据,是程序执行时的工作区和操作对象。

在进程执行过程中,由于程序出错、中断或等待等原因造成的进程调度,需要知道和记忆过程已经执行到什么地方,新的进程将从何处执行,或者在调用子过程时,进程将返回什么地方继续执行,执行结果返回或存放到什么地方。因此,进程上下文指的是抽象的概念,是进程执行过程中顺序关联的静态描述。

进程上下文包含每个进程已经执行过的、正在执行的以及等待执行的指令和数据等内容。已执行过的进程指令和数据在相关寄存器与堆栈中的内容称为上文,正在执行的指令和数据在寄存器与堆栈中的内容称为正文,待执行的指令和数据在寄存器与堆栈中的内容称为下文。

4.4.3 进程的状态及其转换

进程在并发执行的过程中,由于资源的共享与竞争,可能处于执行状态,也有可能因等待某事件的发生而处于等待状态。当处于等待状态的进程被唤醒时,因为不能立刻得到处理机而处于就绪状态;当一个进程刚刚被创建时,由于其他进程对处理机的占用从而得不到执行,只能处于初始状态;当进程执行结束后,执行被终止,此时的进程处于终止状态。因此,在进程的生命周期内,进程至少有5种基本状态,分别是初始状态、执行状态、等待状态、就绪状态和终止状态。进程状态转换模型如图4.5所示。

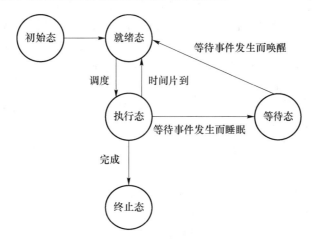

图 4.5　进程状态转换模型

(1)初始状态 → 就绪状态

当就绪队列能够接纳新的进程时,操作系统便把处于新状态的进程移入就绪队列,此时进程由新状态转变为就绪状态。

(2)就绪状态 → 执行状态

处于就绪状态的进程,当进程调度程序为它分配了处理机后,该进程便由就绪状态变为执行状态,正在执行的进程也称为当前进程。

(3)执行状态 → 等待状态

正在执行的进程因发生某件事件而无法执行。例如,进程请求访问临界资源,而该资源正被其他进程访问,则请求该资源的进程将由执行状态转变为等待状态。

(4)执行状态 → 就绪状态

正在执行的进程,如果因事件发生或中断而被暂停执行,该进程便由执行状态转变为就绪状态。例如,分时系统中,时间片用完;抢占调度方式中,优先权高的进程抢占处理机。

(5)等待状态 → 就绪状态

I/O 完成或等待的事件发生。

(6)执行状态 → 终止状态

当一个进程因完成或发生某事件,如程序正常运行结束,或出现地址越界、非法指令等错误,而被异常结束时,进程将由执行状态转变为终止状态。

4.4.4 进程间的制约关系及死锁问题

并发系统中诸进程由于资源共享、进程合作,而相互制约;又因共享资源的方式不同,而导致了两种不同的制约关系。

(1)间接制约关系(进程互斥):由于共享资源而引起的,在临界区内不允许并发进程交叉执行的现象,称为由共享公有资源而造成的对并发进程执行速度的间接制约。

(2)直接制约关系(进程同步):由于并发进程互相共享对方的私有资源而引起的直接制约。直接制约关系意味着系统中多个进程中发生的事件存在某种时序关系,需要相互合作,共同完成一项任务。

死锁是指计算机系统中多道程序并发执行时,两个或两个以上的进程由于竞争资源而造成的一种互相等待的现象(僵持状态),如无外力作用,这些进程将永远不能再向前推进运行。陷入死锁状态的进程称为死锁进程,一旦进程陷入死锁,其所占用的资源或者需要与其进行某种合作的其他进程就会相继陷入死锁,最终可能导致整个系统处于瘫痪状态。

1. 产生死锁的原因有 2 个

(1)竞争资源:当系统中供多个进程所共享的资源,不足以同时满足它们的需求时,就会引起它们对资源的竞争从而产生死锁。

(2)进程推进顺序不当:进程在运行过程中,请求和释放资源的顺序不当,将导致进程陷入死锁。

2. 产生死锁的必要条件有 4 个

(1)互斥条件:涉及的资源是非共享的。

(2)不剥夺条件:不能强行剥夺进程拥有的资源。

(3)请求和保持条件:进程在等待新资源的同时继续占有已分配的资源。

(4)环路条件:存在一种进程的循环链,链中的每一个进程已获得的资源同时被链中的下一个进程所请求。

3. 死锁的排除方法有 3 个

(1)死锁预防:设置某些限制条件,去破坏产生死锁的 4 个必要条件中的一个或多个,来防止死锁。

(2)死锁避免:事先不采取限制以破坏产生死锁的条件,而是在资源的动态分配过程中,用某种方法去防止系统进入不安全状态(不存在可满足所有进程正常运行的资源调度顺序,则称该状态为不安全状态),从而避免死锁的发生。

(3)死锁的检测与恢复

死锁的检测是指确定是否存在环路等待现象,死锁的恢复是与死锁的检测相配套的一种措施,用于将进程从死锁状态下解脱出来。

4.4.5　线程的概念

线程是进程的一部分,是进程中的一个实体,是被系统独立调度和分派任务的基本单位。线程自己基本不拥有系统资源,只拥有少量且必不可少的资源。一个线程可以创建和撤销另一个线程,同一进程中的多个线程之间可以并发执行。

线程和进程的关系:线程是进程的一部分,进程拥有完整的虚拟地址空间,线程没有自己的地址空间,它和其他线程一起共享该进程的所有资源。

4.5　处理机调度

4.5.1　分级调度

1. 作业的状态及其转换

作业是用户要求计算机所做的关于一次业务处理的全部工作,它包括作业的提交、执行、输出等过程。从用户提交作业到作业占用处理机被执行完毕,要由系统经过多级调度才能实现。

一个作业从提交给系统到执行完毕退出系统,一般要经历提交、收容、执行和完成等4个状态。

(1) 提交状态。将一个作业从输入设备移交到外部存储设备的过程称为提交状态。

(2) 后备状态(收容状态)。输入管理系统不断地将作业输入到外存对应的部分(或称输入井),如果一个作业的全部信息已全部输入到输入井,在它还没有被调度去执行前,该作业处于后备状态。

(3) 运行状态。作业被作业调度程序选中后,送入主存中投入运行的过程称为运行状态。

(4) 完成状态。作业运行完毕,但它所占用的资源尚未被系统全部回收时,该作业处于完成状态。

2. 调度的层次

(1) 作业调度。作业调度又称为宏观调度或高级调度。其主要任务是按一定原则对外存的大量后备作业进行选择调入内存,并为它们创建进程,分配必要的资源,再将新创建的进程排在就绪队列上,准备执行。一般在批处理系统中有作业调度。

(2) 交换调度。交换调度又称为中级调度。其涉及进程在内外存间的交换,从存储器资源管理的角度来看,把进程的部分或全部换出到外存上,可为当前运行进程的执行提供所需内存空间,将当前进程所需部分换入到内存。指令和数据必须在内存里才能被处理机直接访问。引入中级调度的目的是为了提高内存的利用率和系统吞吐量。

(3) 进程调度。进程调度又称微观调度或低级调度,用来决定就绪队列中的哪个进程应获得处理机,再由分派程序执行把处理机分配给该进程的具体操作。低级调度由每秒可操作多次的处理机调度程序执行,处理机调度程序应常驻内存。

(4) 线程调度。

上述4种调度及作业的状态和转换如图4.6所示。

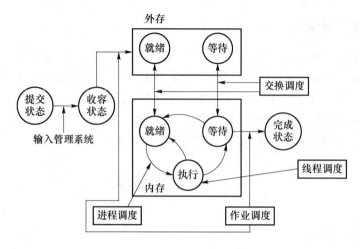

图 4.6　作业状态转换图

4.5.2　作业调度

1. 作业调度功能

(1) 记录系统中各作业的情况。

(2) 按某种算法从后备队列中挑选一个或一批作业调入内存,让它们投入执行。

(3) 为被选中的作业做好执行前的准备工作。

(4) 在作业执行结束的时候做好善后处理工作。

2. 作业调度目标与性能衡量

1) 调度目标

(1) 对全部作业应该是公平合理的。

(2) 使设备有高的利用率。

(3) 单位时间内执行尽可能多的作业。

(4) 有快的响应时间。

2) 性能衡量

(1) 周转时间:作业 i 从提交时刻 T_1 到完成时刻 T_2 称为作业的周转时间。周转时间为

$$T_i = T_2 - T_1;$$

平均周转时间为

$$1/n \sum_{i=1}^{n} T_i。$$

作业的周转时间包括两部分:等待时间(作业从后备状态转换到执行状态的等待时间)和执行时间,因此

$$周转时间 = 等待时间 + 执行时间。$$

(2) 带权周转时间:带权周转时间是作业周转时间与作业执行时间的比值。带权周转时间为

$$W_i = 周转时间/执行时间;$$

平均带权周转时间为

$$W = 1/n \sum_{i=1}^{n} W_i。$$

4.5.3　进程调度及调度算法

1. 进程调度的功能

(1) 记录系统中全部进程的执行情况。

(2) 选择占用处理机的进程。

(3) 进行进程上下文切换。

2. 进程调度的两种方式

(1) 非抢占式(non-preemptive mode)：分派程序一旦把处理机分配给某进程后便让它一直运行下去，直到进程完成或发生某事件而阻塞时，才把处理机分配给另一个进程。

(2) 抢占方式(preemptive mode)：当一个进程正在运行时，系统可以基于某种原则，剥夺已分配给它的处理机，将之分配给其他进程。

3. 几种具有代表性的调度算法

(1) 先来先服务调度算法

先来服务(FCFS)调度算法是最普遍和最简单的一种方法。用户作业和就绪进程按照被提交的顺序或其变为就绪状态的先后顺序排成队列，按先来先服务的方式对其进行调度处理，它优先考虑在系统中等待时间最长的作业，而不管该作业要求运行时间的长短。

(2) 时间片轮转法

时间片轮转法把 CPU 划分成若干时间片。将系统中所有的就绪进程按照 FCFS 原则排成一个队列，每次调度时将 CPU 分派给队首进程，让其执行一个时间片。时间片的长度从几毫秒到几百毫秒。在一个时间片结束时，发生时钟中断。调度程序据此暂停当前进程的执行，将其送到就绪队列的末尾，并通过上下文切换执行当前的队首进程。进程可以在未使用完一个时间片时就出让 CPU。

(3) 优先级法

系统或用户按照某种原则为作业或者进程指定一个优先级，该优先级用来表示作业或进程享有的调度优先权。该算法的核心部分是确定作业或进程的优先级。

(4) 最短作业优先法

最短作业优先法是对 FCFS 算法的改进，其目标是减少平均周转时间。对预计执行时间短的作业(进程)优先分派处理机，通常后来的短作业不抢占正在执行的作业所占用的处理机。

(5) 高响应比优先调度算法

响应比 $R=1+$(作业等待时间/ 作业执行时间)，选出响应比最高的作业投入执行。此调度算法是对先来先服务算法和最短作业优先法的综合平衡。

如作业等待时间相同，则执行时间越短，响应比越高，有利于短作业。对于长作业，随着等待时间的增加，响应比增高，最后同样可获得处理机。如作业执行时间相同，则等待时间越长，响应比越高，实现的是先来先服务。

4.6 存储管理

4.6.1 存储管理的功能

1. 内存的分配和回收

存储管理的一个主要功能就是实现内存的分配和回收。其完成的主要任务是,当多个进程同时进入内存时,怎样合理分配内存空间,并区别哪些区域是已分配的,哪些区域是未分配的,以及按什么策略和算法进行分配才能够使得内存空间得到充分利用。当一个作业撤离或执行完后,系统必须收回它所占用的内存空间。

2. 内存空间的共享

在多道程序设计的系统中,同时进入主存储器执行的作业可能要调用相同的程序或数据。例如,调用编译程序进行编译,将该编译程序存放在某个区域中,各作业要调用该程序时就访问这个区域,因此这个区域是共享的。

3. 存储保护

保证各作业都在自己所属的存储区内操作,必须保证它们之间不能相互干扰、相互冲突和相互破坏,特别要防止破坏系统程序。常用的内存信息的保护方法有硬件法、软件法和软硬件结合 3 种。

4. 地址变换

用户在程序中使用的是逻辑地址,而处理器执行程序时是按物理地址来访问内存的。

5. 内存地址的扩充

为了使程序员在编程时不受内存结构和容量的限制,系统为用户构造了一种虚拟存储器。虚拟存储器的思想是把辅助存储器作为对主存储器的扩充,向用户提供一个比实际主存大得多的逻辑地址空间。为了给大作业用户提供方便,使他们摆脱主存和辅存的分配和管理问题,由操作系统把多级存储器统一管理起来,实现自动覆盖,即一个大作业在执行时,其一部分存放在主存中,另一部分存放在辅存中。从效果来看,这样的系统好像给用户提供了存储容量比实际主存大得多的存储器,人们称这样的存储器为虚拟存储器。

4.6.2 分区存储管理

分区管理是为满足多道程序设计的一种较简单的存储方式。它指的是把内存划分成若干个大小不相同的区域,操作系统占用其中一个区域,其他部分由并发执行的进程所共享。

分区存储管理的原理是给每一个进程划分一块大小适当的存储区,用来连续存放进程中的程序和数据,使各进程并发执行。它有两种分区管理方法:固定分区和动态分区。

(1) 固定分区。固定分区就是把内存划分为若干个分区,每个分区的地址是连续的,分区的大小和分区的总数由计算机的操作员或者由操作系统在启动时给出,一旦确定,在系统运行的过程中,每个分区的大小和分区总数都固定不变。

分区说明表用于对内存的管理和控制。分区说明表内容包括各分区号、起始地址、分区大小和分区状态(是否为空闲区)。分区说明表还用来表示内存的分配和释放、地址变换及存储保护等。图 4.7 列举了固定分区说明表和对应的内存状态。

区号	分区长度	起始状态	状态
1	5 KB	15 KB	已分配
2	9 KB	25 KB	已分配
3	33 KB	60 KB	已分配
4	131 KB	130 KB	已分配

(a) 分区说明表

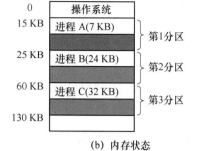

(b) 内存状态

图 4.7 固定分区法

（2）动态分区。动态分区是指在系统运行的过程中建立分区,使分区的大小刚好与作业的大小相等。这种存储管理的方法解决了固定分区严重浪费内存的问题,是一种较为实用的存储管理方法。

4.6.3 覆盖与交换技术

覆盖与交换技术是用来扩充内存的两种方法。

1. 覆盖技术

覆盖技术的目标是在较小的可用内存中运行较大的程序,常用于多道程序系统,与分区存储管理配合使用。基本思想是不需要一开始就把一个程序的全部指令和数据都存入内存中,而是选择程序中的几个代码段或数据段,按照时间先后顺序来占用公共的内存空间。将程序必要部分(常用功能)的代码和数据常驻内存,使程序可选部分(不常用功能)在其他程序模块中实现,这部分平时存放在外存(覆盖文件)中,在需要用到时才装入到内存。

例如,某进程的程序正文段由 A、B、C、D、E 和 F 6 个程序段组成。他们之间的调度关系如图 4.8(a)所示,程序段 A 可调用程序段 B 和 C,程序段 B 可调用程序段 F,程序段 C 可以调用程序段 D 和 E。

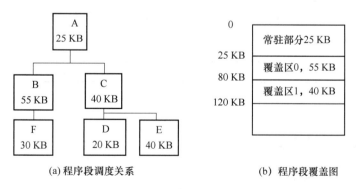

(a) 程序段调度关系   (b) 程序段覆盖图

图 4.8 进程之间调度及覆盖关系

由图 4.8(a)中我们可以看出,程序段 B 和 C 不会相互调用,因此它们可以共用同一内存区。同理,程序段 D、E、F 也不会相互调用,它们也可共享同一个内存区。程序段 A 是根程序,需要常驻内存区。该进程所需要的内存空间是 A(25 KB)＋B(55 KB)＋C(40 KB)＋D(20 KB)＋E(40 KB)＋F(30 KB)＝210 KB,但由于采用了覆盖技术,因此只需要 120 KB 的内存区即可执行,如图 4.8(b)所示。

2. 交换技术

当多个程序并发执行时,可以将暂时不能执行的程序送到外存,从而获得空闲的内存空间来装入新程序,或读入保存在外存中且目前处于就绪状态的进程。交换技术的原理是暂停执行内存中的进程,将整个进程的地址空间保存到外存的交换区中,而将外存中由阻塞变为就绪的进程的地址空间读入内存中,并将该进程送到就绪队列中。

4.6.4 页式管理的基本原理

页式管理的提出弥补了分区管理的缺点,如分区管理存在严重的碎片问题,从而导致内存的利用率不高。页式管理的出发点是提高内存利用率,将逻辑空间和物理空间划分为一系列大小相同的块,解决分区管理产生的碎片问题。页式管理只在内存中存放那些反复执行或即将执行的程序段与数据部分,而把那些不经常执行的程序段和数据存放在外存,待需要执行时再调入内存。

页式管理的基本原理如下。

(1) 将一个进程的逻辑地址空间(虚拟空间)划分成若干个大小相等的片,称为页面或页,并为各页进行编号,如图 4.9 所示。

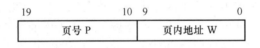

图 4.9　页的划分

(2) 同样,将内存空间分成与页面相同大小的若干个存储块,称为片或页面。

(3) 在为进程分配内存时,以块为单位将进程中的若干个页分别装入多个可以不相邻接的物理块中。

(4) 系统为作业建立一个页号与块号的对照表,称为页表,如图 4.10 所示。页表信息包括页号(登记程序地址空间的页号)、块号(登记相应的页所对应的内存块号)、其他(登记与存储信息保护有关的信息)。

图 4.10　页表

4.6.5 段式与段页式管理

1. 段式管理的基本思想

一个用户程序往往由几个程序段(主程序、子程序和函数)所组成,当一个程序装入内存时,按段进行分配,每一段在逻辑上都是完整的,因此每一段都是一组逻辑信息,有自己的名字,且都有一段连续的地址空间。各段之间可以离散存放。段式管理以段为单位进行内存的分配,把进程的虚拟地址空间设计成一个二维结构,包括段号和相对地址。段号与段号之间没有顺序关系,每段的长度是不固定的。

2. 段页式管理的基本思想

段页式管理结合了页式、段式的优点,并克服了二者的缺点。在段式系统中,若段内分页,则称为段页式系统。在段页式存储管理中每个作业仍按逻辑分段,但每一段不是被视作单一的连续整体存放到存储器中,而是把每个段再分成若干个页面,每一段不必占据连续的主存空间,而是可以把它按页存放在不连续的主存块中。对用户来讲,按段的逻辑关系进行划分每一段;对系统讲,按页划分每一段。

(1)虚地址的构成

逻辑地址结构是由段号、页号及页内地址 3 部分组成的。

(2)段表和页表

由于每个段都要分页存储,因此要为每个段设置一个页表。

① 段表:系统为每个作业建立一张段表,记录每一段的页表始址和页表长度。

② 页表:系统为每个段建立一张页表,记录逻辑页号与内存块号的对应关系(每一段程序有一个页表,一个程序可能有多个页表)

(3)段页式存储管理的内存访问

段页式系统中,为了获取一条指令或数据,需 3 次访问内存,如图 4.11 所示。

① 第 1 次访问是访问内存中的段表,从中取得页表始址。

② 第 2 次访问是访问内存中的页表,从中取得物理块号,并将该块号与页内地址一起形成指令或数据的物理地址。

③ 第 3 次访问才是从第 2 次访问的地址中取得指令和数据。

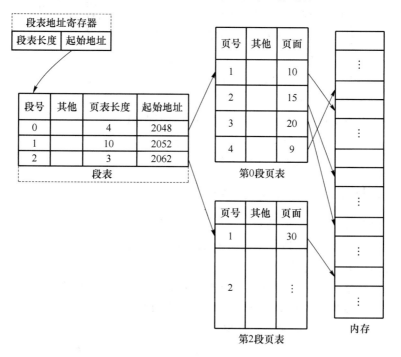

图 4.11　段页式管理中段表、页表和内存的关系图

4.6.6 分段与分页技术的比较

(1) 段是信息的逻辑单位,它是根据用户的需要来划分的,因此段对用户是可见的;页是信息的物理单位,是为了方便管理主存而划分的,它对用户是透明的。

(2) 页的大小固定不变,由系统决定;段的大小是不固定的,由其完成的功能决定。

(3) 段向用户提供的是二维地址空间,而页向用户提供的是一维地址空间,其页号(页号=逻辑地址 DIV 页面大小)和页内偏移(页内偏移量=逻辑地址 MOD 页面大小)是机器硬件的性能。

(4) 由于段是信息的逻辑单位,因此便于存储保护和信息共享;而页的保护和共享受到限制。

4.7 设 备 管 理

4.7.1 设备分类及管理的功能

1. 设备的类别

除 CPU 和内存以外的硬件设备称作外部设备。外部设备的作用是提供计算机和其他机器之间,以及计算机与用户之间的联系。

按照设备的使用特性进行分类,外部设备可分为存储设备(如磁带、磁盘和光盘等)、输入输出设备(如打印机、键盘、显示器等)、终端设备(如通用终端设备、专用终端设备)、脱机设备。按照设备的从属关系可将其分为系统设备和用户设备。

2. 设备管理的功能和任务

(1) 提供与进程管理系统之间的接口。

(2) 进行设备分配和回收。

(3) 实现设备和设备、设备和 CPU 等之间的并行操作。

(4) 进行缓冲区的分配、释放及有关管理工作。

(5) 控制设备和内存或 CPU 之间的数据传送。

4.7.2 数据传输控制方式及中断

对设备和内存或 CPU 之间的数据传输控制是设备管理的主要任务之一。按照 I/O 数据传输控制能力的强弱程度,以及 CPU 与外设并行处理程度的不同,通常将外围设备和内存之间数据传输控制方式分为 4 类。

(1) 程序直接控制方式。程序直接控制方式是由用户进程来直接控制内存或 CPU 与外围设备之间的信息传输。该方式的控制者是用户进程。

(2) 中断控制方式。中断控制方式利用中断信号,不需要 CPU 管理 I/O 过程。

(3) DMA 方式。DMA(direct memory access)方式,即直接存取方式。在外存设备与内存之间开辟直接的数据交换通路。

(4) 通道方式。通道方式与 DMA 方式类似,也是以内存为中心,实现外部设备与内存之间的直接数据交换。不同的是通道方式中不是由 CPU 来进行控制,而是由通道方式来控制数据交换,使 CPU 从 I/O 事务中解脱出来。

在设备管理中,为了实现系统的高并行性运行,中断是一种不可缺少的支撑技术。中断主要指计算机在执行程序期间,系统内发生了非寻常或非预期的急需处理事件,使得 CPU 暂时中断当前正在执行的程序而去执行相应的事件处理程序,待处理完毕后又返回原来的中断处继续执行或调度新的进程去执行的过程。

4.8　常见操作系统简介

4.8.1　Windows 系列

1. Windows 7

Windows 7 是微软公司于 2009 正式发布的电脑操作系统,可以供个人、家庭以及企业使用,其内核版本号为 NT 6.1。Windows 7 拥有超级任务栏,提升了界面的美观性并且为用户提供多任务切换的使用体验。Windows 7 操作系统有一系列的性能改变,如开机时间缩短,硬盘传输速度提高等。Windows 7 拥有许多方便用户的设计,如窗口半屏显示、窗口快速最大化、系统故障快速修复和跳跃列表等新功能,这些新功能使 Windows 7 成为最方便的 Windows 操作系统。

Windows 7 版本类型包括入门版(Windows 7 Starter,又称简易版)、家庭普通版(Windows 7 Home Basic)、专业版(Windows 7 Home Premium)、企业版(Windows 7 Enterprise)和旗舰版(Windows 7 Ultimate)。

2. Windows 8

Windows 8 是具有革命性变化的操作系统。该系统有更好的续航能力,同时,启动速度相对更快、占用内存更少,并且兼容 Windows 7 操作系统所支持的软件和硬件。Windows 8 操作系统大幅度改变了以往的操作逻辑,提供更好的屏幕触控支持。新系统画面与操作方式变化极大,采用全新的 Modern UI(新 Windows UI)风格的用户界面,应用程序、快捷方式等能以动态方块的样式呈现在屏幕上。

3. Windows 10

微软公司在 Windows 8.1 之后跳过 Windows 9 直接步入 Windows 10。Windows 10 操作系统的发布意味着 Windows 操作系统将开启一个多平台互联的新时代。

Windows 10 操作系统主要有如下几方面的改变

(1) 支持 PC/平板/手机/Xbox One 多平台。Windows 10 支持 PC 端、平板端、手机端以及 Xbox One 游戏平台,它可以将所有媒介互联起来,用户一旦使用了 Windows 10,即意味着用户的 PC、手机、平板和 Xbox One 之间形成了立体的互联。用户还可以同步自己的日程安排、个人文件、相关设置等。

(2) 对开始界面进行调整,磁贴界面支持纵向滚动。Windows 8 开始时取消了“开始”键,Windows 10 恢复了“开始”键。Windows 10 的“开始”菜单可以全屏化,看起来很像 Windows 8.1 的主屏幕,同时对 Windows 8.1 的磁贴界面进行大幅度调整,可以支持纵向滚动。

(3) 使用全新的浏览器。微软公司为 Windows 10 操作系统特制了一款浏览器叫作

Spartan,和 IE 相比,Spartan 更加简洁,风格上很像谷歌的 Chrome。Spartan 浏览器可以支持做标记,并且可以把网页的部分直接保存到 OneNote 中。

(4) 添加智能语音助手 Cortana。Cortana 语音助手可以查看天气、帮助用户收发文件、在线查找相关内容。

(5) 免费升级。在 Windows 10 发布的一年内,所有 Windows 7、Windows 8.1 用户都可以免费升级。

4.8.2　UNIX 操作系统简介

UNIX 操作系统是一个多用户、多任务的操作系统,自 1974 年问世以来,迅速地在世界范围内被推广。与一般操作系统相同,UNIX 系统同样是运行在计算机系统的硬件和应用程序之间,负责指挥管理计算机系统的各种软、硬件资源,并向应用程序提供简单一致的调用界面,控制应用程序的正确执行。UNIX 操作系统与其他操作系统的区别在于内部实现和用户界面不同。

1. UNIX 操作系统的组成

(1) kernel(内核):UNIX Kernel 是 UNIX 操作系统的核心,负责指挥调度 UNIX 机器的运行,直接控制计算机系统内的资源,保护用户程序不受硬件事件细节的影响。

(2) shell(外壳):UNIX Shell 是 UNIX 的特殊程序,是 UNIX 内核与用户的接口,是 UNIX 的命令解释器。

(3) 工具及应用程序

2. UNIX 系统基本结构

UNIX 系统可分为 5 层:最底层是裸机,即无任何其他软件的硬件部分;第 2 层是 UNIX 的核心,它建立在裸机的基础上,负责实现操作系统的诸多重要功能,如文件管理、进程管理、存储管理、设备管理、网络管理等(UNIX 内核中的程序不能由用户直接执行,用户只能通过系统调用指令,按照规定的方法访问核心,从而获得系统服务);第 3 层是系统调用,它是第 4 层应用程序层和第 2 层核心层之间的接口界面;第 4 层应用程序层主要是 UNIX 系统的核外支持程序,如编译程序、文本编辑处理程序、系统命令程序、窗口图形软件包、各种库函数及用户自编程序;最外层是 Shell 解释程序,它是用户与操作系统交互的接口。

3. UNIX 应用范围及特点

几乎所有 16 位及以上的计算机,包括微机、小型机、多处理机和大型机等都适用 UNIX 系统。

UNIX 系统的特点:多任务、多用户;稳定性好,移植性强;并行处理能力强;具有安全保护机制;具有功能强大的 shell 以及强大的网络支持能力。

4.8.3　Linux 操作系统简介

Linux 操作系统是一套免费使用和自由传播的类 UNIX 操作系统,该系统诞生于 1991 年 10 月 5 日。Linux 操作系统是一个多用户、多任务、支持多线程和多 CPU 的操作系统。它可以运行主要的 UNIX 工具软件、应用程序和网络协议,并支持 32 位和 64 位硬件。Linux 操作系统继承了 UNIX 以网络为核心的设计思想,是一个性能稳定的多用户网络操作系统。它主要用于基于 Intel x86 系列 CPU 的计算机上。Linux 以它的高效性和灵活性著称,它模块化的设计结构,使得它既能在价格昂贵的工作站上运行,也能够在价格低廉的 PC 机上实现全部的 UNIX 特性,具有多任务、多用户的能力。Linux 操作系统软件包不仅包括完整的 Linux 操作系统,还包括文本编辑器、高级语言编译器等应用软件。它还拥有带有多个窗口管理器的 X-Windows 图形用户界面,如同 Windows NT 一样,允许用户使用窗口、图标和菜单对系统进行操作。

Linux 和 UNIX 的最大的区别是,前者是开放源代码的自由软件,而后者是对源代码实行知识产权保护的传统商业软件。这种不同体现在用户对前者有很高的自主权,而对后者却只能被动地适应。这种不同还表现在前者的开发处在一个完全开放的环境之中,而后者的开发完全处在一个黑箱之中,只有相关的开发人员才能够接触产品的原型。

此外,UNIX 系统大多是与硬件配套的,而 Linux 则可运行在多种硬件平台上;UNIX 是商业软件,而 Linux 是自由软件,它是免费的,它的源代码是公开。

本 章 小 结

本章第 1 节主要介绍了操作系统的概念、类型、发展历程和作用。操作系统是计算机系统中的一个重要的系统软件,它是一些功能模块的集合,这些功能模块管理和控制计算机系统中的硬件及软件资源,合理地组织计算机的工作流程,以便有效地利用这些资源为用户提供一个功能足够、使用方便、可扩展、可管理和安全的工作环境,从而在计算机与其用户之间起到接口的作用。总体来说,操作系统管理着计算机系统内的各种资源,并为用户提供良好的界面。

第 2 节介绍了操作系统的基本类型和每种类型的使用范围,包括批处理系统、分时操作系统、实时操作系统、通用操作系统、网络操作系统和分布式操作系统。批处理操作系统使用户脱机使用计算机,操作员分批处理用户提交的作业,同时多道程序运行。分时操作是联机的、多用户的、交互式的操作系统。实时系统提供即时响应和高可靠性。分布式操作系统是将物理上分布的具有自治功能的数据处理系统或计算机系统互连起来,实现信息交换和资源共享。

第 3 节介绍了操作系统的功能,操作系统的职能是管理和控制计算机系统内部的各种软、硬件资源,合理组织计算机运行,为用户提供良好的工作环境和接口。本节从资源管理和用户接口的角度来说明了操作系统的 5 个功能,包括处理机管理、存储管理、设备管理、信息管理和用户接口。

第 4 节介绍了进程管理,首先应明确进程的概念,进程是系统分配资源的基本单位,进程概念的引入是由操作系统具有资源有限性,以及处理上的并行性所决定的。进程是一个动态概念。通过本节的学习同学们要清楚进程、线程和程序之间的差别,重点掌握进程的状态以及各个状态间的相互转化,同时理解死锁问题,包括死锁的产生条件和预防措施。

第 5 节介绍了处理机调度,主要介绍处理机的调度目标、调度策略和评价标准。处理机调度方式有 4 种:进程调度、作业调度、交换调度和线程调度。常见的调度算法有先来先服务、最短作业优先法、时间片轮转法、最高响应比法等。在本节中我们要了解作业和进程的关系,进程的执行实体,是系统分配资源的基本单位,一个作业是由一个以上的进程组成的。

系统为作业创建一个根进程,在执行过程中,根据任务的要求,再创建相应的子进程。本节中要会计算作业的周转时间、平均周转时间、带权周转时间。

第 6 节介绍了存储管理,主要介绍了常见的内存管理方法,包括分区式管理、页式管理、段式管理和段页式管理。内存管理的主要问题是如何合理地解决内外存的统一,以及内存和外存之间数据交换的问题。覆盖与交换技术是内存扩充的两种方法,同学们要充分理解其基本思想。通过本节的学习要充分掌握内存管理的几种方法,充分理解页式管理、段式管理以及段页式管理的基本思想和相互之间的区别。

第 7 节介绍了设备管理。设备管理的主要任务是控制计算机设备和 CPU 之间进行 I/O 操作,同时还要尽可能地提升设备利用率。设备和 CPU 之间进行数据传输的方式有 4 种:程序直接控制方式、DMA 方式、中断控制方式和通道方式。

第 8 节介绍了几种常见的操作系统,包括 Windows 系列,如 Windows 7、Windows 8 和 Windows 10,同时简要介绍了 Linux 和 UNIX 操作系统及其相互之间的区别。

习　题

1. 选择题

(1) 操作系统是一种(　　)。

A. 应用软件　　　　B. 系统软件　　　　C. 通用软件　　　　D. 工具软件

(2) 操作系统的目的是提供一个能够供其他程序执行的良好环境,因此它必须使计算机(　　)。

A. 高效工作　　　　　　　　　　　　B. 使用方便

C. 合理使用资源　　　　　　　　　　D. 使用方便并高效工作

(3) 下列系统中(　　)是实时操作系统。

A. 办公自动化系统　　　　　　　　　B. 化学反应堆控制系统

C. 计算机激光照排系统　　　　　　　D. 计算机辅助设计系统

(4) 在操作系统中进程是一个具有一定独立功能的实体,是程序在某个数据集合上的一次(　　);进程是一个(　　)概念,而程序是一个(　　)的概念。

A. 并发活动;　　　　运行活动;　　　　单独操作;　　　　关联操作

B. 组合态;　　　　　关联态;　　　　　运行态

C. 等待态;　　　　　静态;　　　　　　动态

(5) 进程间的同步是指进程间在逻辑上的相互(　　)关系。

A. 联接　　　　B. 制约　　　　C. 继续　　　　D. 调用

(6) 进程间的互斥是指进程间在逻辑上的相互(　　)关系。

A. 联接　　　　B. 制约　　　　C. 继续　　　　D. 调用

(7) (　　)属于低级调度。

A. 作业调度　　　　B. 交换调度　　　　C. 进程调度　　　　D. 短作业优先

2. 填空题

(1) _____是进程的一个实体,可作为系统独立调度和分派的基本单位。进程是一个_____的基本单位。

（2）计算机系统由_____和_____两部分组成。

（3）计算机硬件通常由_____组成,计算机软件包括_____。

（4）排除死锁的方法是_____、_____和_____。

（5）处理机调度可以分为_____、_____、_____和_____4级。

（6）作业调度主要完成从_____到_____的转换,以及_____到_____的转换。

（7）常用的内存管理方法有_____、_____、_____、_____。

（8）页是信息的_____单位,段是信息的_____单位,页的大小由_____确定,段的大小由_____、_____确定。

3. 思考题

（1）是否有这样的状态转换,为什么?

① 等待→运行;② 就绪→等待。

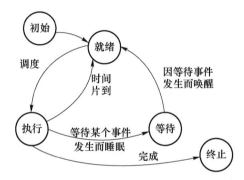

（2）假设有4道作业,每道作业的提交时间和执行时间如表4.1所示。

表 4.1　作业的提交时间和执行时间

作业号	提交时刻/h	执行时间/h
1	10.10	3
2	10.20	1
3	10.40	0.6
4	10.50	0.2

计算在单道执行环境下,先来先服务算法和最短作业优先法所需要的平均周转时间和平均带权周转时间,并指出作业的调度顺序。

4. 简答题

（1）操作系统的定义是什么?

（2）什么是批处理系统、分时系统、实时系统?各自有什么特征?

（3）程序并发与并行的区别是什么?

（4）操作系统的功能是什么?

（5）操作系统分为哪几类?

（6）为什么批处理多道系统能大大提高计算机系统的工作效率?

（7）计算机系统资源包括哪些?

（8）简述进程的状态和各状态间的相互转化。

（9）简述分段式管理和页式管理的基本思想。

（10）进程、作业、程序和线程的区别是什么？

（11）死锁产生的 4 个条件是什么？如何预防死锁？

（12）存储管理的功能是什么？

（13）固定分区和动态分区的区别是什么？

（14）简述覆盖和交换技术的基本思想和区别。

（15）作业调度的主要功能和性能指标是什么？

（16）简述 Linux 操作系统和 UNIX 操作系统的区别。

（17）简述设备管理的目标和功能。

（18）数据传输控制方式是哪 4 种？请比较它们各自的优劣。

第5章 多媒体技术概述

5.1 多媒体技术的基本概念

5.1.1 多媒体与多媒体技术

1. 多媒体与多媒体技术的定义

众所周知,媒体是信息的载体和信息传递的媒介。"超媒体"一词来源于媒体,意指由超链接组成的全球性信息系统。本章介绍的多媒体作为一个子集被包含在超媒体系统中。

利用文字、声音、图片、动画和影片等两种或两种以上的媒介,使计算机与人进行实时信息交互的多重媒体系统称为多媒体。而在交互过程中对计算机所使用的对文字、图片、声音、动画、视频等信息进行综合分析处理并管理的技术称为多媒体技术。

2. 多媒体技术的历史与发展前景

多媒体技术的启蒙时期应追溯至 1980 年至 1990 年之间。早在 1984 年,Apple 公司为了改善人机交互的界面,添加了图形处理功能,并在研发的时候,采取了 bitamp(位映射)、window(窗口)、icon(图符)等技术,这一创造性的工作诞生了深受用户喜爱的图形用户界面 GUI。另外,引入鼠标来配合界面的使用。美国的 Apple 实现了方便用户操作的最终目标,如图 5.1 所示。

图 5.1 Machintosh 计算机

之后,越来越多的公司开始注重人机交互界面的发展,1985 年,微软公司推出了 Windows 多任务图形操作环境。同年,美国 Commodore 公司率先发布了全世界第一台多媒体计算机系统 Amiga 系统。1986 年,日本索尼公司与荷兰飞利浦公司合作研发出了 CD-I (交互式紧凑光盘系统)以及该系统所采用的 CD-ROM 光盘数据格式。随着大容量光盘的到来,人们能更便捷地存储声音、文字、视频等媒体信息。

在这段时间里,交互式视频技术也得到了迅速发展,1983 年,美国 RCA(无线电公司)的研究中心开始研究交互式的数字视频系统,之后该公司将其研发的交互式数字视频系统 DVI 卖给了 GE 公司。1987 年,Intel 公司又向 GE 买了 DVI 技术,经过一番完善改进,DVI 终于成为一种可普及的商品,如图 5.2 所示。在这之后,IBM 公司也参与了合作,与 Intel 公司共同推出了 ActionMedia 750 多媒体开发平台,该平台是基于 DOS 系统的音频/视频支撑系统 AVSS。

图 5.2　DVI(交互式紧凑光盘系统)

20 世纪 80 年代开始,多媒体技术的发展越来越迅速,势头强劲得令人震撼。随着这些技术的稳步提升,多媒体开始慢慢渗透进人们的生活。更确切地说,迎着声卡的到来,开启了一个全新的多媒体时代。随着硬件性能的提升,计算机能够同时处理图像和声音的能力有了质的飞跃。渐渐地,多媒体发展进入了一个新的时期。由于多媒体技术的综合多样性,它的产品也涉及了各个行业的方方面面。为了规范多媒体行业,人们开始合作,经过一系列的分析、测试、比较、综合,各行业中的人们渐渐总结出最优、最便于应用的相关行业标准。

1990 年,微软公司提出了 MPC 1.0 标准,规定了一系列指标。3 年后,由 IBM 和 Intel 等数十家公司联合组成的多媒体个人计算机协会(MPMC)发布了 MPC 2.0。1995 年,该协会又再次更新了多媒体个人技术规范,发布了 MPC 3.0,如表 5.1 所示。

表 5.1　多媒体个人技术规范标准表

规范标准	MPC 1.0	MPC 2.0	MPC 3.0
CPU	2 MB	4 MB	8 MB
RAM	2 MB	4 MB	8 MB
磁盘	16 MHz 80386SX	25 MHz 80486SX	75 MHz Pentium
图形性能	VGA 640×480 16 色 或 320×200 256 色	Super VGA 640×480 65 535 色 在占 40%CPU 时间显示速度为 1.2 兆像素/秒	可进行颜色空间转换和缩放,可进行直接帧存访问,以 15 位/像素、352×240 分辨率、30 帧/秒播放动态画面,不要求缩放和剪裁

续 表

规范标准	MPC 1.0	MPC 2.0	MPC 3.0
CD-ROM	数据传输每秒 150 KB,符合 CD-DA 规格	数据传输每秒 300 KB,平均存取时间 400 ms	数据传输每秒 600 KB,平均存取时间 250 ms
音频	8 位声音卡,8 个音符合成器,MIDI 再现	16 位声音卡,16 个音符合成器,MIDI 再现	16 位声音卡,波表合成技术,MIDI 再现
用户接口	101 键 IBM 兼容键盘,Mouse	101 键 IBM 兼容键盘,Mouse	101 键 IBM 兼容键盘,Mouse
I/O	MIDI,控制杆串口,并口	MIDI,控制杆串口,并口	MIDI,控制杆串口,并口

我们可以将多媒体技术的发展粗略地划分为视频技术的发展和音频技术的发展两个方面。在视频技术发展的道路上,AVI、Stream、MPEG 的出现分别带来了 3 次大的改革。在音频发展方面,主要经历了 3 个阶段:单声道、双声道立体声、多声道环绕,渐渐从一个单点的声场信息逐渐发展为一个平面,并且随着现代人需求的日益增长,人们对音质、音色等各方面都有了更高的要求,多媒体的声场信息发展至三维空间,3D 音频的出现越来越频繁。

3. 多媒体技术的特点

多媒体技术主要有多样性、集成性、交互性、实时性这 4 个特征。

(1)多样性:指多媒体技术的媒体类型多种多样,处理信息的技术手段也众多。例如,媒体类型有视频、图像、音频、文本等,而多媒体技术也有视频技术、图像压缩、音频技术等。

(2)集成性:包括信息媒体的集成,即以计算机为中心,对多种信息媒体进行综合性的分析处理。集成性还包括多媒体软件和硬件设备的集成,即各种外部设备如打印机、扫描仪、投影仪、音箱等联合使用。

(3)交互性:指在多媒体领域中人与计算机的高效交互。计算机能有效且及时识别外部控制命令,人们在使用多媒体设备时,操作简单,容易上手。

(4)实时性:指各类媒体信息动态变化。

除此之外,多媒体技术还有数据量巨大、数据类型多、数据类型间差距大、多媒体输入和输出复杂等特点。数据量巨大是说计算机要完成将多媒体信息数字化就必须进行采样、采样数据存储、采样数据分析等过程,而无论是图片还是音乐等多媒体信息,要想带来高质量的体验,通常都需要处理庞大的数据。

5.1.2 多媒体的数据格式

多媒体有多种数据格式,主要包括文本、图形图像、音频、视频等。

(1)常见的文本格式有 TXT、DOC、PDF,如图 5.3 所示。

图 5.3 TXT、DOC、PDF 文件图标

TXT:最为常见的一种文本数据格式,微软的操作系统本身附带这种文件格式,TXT可编辑文本信息,它的使用从 DOS 时期就开始存在了。

DOC:微软开发的一种专属格式,可容纳文字格式、脚本语言、复原等各种各样的资料,但由于该格式是封闭式的,因此兼容性较差。

PDF:一种便携式的文件格式,也是一种独特的可跨平台移植的文件格式,由 Adobe 公司研发。它的基础为 PostScript 语言图像模型。PDF 能按照原稿,忠实地反映每一个字符,以及颜色和图像,不会受打印机、格式以及操作平台的影响。

(2) 常用的音频文件格式有 WAV、MP3、MIDI,如图 5.4 所示。

图 5.4　WAV、MP3、MIDI 文件格式图标

WAV:一种声音文件格式,由微软公司研发,遵守 RIFF 文件规范。该格式可适应 MS-ADPCM、CCITT A_LAW 等算法,可保存 Windows 平台的各种音频文件信息,同时,它的采样频率为 44.1 Hz,与 CD 文件格式标准相符,所以在声音文件的音质方面与 CD 几乎一致。WAV 文件可用多种媒体播放器打开运行。

MP3:声音文件格式,它采用一种独特的音频压缩技术,可以大幅度地减少音频数据量,将音乐以 1:10 至 1:12 的压缩率压缩。利用这种技术,音质相较压缩前并无明显差别。1991 年,德国研究组织 Fraunhofer-Gesellschaft 中的一组工程师研发了 MP3 这种数据格式,并在之后不断优化改善,该格式全称为 Moving Picture Experts Group Audio Layer Ⅲ(动态影响专家压缩标准音频层面 3)。

MIDI:数字化音乐接口,接口中可传送 MIDI 数字信息,可用于制作 MIDI 音乐。在1983 年 8 月,MIDI 1.0 应运而生。MIDI 1.0 由 YAMAHA、Roland、KAWAI 等多名电子乐器制造厂商合作研发而成,用于统一数字化乐器接口规范。自此,各种电子乐器之间的连接变得非常容易和便捷。

MOD:是 Module 的简称,它是一种数码音乐文件。在 DOS 年代,游戏的背景音乐常常是 MOD 格式,MOD 支持的音轨与格式都比较多,如 S3M、669、MTM、XM、IT、XT 和 RT。MOD 的数据结构与 MIDI 非常相似,它的信息包括乐器声音采样、曲谱、时序等。MOD 播放器根据这些信息,决定在哪个时刻播放何种音轨的何种音高样本。

(3) 常见的图形图像文件格式有 BMP、GIF、PNG、JPEG、TIFF、RAW。

BMP:Windows 操作系统的标准图像文件格式,在 Windows 操作系统中运行的图形图像软件都可处理 BMP 图像。其存储格式为位映射,只能改变图像深度,不能使用其他压缩方式。BMP 格式文件占用空间较大。读取 BMP 文件数据时,图像扫描顺序为从左至右,从下至上。BMP 文件格式一般分为两类:DDB(设备相关位图)和 DIB(设备无关位图)。

GIF:由 CompuServe 公司研发的图像文件格式,全称为 Graphics Interchange Format,

它采用 LZW 算法,色调连续且是一种无损压缩格式。由于其具有一些独特的优势,例如,体积小,成像较清晰,能把多幅图像存储在一个 GIF 文件中,因此该格式十分受欢迎,目前与图片相关的应用软件基本都支持 GIF 格式。

PNG:全称为可移植网络图形格式(Portable Network Graphic Format,PNG)。该格式使用 LZW 算法,需要缴费,为了替代 GIF 和 TIFF 文件格式,并增加一些其他特性,Unisys 公司研发了 PNG 图像文件存储格式,该格式同样使用无损压缩算法,对彩色图像进行存储时,深度多达 48 位。

JPEG:全称为 Joint Photographic Experts Group,这是最常用的图像文件格式。JPEG 是由 ISO 领导制定的图像压缩格式,该格式虽然是一种有损压缩格式,但它通过算法去除了冗余的图像数据,并且在获得极高的压缩比例的同时,较低地降低了图像的质量,同时该格式灵活多变,可以按需变换压缩比例。

TIFF:全称为 Tagged Image File Format,是一种灵活的标签图像文件格式。该格式在业内具有较高的影响力,许多公司的一些常用软件都支持此类格式,如 Photoshop、GIMP、Ulead 和 PhotoImpact 等。TIFF 格式文件的文件头中有一个标签,该标签中记录了图像的大小、尺寸等属性或者定义了该图像中数据的排列算法以及标注了该文件所采用的图像压缩选项设置。

(4) 常见的视频文件格式有 AVI、MOV、MPEG。

AVI 全称为 Audio Video Interleaved(音频视频交错格式),是一种将语音和影像同步起来的格式。该格式对视频做有损压缩,对画面质量的损害较大,但该视频格式可跨平台使用,因此在实际生活中得到了非常广泛的应用,是视频文件使用的主流格式。

MOV:这是苹果公司开发的一款名为 QuickTime 的媒体插放器的有损压缩影片格式,该格式也具有跨平台的特性,同时,它占用空间较小,画面质量较 AVI 格式更高。该格式采用 25 位彩色,支持集成压缩技术,能达到 150 多种不同的视频效果,并且,该格式还可以与 200 多种音响及声音装置的 MIDI 格式兼容。

MPEG:由 ISO(International Standardization Organization,国际标准化组织)与 IEC(International Electrotechnical Commission,国际电工委员会)共同研发的运动图像的国际标准格式。该编码技术为了达到缩小时间冗余度的效果,采用了运动补偿的帧间压缩方式;同时为了减小空间冗余度,采用了 DTC 技术;在减小统计冗余度的方面,又运用了熵编码。该格式综合了多项压缩技术,使压缩性能得到了极大的增强。

5.2　多媒体类型

媒体是信息传递的载体和手段。多媒体从字面上理解,即为人与人之间实现文字、声音、图形等多种信息交叉传递、相互作用的媒体的统称。在现代计算机系统中,多媒体主要处理的媒体元素是声音和图像。

按照多媒体的载体内容分类,可将多媒体分为文本、声音、图像、动画和视频等。文本,是指由文字、数字和其他各类型符号组成的用于传递可让人理解的信息的书面表达。声音,多媒体中的声音包括人物对话、音乐、自然模拟声等,是比文本更为直接,感情更为强烈,内容更为丰富的表达方式。图像,是多媒体最主要的表现形式,其质量决定了一个多媒体的视觉效果,图像也是动画和视频的基础。动画和视频是现今最热门的影像多媒体形式,综合图像、声音、文本各自的特点,能传递最为丰富的信息内涵。

按照多媒体的载体形式分类,可将多媒体分为电波媒体和网络媒体。电波媒体主要包括广播、电视等。网络媒体主要为网络索引和网站,近年来的后起之秀有微博、微信、论坛等。

多媒体的基本元素包括其技术指标、物理组成和软件系统。多媒体元素主要有文本、图形、动画、声音及视像,如图5.5所示。

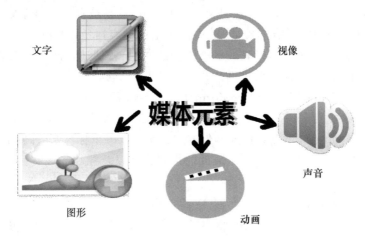

图 5.5　多媒体元素

5.3　多媒体系统的组成

多媒体系统一般由 4 个部分组成:多媒体硬件系统、多媒体操作系统、媒体处理系统工具以及用户应用软件。

（1）多媒体硬件系统:指各类多媒体硬件设备,包括计算机硬件、声音处理器、视频处理器、输入设备、输出设备、信号转换设备、通信传输设备以及接口装置等。多媒体硬件系统中最重要的是按照多媒体技术标准研制成的多媒体信息处理芯片、板卡和光盘驱动器等。

（2）多媒体操作系统:多媒体核心系统,能进行多媒体设备的同步驱动和控制、实时任务调度、图形用户界面管理以及多媒体的数据转换。

（3）媒体处理系统工具:有时也叫作多媒体系统开发工具软件,在多媒体系统中它也是重要组成部分之一。

（4）用户应用软件:根据用户要求在多媒体系统终端中定制的应用软件,或是某一领域专有的软件系统。用户应用软件非常普遍,包括多媒体播放软件和制作软件。

5.3.1　多媒体系统硬件

硬件是指计算机的组成实体以及多媒体的设备装置,硬件设备是多媒体系统的基础,为了使计算机能够实时、综合、准确地处理文字、图形、图像、声音、视频等大量的媒体信息,硬件设备必须满足一定的性能要求。

多媒体系统的功能不同,硬件设备也随之不同。常见的多媒体设备一般都具备 CD-ROM 或 DVD-ROM、显卡、声卡、音箱、打印机等,如图 5.6 所示。多媒体设备众多,下面将根据各种设备功能的不同来进行分类介绍。

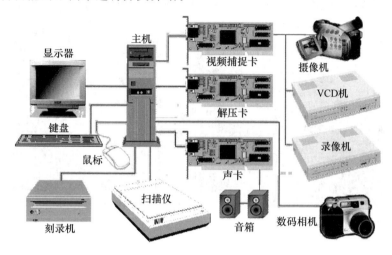

图 5.6　多媒体硬件

1. 多媒体计算机

多媒体计算机即多媒体电脑,以普通 PC 为基础,增加一部分多媒体配置,使其在硬件和软件上都能达到 MPC 标准。但一般的多媒体计算机并不是只达到 MPC 标准就行,而是需要根据实际情况在标准的基础上不断完善,使其真正能够满足使用要求,因此,多媒体计算机系统种类繁多,不尽相同。

若想购置一台多媒体计算机,可以有两种方式:一是直接购买由厂家生产的多媒体计算机;二是改装普通 PC,在原有 PC 上配置所需的多媒体部件,将其按实际所需升级为一台多媒体计算机。

直接购买一台多媒体计算机时,在条件许可的情况下,建议尽量购买高级配置的计算机,因为 MPC 标准只是给出最低配置,以供人们参考,在真正投入使用时,常常会需要更多标准以外的配件来达到工作要求。如果是选择自主将 PC 升级为多媒体计算机,则需要的多媒体升级套件有声卡、CD-ROM 驱动器、高分辨率显示接口以及相应的驱动程序和应用软件等。

2. 多媒体工作站

多媒体工作站的运算速度非常高,对图形的处理能力非常强。其采用 TCP/IP 网络传输协议,安装有工程设计软件包,可以完成大量的科学计算,因此它对存储容量的要求非常高。一般根据工业标准 POSIX 和 XPG3 进行工作站的研发。

比较典型的工作站如 SGI Indigo,如图 5.7 所示,它是由美国 SGI 公司研发的一种多媒体工作站,能同步进行多项应用,如操作三维图形、动画、图像、视频、音频等。在工作站的设计上采用了均衡体系结构,能更有针对性地协调软硬件之间的工作,使各个部分尽可能大地发挥出本身的性能,以满足用户对多媒体系统较高层次的应用要求。

图 5.7　多媒体工作站

3. 多媒体板卡

多媒体板卡是直接插在计算机上，以满足多媒体系统获取、传输多媒体信息需要的硬件设备。使用较为普遍的多媒体板卡有声卡、显卡、视频卡等。

（1）声卡

声卡也称音频卡或声效卡，是多媒体技术中最基本的组成部分之一，它能对各种声音进行解码，并将解码后的结果送入音响设备中，简单来说，它能完成声波和数字信号之间的相互转换。在工作过程中，声卡能把来自话筒、磁带、光盘等存储设备中的信号加以转换，使其输出到各种音响设备，如耳机、扬声器、录音机、扩音器等，或者通过音乐设备的数字接口使乐器发出相应的声音。

声卡有两种类型：单独的声卡和集成声卡。单独的声卡必须通过接口接入计算机才能使用，一般会有 Line-in（在线输入）、Mic-in（话筒输入）、Speaker（扬声器输出）、MIDI（MIDI设备或者游戏杆）这几个接口。而集成显卡则安置在主板上，不需要接口。

主流的声卡品牌有创新、华硕、声擎、客所思等，分为 5.1 声道、7.1 声道、双声道等。

（2）显示卡

显示卡即显卡，全称为显示接口卡。作为计算机中的基本配置之一，它能解压图像文件，并将解压后得到的信号变换为数字信号，计算机处理数字信号后传送至显示终端，并由显示终端将图像显示出来。显卡是电脑主机里人们（尤其是从事专业图形设计的人员）非常重视的一个部分。目前，显卡的供应商比较常见的有 AMD 和 Nvidia。

显卡分为核芯显卡、集成显卡、独立显卡。

核芯显卡是指 Intel 公司利用先进的生产工艺以及独特的架构设计，把图形核心与处理核心安置在同一基板的新一代图形处理器。核芯显卡的最大优势是功耗低，由于其结构紧凑、设计合理以及处理性能高，极大地缩短了所需的运算时间，有效地控制了整体能耗。但因为配置这类显卡的 CPU 通常价格便宜，在运行大型游戏时，低端的核显常常难以达到出色的游戏效果。

集成显示卡是指显示芯片和显存以及相关电路都被集成在一块主板上,与主板融为一体的显示卡。正由于其部件都固定在了主板或 CPU 上,难以更换与维修,在出现问题的情况下常常只能采取更换整个主板的维修方式。相较于独立显卡,集成显卡的性能较弱,但功耗低、产热少。

独立显卡指显示芯片和显存不在主板上,而是独立出来另成一块板卡的显示卡。这类显卡需要主板上配有扩展插槽,如 ISA、PCI、AGP 等。这类显卡的缺点是会增加系统的功耗与产热量,但由于独立显卡性能明显优于集成显卡,且更易改换升级,对游戏娱乐要求较高或者从事绘图 3D 渲染等职业的人们往往更倾向这类显卡。

（3）视频采集卡

视频采集卡,简称视频卡,它能将来自模拟摄像机、电视机、录像机、LD 收盘机等的视频信号转换成计算机能处理的数字信号,并传入计算机供计算机分析处理。

4．其他多媒体设备

多媒体设备的种类非常多,涵盖的范围也非常广。生活中常见的多媒体设备有显示器、音响、投影仪、打印机、摄影机、电子讲台等。

（1）显示器:显示器的应用非常广泛,电视机、电脑、手机、电子书、路口的大屏幕、公交上的移动广告、自动贩卖机等都会用到显示器。目前,显示器没有非常严格的定义,但普遍认同的是,把文件信息通过传输以显示在屏幕上,并能使人们见到的显示工具称为显示器。

（2）光盘存储器:一类利用基体的特性,将薄层涂在其上,用于记录信息的工具。光盘中的信息是以凹坑点线的形式,顺着盘面螺旋形状的信息轨道存储的。光盘的存储量比较大,并且易于更换。

（3）音箱:它能把电信号转换成声音,是音响系统中最重要的组成部分,能给人们带来听觉上的享受。

（4）扫描仪:扫描仪能利用光电转化和数字图像处理等技术把图像图形信号转化为可被计算机识别并处理的数字信号。在日常工作中扫描仪一般属于输入系统,可扫描多种材料,如照片、图纸、书页、纺织品等。扫描仪将被扫描对象的平面图形信息转化成数字信号,这些数字信号经过计算机分析处理,再传送至输出设备,如显示屏、打印机等。

（5）数码相机:也属于多媒体系统中的输入设备,与老式的胶卷相机利用化学反应不同,数码相机利用光感应电荷耦合器件（CCD）或者互补金属氧化物半导体（CMOS）等光学电子元件,将光学影像中的信息转化为电子数据信息。数码相机可将获取的信息存储在存储器或存储卡上,也可以将这些信息传导至计算机设备中进行分析处理。

5.3.2　多媒体系统软件

多媒体软件被称作多媒体系统中的灵魂,它能使各部分硬件按一定规则组合起来并有序工作。

多媒体软件按功能可划分为 5 类:驱动程序软件、多媒体操作系统软件、多媒体数据准备软件、多媒体编辑与创作软件、多媒体应用软件。

（1）驱动程序软件:在多媒体系统中直接与硬件打交道的便是驱动程序软件,它能初始化设备、控制操作设备、调用基本硬件功能等。它一般由硬件直接提供,或者被预置在标准操作系统中。

（2）多媒体操作系统软件：这类软件是多媒体系统的核心，它位于驱动程序与应用软件之间，能够调度多媒体环境下的多个任务、同步媒体以及管理多媒体外设等。

（3）多媒体数据准备软件：对多媒体数据进行采集加工的软件。

（4）多媒体编辑与创作软件：包括多媒体创作工具软件和支持多媒体开发的程序设计语言（如编程语言：Visual Basic、Visual C++、Delphi）。

（5）多媒体应用软件：基于多媒体操作系统，面向应用，有明确的功能用途，是与用户直接交互的软件。

5.4 流行的多媒体应用软件

多媒体应用软件有很多种，比较流行的有如下几种。

文字处理：记事本、写字板、Word、WPS。

图形图像处理：PhotoShop、CorelDraw、Freehand、illustrater。

动画制作：adobe after effects、3DS MAX、Maya、Flash。

声音处理：Adobe Audition、Wave Edit。

视频处理：Adobe Premiere。

多媒体写作系统：Authorware、Director、Tool Book、Flash。

5.4.1 记事本

记事本也称作文本文档，在前文描述 TXT 文件格式时曾有提及，从 Windows 1.0 开始的系统中都内置了这个文本编辑器，其存储文件是纯文本，扩展名为 txt，文件属性无格式、标签以及风格，适于在 DOS 环境下编辑。记事本图标如图 5.8 所示。

图 5.8 记事本图标

记事本只支持纯文本，若将其他文件中的文本粘贴过来，则会丢失所有的原有格式，只保留纯文本，如图 5.9 所示，但记事本可以编辑除了 UNIX 风格文本文件以外的几乎所有文件。

如图 5.9(a)所示，这原本是 Microsoft Word 文档中的一段文字，文字的格式属性是楷体、加粗、二号。我们将其选中并且粘贴至记事本中（图 5.9(b)）可明显看见该段文字的格式变为宋体、不加粗、五号，如图 5.9(c)所示。这是记事本文字的默认格式，所有从记事本中导出的文字信息均为此格式。

记事本是一款功能相对简单的文字编辑软件。在记事本中也可以编写代码，再将编写好的代码传送至外部进行编译。

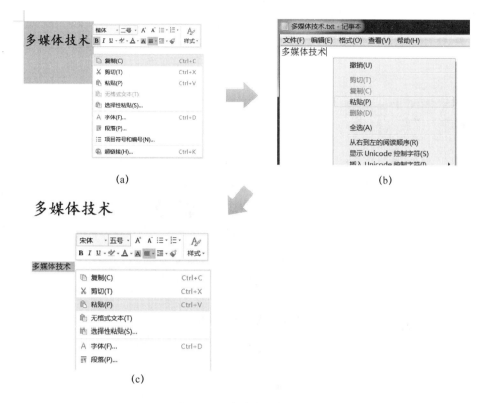

(a)　　　　　　　　　　　　　(b)

(c)

图 5.9　记事本中的操作

5.4.2　Microsoft Office Word

　　Microsoft Office Word 是微软公司的一款文字处理应用软件,也是使用最广泛的文字编辑器。从 1983 年以来,该软件一直在改进更新。其最早的版本是由 Richard Brodie 编写的,当时只是为了运行 DOS 的 IBM 计算机。在随后的 1984 年至 1989 年间,该软件的后续版本已经可以在 Apple Macintosh、SCO UNIX 和 Microsoft Windows 上运行了。

　　Microsoft Office 2013 只能在 Windows 7、Windows 8、Windows Server 2008 R2 或 Windows Server 2012 这些操作系统环境里运行。而这些版本除了具备传统的文字、图表编辑功能外,不仅延续了简单的图片调整功能,还允许添加并处理视频,使文档的内容突破原有的局限,内容展示更灵活多变。

　　简单介绍一下 Word 2013 中的功能,如图 5.10 所示。

　　该软件能对文档执行更多功能,如访问联机视频、打开 PDF 格式文件并对此类文件进行编辑、将图片与图表对齐。此外,还对不必要的功能进行了删减,例如,对审阅功能进行了简化,只提供简单的批注和标记功能。

　　1. 联机视频

　　在 Word 2013 的软件中,可将视频片段直接插入 Word 文档中,使行文内容更连贯丰富,如图 5.11 所示。

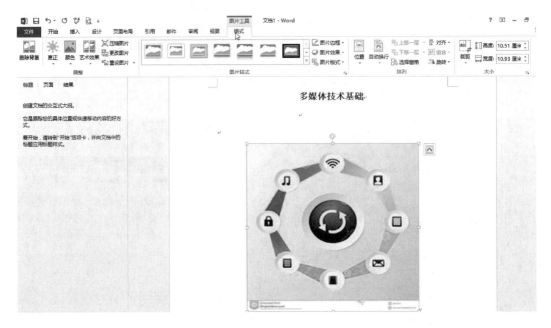

图 5.10　Word 2013 中的功能

图 5.11　联机视频

2. 展开和折叠

　　若在文档中设置好标题格式,则单击标题,即可展开或折叠该标题下的内容,如图 5.12 所示。

图 5.12　展开和折叠

3. 简单标记

简单标记功能经过全新修订后能够给用户提供一个整洁简单的视图,它继续保留了从已经修订的位置看到标记的功能,如图 5.13 所示。

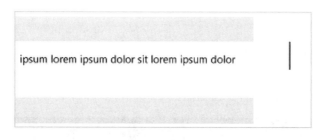

图 5.13 简单标记

4. 批注可回复

在 Word 2013 中,用户可以对批注进行回复。回复且完成修改不需要再关注此批注内容时,可以将此批注设置为已完成,它将被标记并显现灰色,如图 5.14 所示。

图 5.14 批注可回复

5. 添加润饰和样式

Word 2013 中提供了更多可以使用的创意模板。当然用户也可以在空白模板上自己编辑,如图 5.15 所示。

图 5.15 添加润饰和样式

6. 支持 PDF 编辑

在 Word 中可以编辑 PDF 的内容，如编辑段落、表格、列表等，操作方式和在 Word 文档中编辑文档内容的方法非常相似。

5.4.3 Photoshop

Adobe Photoshop，一般简称"PS"，是 Adobe Systems 公司研发的专门用于图形图像处理的软件，它支持 Windows 操作系统 、Android 系统与 Mac 系统，Linux 用户若想使用这个软件则需要 Wine 的辅助。PS 界面如图 5.16 所示。

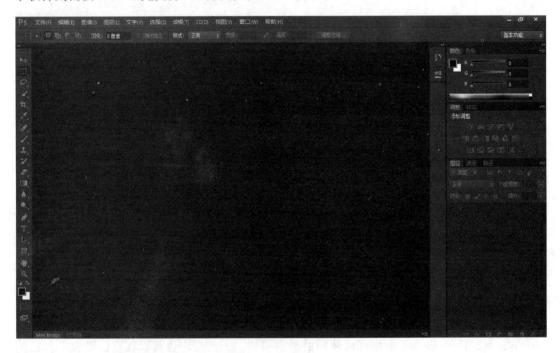

图 5.16　PS 界面

在功能模块中，该软件有图像编辑、图像合成、校色调色等功能，能实现基本的放大缩小、旋转倾斜等图像编辑操作，也能实现复制、修补等功能。

图像合成模块，是指将多幅图像利用图层操作和工具合成为一幅具有设计效果的完整图像。该软件的图像合成功能简单实用，在美术设计时使用十分频繁。

使用校色调色模块可以快速地调节图像颜色的阴暗与色偏，还能在不同颜色间切换，使图像达到设计者的要求。

这款软件可以综合使用滤镜、通道和工具来完成图像的特效制作和文字的创意制作，例如，实现浮雕、油画、素描等特殊效果。

1. 基础操作

1）建立新图像

方式 1：双击 Photoshop 的桌面图标。

方式 2：同时按下 Ctrl 键和 N 键。

方式 3：在"File"菜单中单击"New"命令。

在新建图像的同时可以设置新图像的属性格式,例如:

(1) 调整宽度(width)、高度(height),单位可选择 cm(厘米)、mm(毫米)、pixels(像素)、inches(英寸)、point(点)、picas(派卡)和 columns(列)等;

(2) 设定分辨率,一般情况下,同样大小的图片分辨率越高,图像越清晰,图像占用的存储空间也越大;

(3) 选择颜色模式,可选择 RGB color(RGB 颜色模式)、bitmap(位图模式)、grayscale(灰度模式)、CMYK color(CMYK 颜色模式)、Lab color(Lab 颜色模式);

(4) 挑选文档背景 contents,可自行选择各种图片作为背景,也可选择透明或纯色背景。

2) 保存图像

方式 1:选择"File"菜单中的"保存"命令。

方式 2:同时按下 Ctrl 键与 S 键保存为默认格式 PSD,按下"Shift＋Ctrl＋S"组合键则可保存为 TIF、BMP、JPEG/JPG/JPE、GIF 等格式。

3) 关闭图像

方式 1:双击标题栏左侧图像窗口左上方的图标按钮。

方式 2:单击标题栏右侧图像窗口右上方的关闭按钮。

方式 3:单击"File"菜单中的"Close"命令。

方式 4:按下"Ctrl＋W"或"Ctrl＋F4"。

方式 5:单击 Windows→Documents→Close All 关闭已打开的多个文档。

4) 置入图像

由于 Photoshop 是一个位图软件,所以 Photoshop 文件中可以插入矢量图形软件编辑的图像。若要置入图像,则在刚置入的图像中会显示对象控制符,想取消该控制符双击它即可。

5) 切换屏幕显示模式

可以在全屏模式、标准屏幕模式和带菜单栏的全屏模式这 3 种屏幕模式之间切换,切换的快捷键为 F 键。除此之外,按 Tab 键可以隐藏或显示工具箱,同时按下 Shift 键和 Tab 键可以打开控制面板。

6) 标尺

打开视图菜单,单击"标尺"命令可以打开或关闭显示视图,也可以同时按下 Ctrl 键和 R 键来改变视图状态。

2. 动画制作

Photoshop 可实现简单的动画制作,将多幅画面按序播放,连接每一帧的画面来达到动画制作的效果。

下面以做闪字为例。

(1) 打开 PS,新建一个文档。文档大小自行选择。新建了文档以后,单击渐变工具,在画布的对角线上画出一条直线,图中所选色值从 ♯0a485a 过渡到 ♯1180a0,如图 5.17 所示。

(2) 实例中的文字颜色设置为 ♯08d7f0,并将文字栅格化。可以对文字边缘进行一些放大后的处理,使文字轮廓更清晰,如图 5.18 所示。

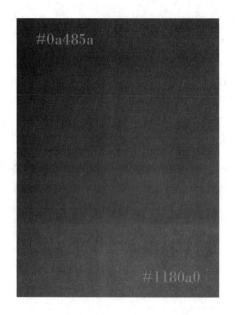

图 5.17　渐变工具

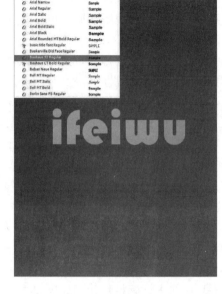

图 5.18　文字栅格化

（3）动画的原理就是在不同图像的切换过程中，选择合适的播放时间间隔，并按序播放图像，达到一定的速度后，在人们眼中即可形成连贯的动画画面。所以如果图像背景以及中间的文字部分不变，文字四周的光点变化，就能实现我们所需的闪光文字的效果。

（4）复制 2 个图层文字，得到 3 个文字图层，如图 5.19 所示。

（5）接下来要为 3 个图层分别添加杂色滤镜，在"滤镜"菜单中选择"杂色"选项，再单击"添加杂色"，可在添加杂色滤镜时选择不同的杂色数量，例如，实例中为 3 个图层分别添加了 15％、16％以及 17％的杂色滤镜，如图 5.20 所示。

图 5.19　图层

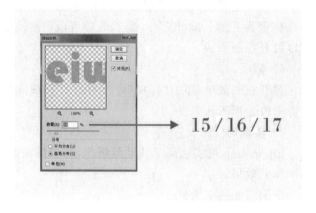

图 5.20　杂色滤镜

（6）接下来单击星光笔刷，如果软件中无自带星光笔刷可以自行下载，使用星光笔刷可为每个文字增加闪光效果，如图 5.21 所示。

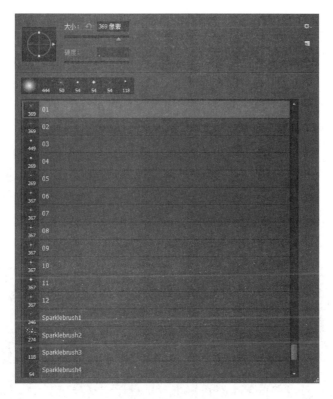

图 5.21　星光笔刷

（7）若想使闪光显得更耀眼可以在画笔保持白色的情况下，在图像上多单击几次鼠标，直到达到想要的效果为止，如图 5.22 所示。

（8）把做好的 3 幅不同的闪光文字分别与背景合成，如图 5.23 所示。

图 5.22　耀眼效果

图 5.23　文字分别与背景合成

（9）在窗口菜单中单击"时间轴"，时间轴随即出现在区域下方，此时单击"创建视频时间轴"按钮，如图 5.24 所示。

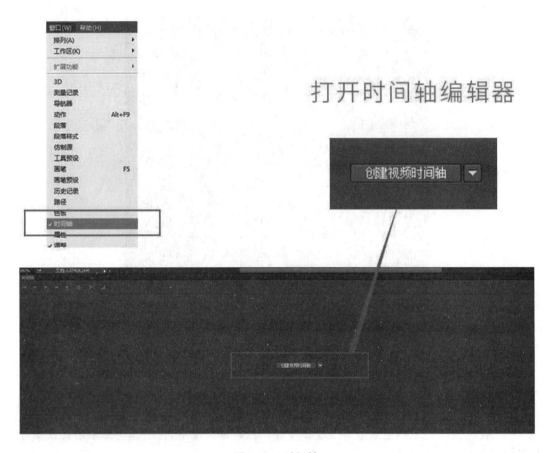

图 5.24　时间轴

（10）进入时间编辑器的画面后，可以看到所有图层都显示在其中，我们可以按照设计好的顺序，安排各个图层进入的时刻，如图 5.25 所示。

图 5.25　时间编辑器

（11）全程的动画时间可以自由调整，但为了达到更佳的闪字效果，实例中将动画全程的放映时间设为 0.6 s，将背景设为全程播放。

（12）虽然时间轴是以帧为单位的，但是当拖动滚动条的时候，屏幕上会自动显示时间，将每个图层都拖动至相隔 0.2 s 并维持 0.2 s 的位置上（图 5.26），使它们依次播放。

（13）用户可以自主调整，直到达到自己心目中的效果为止。完成制作以后即可保存，选择文件存储中的"存储为 web 所用格式"按钮并单击选择保存地址，如图 5.27 所示。

(a)

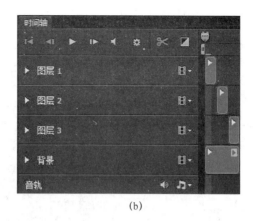
(b)

图 5.26 时间放映

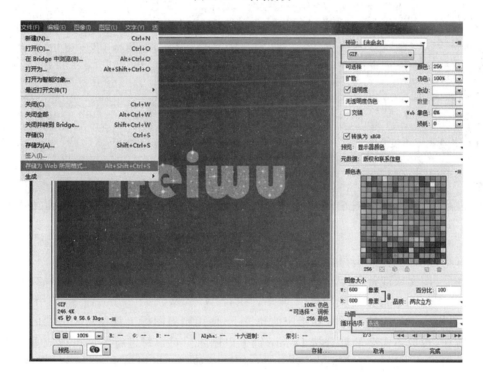

图 5.27 保存

5.4.4 Adobe Premiere Pro

Adobe Premiere Pro 是 Adobe 公司推出的一款兼容性较好的非线性图形图像编辑器,目前广泛应用于图像设计、视频编辑与网页开发中,编辑画面质量相对较好,甚至电影、社交网站等的图像设计都是由它制作而成的。

Premiere 提供了包括采集、剪辑、调色、美化音频、添加字幕、输出、DVD 刻录在内的一整套流程,并可和其他 Adobe 软件高效集成,满足了人们日益复杂的视频制作需求。

处理视频素材时,首先将素材导入项目窗口,执行菜单"File"的子菜单"New"下的

"Project"命令,创建新项目窗口,如图 5.28 所示。

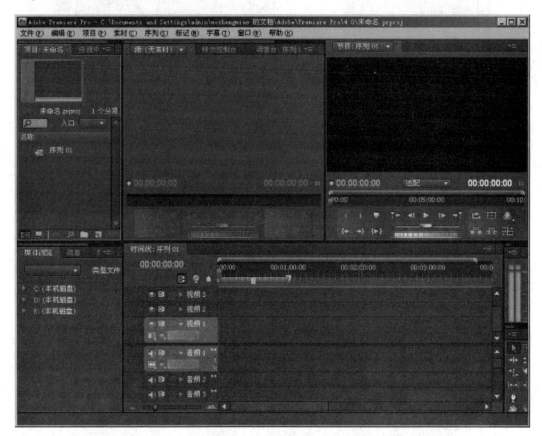

图 5.28 新项目窗口

通过执行菜单"File"的"Import File"命令,可对所需的素材文件进行选择。将所需素材逐个引入后,即完成准备工作。在 Project 窗口中,可以进行素材的输入、素材显示模式的调整、素材的删除以及素材的使用和管理等。执行 Window→Timeline 命令,打开时间线窗口,将项目窗口中相应的素材拖到相应的轨道上,使用剃刀图标工具在需要剪切的位置对素材进行剪切,选取不需要的部分按 Delete 键予以删除。对素材进行复制可形成重复播放的效果。在两个片段的衔接部分,Premiere 提供了 75 种特殊过渡效果,在过渡窗口可见到这些自带模板。Premiere 支持并提供了近 80 种滤镜效果,可对图像进行变形、模糊、平滑、曝光、纹理化等处理,此外,也可以使用第三方提供的滤镜插件。在视频制作完成后,将素材合成,执行菜单"File"的子菜单"Export"中的"Movie"命令即可对输出的格式进行设置,随即自动编译成指定的影视文件。

本 章 小 结

随着多媒体越来越广泛地渗透人们的生活,学习并掌握多媒体的相关知识十分重要与迫切。本章简单介绍了多媒体的定义与多媒体系统的定义,简述了多媒体发展的历史与前景,同时介绍了多媒体各种不同的元素,以及多媒体系统中常见的数据类型。此外,重点介绍了多媒体系统的软、硬件部分、多媒体硬件系统的作用、常见的多媒体硬件设备,以及多媒体软件的分类。最后简述了一些常见的多媒体应用软件及其使用方法。

习　题

1. 选择题

(1) 文字、音频、图像和视频等数字化编码媒体是人们为了加工、处理和传输感觉媒体而人为构造的一种媒体,这类媒体称为(　　)媒体。

A. 显示媒体　　　　B. 表示媒体　　　　C. 感觉媒体　　　　D. 存储媒体

(2) 以下(　　)属于多媒体的主要特性。

① 集成性　　　　② 多样性　　　　③ 实时性　　　　④ 交互性

A. 仅①　　　　B. ①和②　　　　C. ①、②、③　　　　D. 全部

(3) 根据多媒体的定义与特点,(　　)属于多媒体。

① 有声图书　　　② 交互式视频游戏　③ 彩色电视　　　　④ 彩色画报

A. 仅②　　　　B. ①、②　　　　C. ①、②、④　　　　D. 全部

(4) 一般认为,第一台多媒体设备是(　　)。

A. 1987 年,美国 RCA 公司展示的交互式数字影像系统 DVI

B. 1986 年,Philips 和 Sony 公司宣布发明的交互式光盘系统 CD-I

C. 1984 年,美国 Apple 公司推出的 Macintosh 系列机

D. 1972 年,Philips 展示播放电视节目的激光视盘

(5) 多媒体未来将朝着(　　)目标发展。

① 高速度化,减少处理时间

② 高分辨率,注重显示质量

③ 智能化,提高信息处理能力

④ 简单化,更易于人机交互

A. ①、②、③　　　　　　　　　　B. ①、②、④

C. ②、③、④　　　　　　　　　　D. 全部

(6) 下列说法正确的是(　　)。

① 多媒体技术的出现,催化了通信、娱乐与计算等多个领域的融合

② 可借助多媒体技术实现 V-CD、卡拉 OK 机以及影视音像的制作等

③ 多媒体技术极大地促进了人机交互界面的发展

④ 利用多媒体是计算机产业发展的必然趋势

A. ①、②、③　　　　B. ①、②、④

C. ②、③、④　　　　D. 全部

(7) 下列说法正确的是(　　)。

① 信息也指媒体之间的关系

② 任意两种媒体可直接进行相互转化

③ 不同的媒体所表达信息的程度不同

④ 有格式的数据才能表达信息的含义

A. ①、②、③   B. ①、②、④

C. ①、③、④   D. 全部

2．填空题

（1）媒体既是信息存储的载体也是信息传递的_____。

（2）多媒体系统一般由 4 个部分组成：_____、_____、_____、_____。

（3）_____是信息传递的载体和手段。

（4）多媒体软件按功能可划分为 5 类：_____、_____、_____、_____、_____。

（5）多媒体技术主要有_____、_____、_____、_____这 4 个特征。

3．简答题

（1）多媒体的媒体种类有哪些？

（2）简单介绍多媒体的主要特性。

（3）多媒体有哪些主要应用领域？请举一例并解释其工作原理。

（4）常用的多媒体软件有哪些？请简述其中两个。

（5）多媒体就是人机交互界面技术吗？为什么？

第6章　数据库技术基础

6.1　数据库系统的基本概念

6.1.1　数据库系统的组成

数据库系统(data base system,DBS),是指采用数据库技术的计算机应用系统,包括数据库、数据库管理系统、数据库应用软件、数据库用户4个部分。完整的数据库系统如图6.1所示。

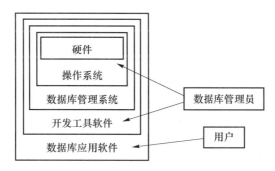

图 6.1　数据库系统的组成

1. 数据库

数据库(data base,DB),按特定的组织方式,并以文件的形式将数据保存在存储介质中,它是有组织的、可共享的相关数据集合。

2. 数据库管理系统

数据库管理系统(data base management system,DBMS),作为数据库系统的核心,是介于数据库和应用程序之间的软件系统。DBMS提供包括DB的建立、增加、修改、删除、更新及各种数据控制访问DB的方法等。目前主流的DBMS是基于关系的数据库管理系统,例如DB2、SQL-Server、Oracle、Access等。

数据库管理系统的主要功能有以下几个。

(1) 数据定义。DBMS提供了数据定义语言DDL(data definition language),用户利用DDL可定义数据表、数据库结构等数据库相关内容。

(2) 数据操纵。DBMS提供了数据操纵语言DML(data manipulate language),用户利用DML可实现数据的修改、删除、查询等数据库的基本操作。

(3) 数据控制。数据控制包括对数据库的完整性、并发性、安全性的控制和数据库恢复。

(4) 数据库的建立和维护。数据库的建立和维护包括数据库的存储和恢复、数据库初始数据的导入和转换、数据库的性能监视和重新组织及分析功能等。

3．数据库应用软件

数据库应用软件是专门对数据库进行开发并应用在具体问题上的软件，如办公自动化和教务管理系统。它的开发首先应确定要使用的 DBMS，然后按照一般软件开发的步骤进行，即需求分析、数据库设计，以及应用程序的设计、测试、维护等。

4．数据库用户

有多种类型的数据库用户，可归纳为应用程序设计员、最终用户和数据库管理员 3 类。应用程序设计员负责编写数据库的应用程序，用来使用和维护数据库；最终用户是数据库的直接使用者，他们通过应用程序，可交互式地访问数据库中的数据；数据库管理员 DBA (data base administrator) 是负责设计和实现数据库、维护和管理数据库、确定用户需求的高级人员。

6.1.2　数据描述

1．事物的数据描述

数据描述是指用符号或者文字对事物进行描述。例如，描述一个人的文字内容包括姓名、性别、年龄、身高、体重等。下面先对基本概念进行介绍。

(1) 实体 (entity)：客观存在，并可以相互区别的事物。实体可以是具体的对象，如学生、教师、课程等，也可是抽象的事件事物，如学生选课、教师授课等。

(2) 属性 (attribute)：用于描述实体所具有的特性。一个实体可由若干个属性来刻画。

(3) 域 (domain)：属性的取值范围，包含值的类型，如性别的取值范围是"男"和"女"。

(4) 码 (key)：又叫作"键"，是对实体进行唯一标识的属性或者属性集，如学号是学生的码，在无姓名相同者时，姓名也可以是码。

(5) 实体型 (entity type)：同类实体的实体名和属性名的集合，如学生（学号，姓名，性别，出生日期）。

(6) 实体集 (entity set)：同型实体的集合成为实体集，如全体学生是一个实体集。

待解决的问题或者待解决的对象应首先转化为具有属性的实体。例如，一个学生是一个实体，可以用学号、姓名、性别、班级等属性来描述。其中学号可对一个学生进行唯一的标识，可作为学生这个实体的码；性别这个属性只能取值"男"或"女"，即性别的属性域。学生实体集和所有选课的学生相对应，抽象表示为实体型——学生（学号，姓名，性别，班级）。

2．事物间联系的描述

现实世界中的事物之间有着各种联系，因此不仅要对事物本身进行描述，还要对他们之间的联系进行描述。事物间的联系可分为一对一、一对多、多对多 3 种。

(1) 一对一联系：如果对于实体集 A 中的每一个实体，实体集 B 中至多有一个实体与之联系，反之亦然，则称实体集 A 与实体集 B 具有一对一的联系，记为 $1:1$。

【实例】班级与班长之间的联系：

一个班级只有一个正班长；

一个班长只在一个班级任职。

(2) 一对多联系：如果对于实体集 A 中的每一个实体，实体集 B 中有 $n(n \geqslant 0)$ 个实体与之联系，反之，对于实体集 B 中的每一个实体，实体集 A 中至多只有一个实体与之联系，则称实体集 A 与实体集 B 有一对多的联系，记为 $1:n$。一对多联系是最普遍的联系。

【实例】班级与学生之间的联系:

一个班级中有若干名学生;

每个学生只在一个班级中学习。

(3)多对多联系:如果对于实体集 A 中的每一个实体,实体集 B 中有 n 个实体($n \geq 0$)与之联系,反之,对于实体集 B 中的每一个实体,实体集 A 中也有 m 个实体($m \geq 0$)与之联系,则称实体集 A 与实体集 B 具有多对多联系,记为 $m:n$。

【实例】课程与学生之间的联系:

一门课程同时有若干个学生选修;

一个学生可以同时选修多门课程。

6.1.3 概念模型

概念模型即按用户的观点对信息和数据进行建模,是数据库设计人员和用户之间沟通的语言,是数据库设计人员设计数据库的工具。

1. 实体-联系方法

实体-联系方法用 E-R 图来描述现实世界的概念模型,因此也叫 E-R 图法。

2. 实体型

实体型用矩形表示,矩形框内写明实体名。

3. 属性

属性用椭圆形表示,并用无向边将其与相应的实体连接起来。

4. 联系

联系本身用菱形表示,菱形框内写明联系名,并用无向边分别与有关实体连接起来,同时在无向边旁标上联系的类型($1:1,1:n$ 或 $m:n$)。

例如,用 E-R 图表示两个实体之间的联系,如图 6.2 所示。

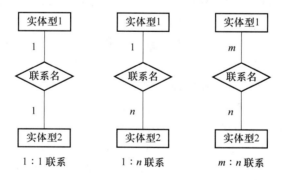

图 6.2 实体之间联系

5. E-R 图的建立过程。

(1)确定实体类型。

(2)确定联系类型。

(3)根据实体与联系画 E-R 图,合理摆放位置。

(4)确定实体和联系的属性。

(5)优化处理:合并同类、删除冗余。

结果如图 6.3 所示。

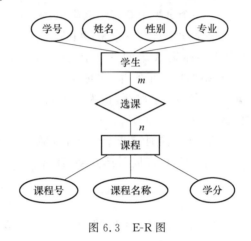

图 6.3　E-R 图

6.2　数 据 模 型

数据库中存储的是有结构的数据,这些结构用于描述事物及事物之间的关联。数据模型是一种表示实体类型及实体间联系的模型。数据库管理系统必须基于某种数据模型,它既管理数据的值,又要依据数据模型来管理数据间的联系。

数据模型的组成要素有 3 个,分别是数据结构、数据操作和数据完整性约束。

数据结构:数据的组织方式。数据库中的数据都不是孤立的,而是相互联系的,根据访问数据的需求不同,同样的数据可以有多种不同的组织方式。数据结构是对实体型和实体型间联系的表达和实现。

数据操作:主要是数据的检索和更新,更新又包括插入、修改、删除等。数据模型需要对这些操作的实现语言、含义、符号以及规则进行定义。

数据完整性约束:数据完整性约束是一组完整性规则的集合。完整性约束是数据库系统必须遵守的约束,它限定了根据数据模型所构建的数据库的状态及状态的变化,以便维护数据库中数据的正确性、有效性和相容性。数据完整性主要包括域完整性、实体完整性、参照完整性和用户自定义完整性。

实体是客观存在并可区分的事物,如一个班级、一个学生。实体之间的联系即事物之间的关联,包含一对一、一对多、多对多 3 种形式。例如,一个班级只有一个班主任,他们是一对一的联系;一个班级有多个任课老师,他们是一对多的联系;学生和他所选的课程是多对多的联系。

目前,数据库管理系统支持的数据模型包括层次模型、网状模型和关系模型。

1. 层次模型

层次模型是最早出现的数据模型,它是用树型(层次)结构来表示实体类型及实体间联系的数据模型。每个实体只有一个父节点,可有一个或多个子节点。在层次的最顶端有一个实体为根(root)。层次模型如图 6.4 所示。现在的数据库已经不再使用层次模型,这里不做过多讨论。

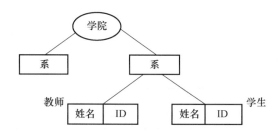

图 6.4　层次模型

2. 网状模型

采用网状模型的数据库,用有向图结构表示实体及实体型间的联系。在网状模型中,实体间的联系如同一张网,网上的连接点称为结点。与层次模型的节点间具有上下级的关系不同,网状模型的各个节点之间是平等的。城市的交通图就是应用网状模型的典型代表。

3. 关系模型

关系模型用二维表格的形式表示实体及实体型间的联系。关系模型是目前使用最多的数据模型,和层次模型及网状模型相比,关系模型有以下优点。

(1)数据结构单一

关系模型中,不管是实体还是实体之间的联系,都用关系来表示,而关系都对应一张二维数据表,数据结构简单、清晰。

(2)关系规范化,并建立在严格的理论基础上

构成关系的基本规范要求关系中每个属性不可再分割,同时将关系建立在具有坚实理论基础的严格数学概念上。

(3)概念简单,操作方便

关系模型最大的优点就是简单,用户容易理解和掌握,一个关系就是一张二维表格,用户只需用简单的查询语言就能对数据库进行操作。

6.3　关系数据库

数据库的关系模型于 1970 年由 IBM San Jose 研究实验室的 E. F. Codd 首先提出。关系数据库模型由表集合而成,更准确地说是由"关系"集合而成。

6.3.1　基本概念

1. 关系

关系就是二维表,一个关系对应着一个二维表。关系应满足如下性质:

(1)关系表中的每一列都是不可再分的基本属性;

(2)表中的行、列次序可任意排列。

2. 元组

表中的一行即为一个元组,也叫作一个记录。如表 6.1 所示,该表中有两个元组。

表 6.1　学生

学号	姓名	性别	出生日期	班级	籍贯
00100101	田田	女	1992-12-29	计算机 11-1 班	辽宁
00100102	李涛	男	1990-03-08	计算机 11-2 班	山东

表 6.2　选课

学号	课程编号	成绩
00100101	001	90
00100101	002	95

3. 属性

表中的一列即为一个属性,每一个属性的名称即属性名。如表 6.1 中有"姓名"等 6 个属性。同一关系中的属性名不能重复。

4. 主键

主键也称主关键字,是能唯一确定一条记录的属性或属性组。主键可由一列或多列共同组成。例如,表 6.1 中,"学号"可以唯一确定一个学生,则可被定义为主键;表 6.2 中,"学号"和"课程编号"属性组为主键,因为一门课程可以被多个学生选,一个学生也可以选多门课程,只有学号、课程编号组合起来才能唯一确定一条记录。定义了主键之后,关系中任意两个元组不能完全相同,即两个元组对应的属性的值不能完全相同。

5. 域

域是属性的取值范围,如性别的域是"男"和"女"。

6. 外部关键字

如果表中的一个字段不是本表的关键字,而是另外一个表的关键字,那么这个字段就称为外关键字。

7. 关系模式

关系模式是对关系的描述,一般形式为

关系名(属性 1,属性 2,…,属性 n)。

例如,在学生成绩管理系统中,学生、课程以及选课之间的联系在关系模型中可以有如下表示。

学生(学号、姓名、性别、出生日期、班级、籍贯);

课程(课程编号、课程名称、总学时、学分);

选课(学号、课程编号、成绩)。

6.3.2　关系数据库的主要特点

1. 关系必须是规范化的,要满足一定的规范条件。最基本的规范条件是,每个属性必须是一个不可分的数据单元,即表中不能再包含表。

2. 在同一个关系中不能出现相同的属性名,即同一表中不允许有相同的字段名。

3. 关系中不允许有完全相同的元组,即不允许出现冗余现象,以确保实体的唯一性和完整性。

4. 在一个关系中行和列的顺序可以是任意的。在实际应用中可以根据不同要求对记录进行重新排列。

6.3.3　关系的基本运算

进行运算的两个关系必须具有相同的关系模式,即元组具有相同结构。

1. 并。将两个关系的元组合并。

例:将一个班的学生记录追加到另一个班的学生记录后面。

2. 差。从一个关系中去掉另一个关系中也有的元组。

例:选修了大学计算机基础,但没有选修数据库的学生。

3. 交。两个关系的共同元组。

例:既选修了大学计算机基础,又选修了数据库的学生。

4. 选择。从关系中找出满足给定条件的元组的操作。选择的条件以逻辑表达式给出,使逻辑表达式为真的元组将被选取。

例:从教师表中找出职称为"教授"的教师。

5. 投影。从关系模式中指定若干属性组成新的关系。投影是从列的角度进行的运算,相当于对关系进行垂直分解。

例:从学生关系中查询学生的姓名和班级。

6. 联接。关系的横向结合,将两个关系模式拼接成一个更宽的关系模式,生成的新关系中包含满足联接条件的元组,并通过联接条件来控制。

例:对两个表进行操作,如图 6.5 所示。

"教师"表

教师编号	教师姓名	课程号
01011	张凤阳	201
01001	李惠山	101
02005	陈可	501
02019	刘小鹏	

(a)

"课程"表

课程号	课程名称	学分	学时
101	微观经济学	3	3
102	货币银行学	3	3
201	英语写作	3	3
203	英国文学赏析	3	3
501	大学计算机基础	3	4

(b)

联接运算

教师编号	教师姓名	课程名称	学分	学时
01011	张凤阳	英语写作	3	3
01001	李惠山	微观经济学	3	3
02005	陈可	大学计算机基础	3	4

(c)

图 6.5　两个表的联接运算

6.3.4 关系完整性约束

关系完整性是为保证数据库中数据的正确性和相容性,对关系模型提出的某种约束条件或规则。在关系模型中有 3 类完整性约束:实体完整性、参照完整性、用户定义完整性。

(1) 实体完整性

实体完整性规则:若属性 A 是基本关系 R 的主属性,则属性 A 不能取空值。

实体完整性规则规定基本关系的所有主属性(主键)不能取空值。实体完整性检查首先检查主键是否唯一,如果不唯一则拒绝操作,其次检查主键是否为空,如果为空则拒绝操作。

(2) 参照完整性

由于现实世界中的实体之间存在着某种联系,在关系模型中实体及实体间的联系都是用关系来描述的,这样就必然存在关系与关系之间的引用。引用时必须取基本表中已经存在的值,这就是参照完整规则。

(3) 用户定义完整性

用户定义完整性是针对某一具体应用所定义的约束条件,由应用环境决定。它反映某一具体应用所涉及的数据必须满足的语义要求。

6.4 实时数据库基础

6.4.1 实时数据库简介

实时数据库系统是开发实时控制系统、数据采集系统、控制信息管理系统等的支撑软件。在流程行业中,大量使用实时数据库系统进行控制系统监控、系统先进控制和优化控制,并为企业的生产管理和调度、数据分析、决策支持及远程在线浏览提供实时数据服务和多种数据管理功能。实时数据库已经成为企业信息化的基础数据平台,可直接实时采集、获取企业运行过程中的各种数据,并将其转化为对各类业务有效的公共信息,满足企业生产管理、企业过程监控、企业经营管理之间对实时信息完整性、一致性,以及安全共享的需求,可为企业自动化系统与管理信息系统间建立起信息沟通的桥梁,帮助企业的各专业管理部门利用这些关键的实时信息,提高生产销售的营运效率。

实时数据库的一个重要特性就是实时性,包括数据实时性和事务实时性。作为实时数据库,不能不考虑数据实时性。一般数据的实时性主要受现场设备的制约,特别是对于一些比较老的系统而言,情况更是如此。事务实时性是指数据库对其事务处理的速度。它可以是事件触发方式或定时触发方式。事件触发是指该事件一旦发生可以立刻获得调度,这类事件可以得到立即处理,但是比较消耗系统资源;而定时触发是在一定时间范围内获得调度权。作为一个完整的实时数据库,就系统的稳定性和实时性而言,必须同时提供两种调度方式。

针对不同行业不同类型的企业,实时数据库的数据来源方式也各不相同。总的来说,数据的主要来源有 DCS 控制系统、由组态软件＋PLC 建立的控制系统、数据采集系统(SCADA)、关系数据库系统以及直接连接硬件设备和通过人机界面人工录入的数据。根据采集的方式方法可以分为支持 OPC 协议的标准 OPC 方式、支持 DDE 协议的标准 DDE 通信方式、支持 MODBUS 协议的标准 MODBUS 通信方式、通过 ODBC 协议的 ODBC 通信方式、通过 API 编写的专有通信方式、通过编写设备的专有协议驱动方式等。

6.4.2　实时数据库作用

对于现代工业企业，如何使决策者可以随时查看生产过程数据，以便快速地做出正确的商业决策，是企业信息化建设的关键。在企业 MES 所关注的各项资源中，生产过程信息依然是重要的资源，如果不能解决生产过程信息实时有效上传的问题，将仍然无法充分利用和保障 MES 及 ERP 管理系统。

企业 MES 的核心是实时历史数据库，工厂的历史数据对公司来说是很有价值的，实时数据库的核心就是数据档案管理，它采集并存储与流程相关的上千点数据。经验告诉我们，现在很难知道将来进行分析时哪些数据是必需的，因此，保存所有的数据是防止丢失所需信息的最好方法。此外，要改进产品，就必须具备与之相关的物料信息，并了解当前和过去的操作状态。通过实时数据库采集、存储流程信息，来指导工艺改进、降低物料投入、增加产量。极星实时数据库采用了当今先进的并行计算技术和分布式系统架构，对实时、准实时数据进行高效的数据压缩和长期的历史存储，同时提供高速的实时、历史数据服务，使企业的管理人员能及时、全面地掌握生产、销售情况，提升资源利用率和生产可靠性，从而增强企业的核心竞争力。

实时数据库为最终用户提供了快捷、高效的工厂信息，由于工厂实时数据存放在统一的数据库中，工厂中的所有人，无论在什么地方都可看到和分析相同的信息，客户端的应用程序使用户很容易对工厂实施管理，诸如工艺改进、质量控制、故障预防和维护等。通过实时数据库可集成产品计划、维护管理、专家系统、化验室信息系统、模拟与优化等应用程序，在业务管理和实时生产之间起到桥梁作用。

一个实时数据库系统的优劣，主要体现在它提供的功能是否齐备，系统性能是否优越，以及能否有效地完成各种数据操作和事务管理。

6.5　数据库系统应用

随着信息社会的快速发展，数据库系统已经应用在社会的各个领域，如以数据库为基础的图书管理系统、财务管理系统等。无论是面向外部提供信息服务的开放式信息系统，还是面向内部提供管理功能的管理信息系统，从应用的技术角度而言，都是数据库应用系统。

现在，常见的数据库系统主要是专用数据库应用系统、电子商务系统、数据仓库和数据挖掘分析系统等。

6.5.1　专用数据库应用系统

专用数据库应用系统是指为了某一特定的数据库应用而开发的完整的并且具有自治能力的数据库应用系统。系统能够完成对数据的专用管理，且能够独立运行。

专用数据库应用系统是数据库技术应用的主要领域，例如，教学管理系统、银行管理系统、税务管理系统等。

6.5.2 电子商务系统

电子商务是指以数据库技术、信息网络技术为手段,以商品交换为中心的商务活动,也可理解为在互联网(Internet)、企业内部网(intranet)和增值网(value added network,VAN)上以电子交易方式进行交易活动和相关服务的活动,是传统商业活动各环节的电子化、网络化。电子商务系统是电子商务的核心,电子商务的部分前台动态管理和整个后台管理都依靠数据库系统完成数据管理,如网上售票系统等。

6.5.3 数据仓库与数据挖掘分析系统

数据仓库(data warehouse)主要用于支持企业的决策分析处理,它是一个不可更新的随时间不断变化的、集成的、面向主题的数据集合。

数据挖掘是从大量的、不完全的、有噪声的、模糊的、随机的实际数据中,提取隐含在其中的人们所不知道但又是潜在有用的信息和知识的过程。

数据仓库与数据挖掘分析系统是指融合多学科技术的数据挖掘模型并基于多维数据模型的数据仓库技术而开发的、便于高层领导者使用的、用于数据分析的高层次数据库分析系统。它的主要功能是利用数据挖掘模型,从数据仓库中挖掘出有决策作用的信息,便于更高层次的知识表达和数据分析。

数据仓库与数据挖掘分析系统已经应用到银行服务分析与预测、保险评估分析、电信服务分析与预测、证券投资分析等多个行业,是数据库技术应用的主要领域之一。

6.6 常用的数据库管理系统简介

目前市场上比较流行的数据库管理系统产品主要有 IBM、Oracle、Microsoft 和 MySQL、Sybase 等公司的产品,下面对常用的几种数据库管理系统做简要的介绍。

6.6.1 DB2

DB2 是 IBM 公司的产品,是一个多媒体、Web 关系型数据库管理系统,其功能足以满足大中公司的需要,并可灵活地服务于中小型电子商务解决方案。DB2 系统在企业级的应用中十分广泛,目前全球 DB2 系统用户数量超过 6 000 万,分布于约 40 万家公司。1968 年 IBM 公司推出的 IMS(Information Management System)是层次数据库系统的典型代表,是第一个大型的商用数据库管理系统。1970 年,IBM 公司的研究员首次提出了数据库系统的关系模型,开创了数据库关系方法和关系数据理论的研究,为数据库技术奠定了基础。目前 IBM 仍然是最大的数据库产品提供商(在大型机领域处于垄断地位),100%的财富 100 强企业和 80%的财富 500 强企业都使用了 IBM 的 DB2 数据库产品。DB2 另一个非常重要的优势在于它的成熟应用非常丰富,有众多的应用软件开发商围绕在 IBM 的周围。2001 年,IBM 公司兼并了世界排名第 4 的著名数据库公司 Informix,并将其所拥有的先进特性融入 DB2 中,使 DB2 系统的性能和功能有了进一步的提高。

DB2 数据库系统采用多进程多线索体系结构,可以运行于多种操作系统之上,并根据相应平台环境做出调整和优化,以便能够达到较好的性能。DB2 目前支持从 PC 到 UNIX,

从中小型机到大型机,从 IBM 到非 IBM 的各种操作平台,可以在主机上以主/从方式独立运行,也可以在客户机/服务器环境中运行。其中服务平台可以是 OS/400、AIX、OS/2、HP-UNIX、SUN-Solaris 等操作系统,客户机平台可以是 OS/2 或 Windows、DOS、AIX、HP-UX、SUN Solaris 等操作系统。DB2 数据库系统的特色有以下几点。

(1)支持面向对象的编程。DB2 数据库系统支持复杂的数据结构,如无结构文本对象,可以对无结构文本对象进行布尔匹配、最接近匹配和任意匹配等搜索,可以建立用户数据类型和用户自定义函数。

(2)支持多媒体应用程序。DB2 数据库系统支持大二分对象(BLOB),允许在数据库中存取二进制大对象和文本大对象。其中,二进制大对象可以用来存储多媒体对象。

(3)强大的备份和恢复能力。

(4)支持存储过程和触发器。用户可以在建表时定义复杂的完整性规则。

(5)支持标准 SQL 语言和 ODBC、JDBC 接口。

(6)支持异构分布式数据库访问。DB2 数据库系统具有与异种数据库相连的 gateway,便于进行数据库互访。

(7)支持数据复制。

(8)并行性较好。DB2 数据库系统采用并行的、多节点的环境,数据库分区是数据库的一部分,包含自己的数据、索引、配置文件和事务日志。

6.6.2 SQL-Server

SQL Server 是微软公司开发的大型关系型数据库系统。SQL Server 的功能比较全面,且效率高,可以作为大中型企业或单位的数据库平台。SQL Server 在可伸缩性与可靠性方面做了许多工作,近年来在许多企业的高端服务器上得到了广泛的应用,同时,该产品继承了微软产品界面友好、易学易用的特点,与其他大型数据库产品相比,在操作性和交互性方面独树一帜。SQL Server 可以与 Windows 操作系统紧密集成,这种安排使 SQL Server 能充分利用操作系统所提供的特性,不论是应用程序开发速度还是系统事务处理运行速度,都能得到较大的提升。另外,SQL Server 可以借助浏览器实现数据库查询功能,支持内容丰富的扩展标记语言(XML),并且提供了全面支持 Web 功能的数据库解决方案。对于在 Windows 平台上开发的各种企业级的信息管理系统来说,不论是 C/S(客户机/服务器)架构还是 B/S(浏览器/服务器)架构,SQL Server 都是一个很好的选择。SQL Server 的缺点是只能在 Windows 系统下运行。

SQL Server 数据库系统的特点如下。

(1)高度可用性。SQL Server 数据库系统借助日志传送、在线备份和故障群集,实现了业务应用程序可用性的最大化目标。

(2)可伸缩性。SQL Server 数据库系统可以将应用程序扩展至配备 32 个 CPU 和 64 GB 系统内存的硬件解决方案。

(3)安全性。SQL Server 数据库系统借助基于角色的安全特性和网络加密功能,确保应用程序能够在任何网络环境下均处于安全状态。

(4)分布式分区视图。SQL Server 数据库系统可以在多个服务器之间针对工作负载进行分配,获得额外的可伸缩性。

（5）索引化视图。SQL Server 数据库系统通过存储查询结果并缩短响应时间的方式从现有硬件设备中挖掘出系统性能。

（6）虚拟接口系统局域网络。SQL Server 数据库系统借助虚拟接口系统局域网络（VISAN）的内部支持特性，改善系统整体性能表现。

（7）复制特性。SQL Server 数据库系统借助 SQL Server 实现与异类系统间的合并、事务处理与快照复制特性。

（8）纯文本搜索。SQL Server 数据库系统可同时对结构化和非结构化数据进行使用与管理，并能够在 Microsoft Office 文档间执行搜索操作。

（9）内容丰富的 XML 支持特性。SQL Server 数据库系统通过使用 XML 的方式，对后端系统与跨防火墙数据传输操作之间的集成处理过程实施简化。

（10）与 Microsoft BizTalk Server 和 Microsoft Commerce Server 这两种 .NET 企业服务器实现集成。SQL Server 可与其他 Microsoft 服务器产品高度集成，提供电子商务解决方案。

（11）支持 Web 功能的分析特性。SQL Server 数据库系统可对 Web 访问功能的远程 OLAP 多维数据集的数据资料进行分析。

（12）Web 数据访问。在无须进行额外编程工作的前提下，以快捷的方式，借助 Web 实现与 SQL Server 数据库和 OLAP 多维数据集之间的网络连接。

（13）应用程序托管。SQL Server 数据库系统具备多实例支持特性，使硬件投资得以全面利用，以确保多个应用程序的顺利导出或在单一服务器上的稳定运行。

（14）点击流分析。获得有关在线客户行为的深入理解，以制定出更加理想的业务决策。

6.6.3　Sybase

Sybase 公司成立于 1984 年 11 月，其主要产品有 Sybase 的旗舰数据库产品 Adaptive Server Enterprise、Adaptive Server Replication、Adaptive Server Connect 及异构数据库互连选件。SybaseASE 是其主要的数据库产品，可以运行在 UNIX 和 Windows 上。移动数据库产品 Adaptive Server Anywhere、Sybase Warehouse Studio 在客户分析、市场划分和财务规划方面提供了专门的分析解决方案。Warehouse Studio 的核心产品有 Adaptive Server IQ，其专利化的从底层设计的数据存储技术能快速查询大量数据。围绕 Adaptive Server IQ 有一套完整的工具集，包括数据仓库或数据集市的设计、各种数据源的集成转换，信息的可视化分析，以及关键客户数据（元数据）的管理。

Internet 应用方面的产品有中间层应用服务器以及强大的 RAD 开发工具 PowerBuilder 和业界领先的 4GL 工具。

Sybase 数据库系统的特点有以下几个：

（1）完全的客户机/服务器体系结构，能适应 OLTP（on-line transaction processing）要求，能为数百个用户提供高性能服务；

（2）采用单进程多线索（single process and multi-threaded）技术进行查询，节省系统开销，提高内存的利用率；

（3）虚拟服务器体系结构与对称多处理器（SMP）技术结合，充分发挥多 CPU 硬件平台的高性能；

（4）数据库管理系统 DBA 可以在线调整、监控数据库系统的性能；

（5）提供日志与数据库的镜像，提高了数据库的容错能力；

（6）支持计算机簇（cluster）环境下的快速故障切换；

（7）通过存储和触发器（trigger）由服务器制约数据的完整性；

（8）支持多种安全机制，可以对表、视图、存储过程和命令进行授权；

（9）分布式事务处理采用 2PC（two phase commit）技术访问，支持 Image 和 Text 的数据类型，为工程数据库和多媒体应用提供了良好的基础。

6.6.4 FoxPro

Visual FoxPro 是微软公司开发的一个微机平台关系型数据库系统，支持网络功能，适合作为客户机/服务器，以及 Internet 环境下管理信息系统的开发工具。Visual FoxPro 的设计工具、面向对象的以数据为中心的语言机制、快速数据引擎和创建组件功能使它成为一种功能较为强大的开发工具，开发人员可以使用它开发基于 Windows 分布式内部网应用程序（Windows Distributed interNet Applications -DNA）。

Visual FoxPro 是在 dBASE 和 FoxBase 系统的基础上发展而成的。80 年代初期，dBASE 成为 PC 上最流行的数据库管理系统。当时大多数的管理信息系统采用了 dBASE 作为系统开发平台。后来出现的 FoxBase 几乎完全支持 dBASE 的功能，已经具有了强大的数据处理能力。Visual FoxPro 的出现是 xBASE 系列数据库系统的一个飞跃，给 PC 数据库开发带来了革命性的变化。Visual FoxPro 不仅在图形用户界面的设计方面采用了一些新的技术，还提供了所见即所得的报表和屏幕格式设计工具，同时，增加了 Rushmore 技术，使系统性能有了本质的提高。Visual FoxPro 只能在 Windows 系统下运行。Visual FoxPro 的主要功能有：

（1）创建表和数据库，将数据整理、保存，并且进行数据管理；

（2）使用查询和视图，从已建立的表和数据库中查找满足一定筛选条件的数据；

（3）使用表单，设计功能强大的用户界面，使操作更加简便；

（4）使用报表和标签，可以将统计或查找到的结果打印成报表文档。

使用 Visual FoxPro 开发一个应用程序时，需要创建相应的表、数据库、查询、视图、报表、标签、表单和程序等。Visual FoxPro 提供了大量可视化的设计工具和向导。使用这些工具和向导，可以快速、直观地创建以上各种组件。另外，可以使用项目管理器管理系统中的所有文件，使程序的连接和调试更加简便。

Visual FoxPro 的主要特点有以下几点。

（1）增强的项目及数据库管理。Visual FoxPro 提供了一个进行集中管理的环境，可以对项目及数据有更强的控制，可以创建和集中管理应用程序中的任何元素，便于更改数据库中对象的外观。

（2）简便、快速、灵活的应用程序开发。Visual FoxPro 提供了"应用程序向导"功能，可以快速开发应用程序，同时，界面和调试环境的可操作程度较高，可以较方便地分析和调试应用程序的项目代码。

（3）不用编程就可以创建界面。Visual FoxPro 组件实例中收集了一系列应用程序组件,用户可以利用这些组件解决现实世界的问题。

（4）提供了面向对象程序设计。在支持面向过程的程序设计方式的同时,Visual FoxPro 提供了面向对象程序设计的能力,借助 Visual FoxPro 的对象模型,可以充分使用面向对象程序设计的所有功能,包括继承性、封装性、多态性和子类。

（5）使用了优化应用程序的 Rushmore 技术。Rushmore 是一种从表中快速选取记录集的技术,它可将查询响应时间从数小时或数分钟降低到数秒,可以显著地提高查询的速度。

（6）支持项目小组协同开发。如果几个开发者开发一个应用程序,可以同时访问数据库组件。若要跟踪或保护对源代码的更改,还可以使用带有"项目管理器"的源代码管理程序。

（7）可以开发客户机/服务器解决方案,增强客户机/服务器性能。

（8）支持多语言编程。Visual FoxPro 支持英语、冰岛语、日语、朝鲜语,以及汉语等多种语言的字符集,能在多个领域提供对国际化应用程序开发的支持。

6.6.5 Access

Access 是微软 Office 办公套件中的一个重要成员。自从 1992 年开始销售以来,Access 已经卖出了超过 6 000 万份,现在它已经成为世界上最流行的桌面数据库管理系统。和 Visual FoxPro 相比,Access 更加简单易学,即使是普通的计算机用户也可掌握并使用它,同时,Access 的功能也足以应付一般的小型数据管理。无论用户是要创建一个供个人使用的独立的桌面数据库,还是供部门或中小公司使用的数据库,在需要管理和共享数据时,都可以使用 Access 作为数据库平台,提高个人的工作效率。例如,可以使用 Access 处理公司的客户订单数据,管理自己的个人通信录,记录和处理科研数据等。Access 只能在 Windows 系统下运行。

Access 最大的特点是界面友好、简单易用,和其他 Office 成员一样,极易被一般用户所接受,因此,在许多低端数据库应用程序中,经常使用 Access 作为数据库平台,很多用户在初次学习数据库系统时,也是从 Access 开始的。

Access 的主要功能有:

（1）使用向导或自定义方式建立数据库,完成表的创建和编辑功能;

（2）定义表的结构和表之间的关系;

（3）图形化查询功能和标准查询;

（4）建立和编辑数据窗体;

（5）报表的创建、设计和输出;

（6）数据分析和管理功能;

（7）支持宏扩展(Macro)。

6.6.6 Oracle

Oracle 数据库被认为是业界目前比较成功的关系型数据库管理系统。Oracle 公司是世界第二大软件供应商,是数据库软件领域第一大厂商(大型机市场除外)。Oracle 的数据库产品被认为是运行稳定、功能齐全、性能超群的贵族产品。这反映了它在技术方面的领先,也反映了它的价格定位高。对于数据量大、事务处理繁忙、安全性要求高的企业,Oracle 无疑是比较理想的选择(当然用户必须在费用方面做出充足的考虑,因为 Oracle 数据库在同类产品中是比较贵的)。Internet 的普及带动了网络经济的发展,Oracle 适时地将自己的产品与网络计算紧密结合起来,成为 Internet 应用领域数据库厂商中的佼佼者。

Oracle 数据库可以运行在 UNIX、Windows 等主流操作系统平台上,完全支持所有的工业标准,并获得最高级别的 ISO 标准安全性认证。Oracle 采用完全开放的策略,可以使客户选择最适合的解决方案,同时对开发商提供全力支持。Oracle 数据库系统的特点有以下几个。

(1) 无范式要求,可根据实际系统需求构造数据库。

(2) 采用标准的 SQL 结构化查询语言。

(3) 具有丰富的开发工具,覆盖开发周期的各阶段。

(4) 数据类型支持数字、字符,大至 2 GB 的二进制数据为数据库的面向对象存储提供数据支持。

(5) 具有第 4 代语言的开发工具(SQL * FORMSSQL * REPORTS、SQL * MENU 等)。

(6) 具有字符界面和图形界面,易于开发。Oracle 7 以后的版本具有面向对象的开发环境 CDE2。

(7) 通过 SQL 中的 DBA 控制用户权限,提供数据保护功能,监控数据库的运行状态,调整数据缓冲区的大小。

(8) 分布优化查询功能。

(9) 具有数据透明、网络透明的特点,支持异种网络、异构数据库系统,并行处理采用动态数据分片技术。

(10) 支持客户机/服务器体系结构及混合的体系结构(集中式、分布式、客户机/服务器)。

(11) 实现了两阶段提交、多线索查询手段。

(12) 支持多种系统平台(Linux、HPUX、SUNOS、OSF/1、VMS、Windows、OS/2)。

(13) 保护措施:没有读锁,采取快照 SNAP 方式完全消除了分布读写的冲突。自动检测死锁冲突并解决。

(14) 数据安全级别为 C2 级(最高级)。

(15) 数据库内模支持多字节码制,支持多种语言文字编码。

(16) 具有面向制造系统的管理信息系统和财务应用系统。

(17) Oracle 服务器用户支持超过 10 000 个。

本 章 小 结

在人们日常生活与工作中,数据库扮演着重要的角色,掌握数据库技术基础知识,会使用数据库应用软件,已经成为现代社会对大学生的基本要求。

本章主要目的是帮助读者掌握数据库、数据库系统、数据库管理系统的概念以及相互之间的联系;理解数据库的重要作用、构成数据库系统的 4 个组成部分,以及数据库管理系统的主要功能;了解常见的数据模型,并重点掌握关系数据库的相关概念、基本运算以及关系完整性约束;对实时数据库有深刻的认识;清楚数据库系统应用的主要领域;了解常用的数据库管理系统以及其所具有的特点。

习　题

1. 名词解释

(1) 数据库;

(2) 数据库管理系统;

(3) 数据库系统;

(4) 数据完整性约束;

(5) 概念模型;

(6) 数据模型;

(7) 关系;

(8) 实时数据库。

2. 填空

(1) 数据库系统是指采用数据库技术的计算机应用系统,包括_____、_____、_____、_____ 4 个部分。

(2) 数据模型的组成要素有 3 个,分别是_____、_____和_____。

(3) 数据库管理系统支持的数据模型包括_____、_____和_____ 3 种。

(4) 关系模型用_____的形式表示实体及实体型间的联系。

(5) 关系模型中,一个关系对应一张二维表,表中的一行称为一个_____,表中的一列称为一个_____。

(6) 属性的取值范围称为_____。

(7) 事物间的联系可分为_____、_____、_____ 3 种。

(8) 在关系数据库的基本操作中,从表中取出满足条件元组的操作称为_____;把两个关系中相同属性值的元组联结到一起形成新的二维表的操作称为_____;从表中抽取属性值满足条件列的操作称为_____。

3. 问答题

(1) 数据库管理系统提供的主要功能是什么?

(2) 举例说明实体集之间一对一、一对多和多对多的联系。

(3) 目的什么是 E-R 图?简述 E-R 图的建立过程。

（4）关系模型相比于其他模型有哪些优点？

（5）关系模式的一般形式是什么？

（6）常用的关系基本运算有哪些？

（7）简述关系模型的完整性约束条件。

（8）常用的数据库管理系统有哪些？

（9）简述 Oracle 数据库系统的特点。

第 7 章　软件工程基础

7.1　软件工程概述

7.1.1　软件危机

伴随着计算机系统所经历的 4 个发展阶段,电子管、晶体管、集成电路及超大规模集成电路,相应地,软件的发展也经历了 4 个阶段。20 世纪 60 年代中期以前是计算机系统发展的早期时代,也是软件的程序时代。在这一时期,软件相当于程序,主要用于科学计算。20 世纪 60 年代中期到 70 年代中期进入到软件时代,此时软件逐步商品化,分为程序和使用说明两部分。70 年代中期到 80 年代中期是软件工程时代,这一时期软件包含了程序和文档两部分,总体已经规范化、工程化。80 年代中期至今,软件已经信息化,进入了软件产业时代,出现了"软件作坊"。

虽然计算机硬件技术的迅猛发展使计算机得以普及,但是至今为止,软件的开发仍然没有完全摆脱手工艺的开发形式,从而限制了软件开发的效率,同时由于计算机应用越来越普及,软件的需求也越来越大,而软件文档编写不规范等原因,导致软件后期维护所需要的工作量膨胀到了很大的地步,于是出现了"软件危机"。

软件危机是指在计算机软件的开发和维护过程中所遇到的一系列严重问题。概括地讲,软件危机主要包含"如何开发软件,以满足人们逐日增加的软件需求"和"如何维护数量逐渐膨胀的已有软件"两个方面。

具体来说,软件危机主要表现为:

(1) 对软件开发成本和进度的估计不准确;

(2) 用户对已完成的软件不满意;

(3) 软件产品的质量低下;

(4) 软件可维护性较差;

(5) 文档资料的缺乏和不规范;

(6) 软件成本相对于硬件成本,在逐年上升;

(7) 软件产品供不应求。

7.1.2　软件工程

产生软件危机的根本原因在于软件开发的"手工作坊"模式,人们错误地认为软件的开发过程就是程序的编译,甚至直接将软件等同于程序。软件工程的逐步成熟使其成为解决软件危机的根本办法。

采用工程的概念、原理、技术和方法来开发与维护软件,把经过时间考验且证明正确的管理技术和当前能够得到的最好的技术方法结合起来,经济地开发出高质量的软件,并有效地维护它,这就是"软件工程"。

软件工程涉及广泛,它几乎遍及了计算机科学的所有学科,但是它又不同于计算机科学。相对于计算机科学着重理论研究的特点,软件工程更侧重于研制和开发具体的软件系统。

软件是一种逻辑实体,在开发过程中能见度低,以至于难以控制进度、保障质量,所以对于软件生产的管理也是十分重要的。经过不断的探索和改进,逐步形成了软件工程的7条基本原则:

(1)用分阶段的生命周期计划严格管理;

(2)坚持进行阶段评审;

(3)实行严格的产品控制;

(4)采用现代程序设计技术;

(5)结果应能清楚地审查;

(6)开发小组的人员应该少而精;

(7)承认不断改进软件工程实践的必要性。

7.1.3　软件生命周期

软件生命周期是指从用户提出开发要求到软件停止服务的这段时间。软件生命周期又可分为软件定义、软件开发和运行维护(软件维护)3个时期,其中每个时期又由若干个阶段所组成,如图7.1所示。

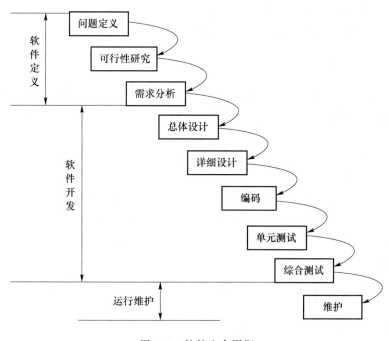

图 7.1　软件生命周期

1. 软件定义时期分为问题定义、可行性研究、需求分析 3 个阶段。

（1）问题定义是要确定待开发的软件系统所要解决的问题。就像日常工作一样，在目的不明确时就开始工作，会导致目标的偏移和资源的浪费，所 1 以在这一阶段要对用户进行访问调查，并且就问题性质、工程目标以及工程规模形成书面报告。

（2）可行性研究是要以最小的代价确定上一阶段所确定的目标能否实现。在这一阶段中，不仅要进一步确定待开发软件系统的总目标，还要给出功能、性能、可靠性以及接口等方面的要求，同时估计可利用的资源、成本、效益、开发进度，以便于制定出实施计划，连同可行性研究报告，提交管理部门审查。

（3）需求分析是对待开发软件提出的需求进行分析并给出详细的定义。在这一阶段中要形成软件需求说明书或系统功能说明书，以及初步的系统用户手册并且提交管理机构进行评审。

2. 软件开发时期则由总体设计、详细设计、编码和单元测试、综合测试 4 个阶段组成。

（1）总体设计阶段把各项需求转换成软件的体系结构，而结构中的每一个组成部分都是意义明确的模块，每个模块都和某些需求相对应。

（2）详细设计是对每个模块要完成的工作进行具体的描述，为源程序的编写打下基础。在设计阶段，无论是总体设计还是详细设计都需要形成设计说明书并且提交评审。

（3）编码是把软件设计转换成计算机可以接受的程序代码，并且要求写出的程序结构良好、清晰易读，还要与设计保持一致；单元测试是查找各模块在功能和结构上存在的问题并加以纠正。一般情况下，都是将单元测试与编码并在一起，作为一个阶段。通过后面对测试阶段的学习，我们将会对这一阶段有进一步的理解。

（4）综合测试将已测试过的模块按一定顺序组装起来，并按规定的各项需求，逐项进行有效性测试，确定已开发的软件是否合格，能否交付用户使用。

维护时期主要是使软件能够持久地满足用户需求，保证系统持续稳定运行。

7.1.4　软件过程

软件过程是指软件生命周期中的一系列相关过程，是将用户需求转化为可执行系统的演化过程中所进行的所有软件工程的活动，是用于生产软件产品的工具、方法和实施的集合。

过程定义了使用方法的顺序、文档资料、为保障软件质量和进度控制所需的管理措施，以及软件开发各个阶段完成的标志。

生命周期模型规定了生命周期的划分以及各阶段的执行顺序，所以我们用生命周期模型来描述软件过程。经典的模型有瀑布模型、快速原型模型、增量模型、螺旋模型和喷泉模型。这里我们主要了解前 4 个经典模型。

1. 瀑布模型

瀑布模型是所有生命周期模型中应用最为广泛的一种。为了能更好地了解这一模型，我们先来了解一下传统瀑布模型（见图 7.2）的特点。

1）各个阶段间有着顺序性和依赖性

这一特点有着两层含义：（1）各个阶段的工作必须按顺序完成，也就是说，想开展后一阶段的工作必须先完成前一阶段的工作；（2）各个阶段的文档也必须按顺序完成，也就是说，前一阶段的输出文档和后一阶段的输入文档是同一个文档,因此,后一阶段的工作能获得正确结果的前提是前一阶段的输出文档是正确的。

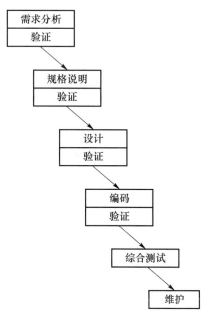

图 7.2 传统的瀑布模型

2)推迟实现的观点

实践表明,对一些规模较大的软件项目而言,编码开始得越早往往导致最终完成软件开发所需要的时间越长。这是因为,前面阶段的工作做得不扎实却过早地进入实现阶段,往往会导致大量返工,甚至带来灾难性的后果。

瀑布模型在编码之前设置了系统分析和设计的各个阶段,而分析与设计阶段主要考虑目标系统的逻辑模型,不涉及软件的物理实现,所以瀑布模型的重要指导思想就是要清楚地区分逻辑设计和物理设计,尽可能推迟程序的物理实现。

3)质量保证的观点

既然优质、高产是软件工程的基本目标,那我们在开发过程中就要为保证所开发软件的质量而努力,所以在瀑布模型的每个阶段都要坚持以下两个做法:(1)每个阶段所规定的文档都必须完成,若没有形成的合格文档就等于没有完成该阶段的任务。既完整又准确的合格文档是各类人员在软件开发时期相互通信的媒介,也是在运行时期维护人员对软件进行维护时所持的重要依据;(2)每个阶段结束前都要进行文档评审,这样可以尽早地发现问题,以便纠错。事实上,越早犯下的错误,暴露的时间越晚,纠错所要付出的代价也就越高,因此,及时审查对保证软件的质量、降低软件的成本来说是至关重要的。

但是传统瀑布模型存在太过于理想的缺陷,即人们不可能在工作中零错误,所以人们对传统瀑布模型进行了改进,形成了实际的瀑布模型(见图 7.3)。

当然瀑布模型之所以应用广泛还是因为其有着许多优点。它强迫开发人员必须采用规范的方法,同时严格地规定了每个阶段都必须形成规定的文档,并且每个阶段所提交的所有产品都必须经过仔细验证。

对于维护软件产品来说,各阶段产生的文档是必不可少的,而瀑布模型的文档约束恰恰使得软件便于维护。也就是说,在很大程度上,瀑布模型的成功源于它的文档驱动。

然而,瀑布模型的主要缺点也是它的文档驱动。在用户拿到可运行的软件产品之前,只能通过文档来了解产品的情况,但是,仅仅依靠写在纸上的、静态的规格说明来认识动态的软件产品,很难形成一个全面且正确的认识。而且大量事实表明,当一个用户开始使用软件时,他对于该软件的需求就会有或多或少地改变,以至于最初提出的需求不完全适用。总之,瀑布模型由于过于依赖书面规格说明而导致开发出的软件产品往往无法真正满足用户的需求。

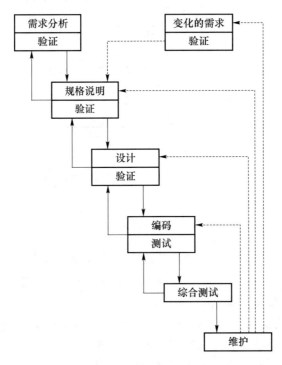

图 7.3 实际的瀑布模型

2. 快速原型模型

快速原型模型就是要首先快速建立起一个可以在计算机上运行的程序,亦是一个能反映用户主要需求的原型系统,以便于让用户通过在计算机上的试用来了解目标系统的概貌,如图 7.4 所示。

不带反馈环是快速原型模型的主要优点,而在快速原型模型中,基本上是按线性顺序开发软件产品的,有两个原因:(1)由于原型系统在与用户交互时已经得到了验证,所以根据它产生的规格说明文档是可以正确描述用户需求的,不会在后期因为规格说明文档的错误而大量返工;(2)开发人员在建立原型系统时已经了解到了许多相关信息(至少知道了系统不应该做的事情以及怎样才能使系统不做这些事情),从而也就降低了在设计和编码阶段出错的可能性,因此它的内部结构一点也不重要。总之,快速原型模型最重要的是要"快速",而且一旦确定了用户的需求,原型就会被抛弃。其实,快速原型模型与瀑布模型最大的差别就在于双方获取用户需求时所采用的方法不同。

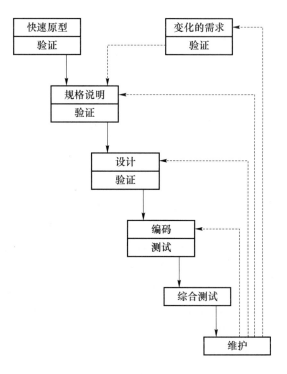

图 7.4 快速原型模型

3. 增量模型

增量模型也叫作渐增模型,是把软件产品作为一系列的增量构件来设计、编码、集成和测试,而这些构件由多个相互作用的模块组成,每个构件完成部分特定的功能,如图 7.5 所示。

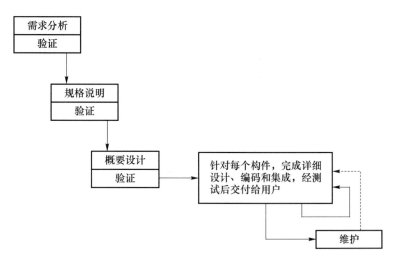

图 7.5 增量模型

当然将软件分解成构件并不是随意进行的,它必须遵守一个也是唯一的一个约束条件,即在现有软件中增加新构件后形成的产品必须是可测试的。

增量模型的优点：

（1）可以在较短时间让用户拿到一个可完成部分工作的产品；

（2）可以通过逐步增加产品功能来减少一个全新的软件可能带给客户的冲击，也就是说可以给用户比较充裕的时间来学习和适应新产品。

然而使用增量模型还是有一定困难的，首先要求将新的增量构件集成到现有软件产品中时不可以破坏原有产品，其次所设计的软件体系结构必须是开放的，以便将新构件集成到现有产品中。

4. 螺旋模型

没有一点风险的软件开发项目是不切实际的，任何软件开发项目都会有一定的软件风险，而且想要开发的项目越大，设计的软件越复杂，承担该项目所要冒的风险也越大，这是无法避免的。既然称之为风险，那么大家也可以从中体会出它是可能影响我们的开发进程的，其实软件风险会在不同程度上影响软件开发的过程和软件产品的质量。

因此，在软件开发的过程中要求能够及时识别、分析风险，并且采取适当措施来消减风险的危害。螺旋模型最基本的思想就是尽量降低软件风险，实际上螺旋模型就是在快速原型模型的每个阶段前都增加了一个风险分析的过程，如图 7.6 所示的螺旋模型的简易说明一样。完整的螺旋模型如图 7.7 所示。

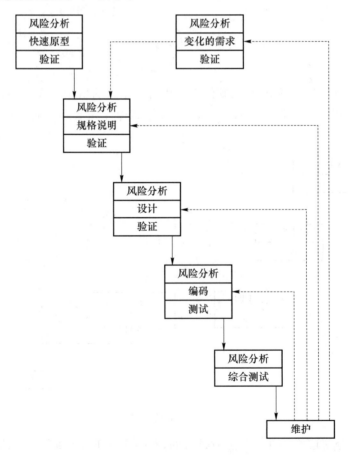

图 7.6　简化的螺旋模型

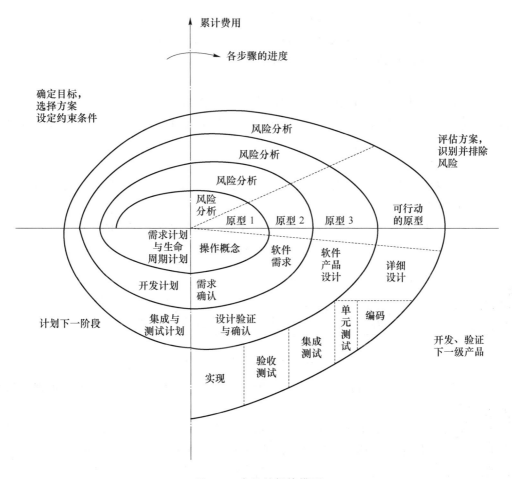

图 7.7 完整的螺旋模型

螺旋模型有 3 个优点:一是强调软件的重用性和对软件质量的要求;二是减少了测试不足或测试过多所带来的风险,前者产品故障多,后者浪费资金;三是维护和开发在螺旋模型中并没有本质区别。

7.2 软件的需求分析

通过上一节学习,我们已经知道了软件生命周期各时期的划分,也知道了软件定义时期分为问题定义、可行性研究、需求分析 3 个阶段,下面我们主要对需求分析展开介绍。

需求分析是软件定义时期的最后一个阶段,它的任务是确定所要开发的软件必须完成的工作有哪些,即对目标系统提出的要求必须完整、准确、清晰、具体。在需求分析过程中要建立 3 种模型——数据模型、功能模型和行为模型。它们分别用下面介绍的实体-联系图、数据流图和状态转换图来表示。

7.2.1 需求分析的过程

由于软件是为用户而开发的,所以需求分析阶段是由用户和分析员双方共同讨论协商完成的。要进行需求分析首先要获取用户需求。获取用户需求的方法主要有访谈、面向数据流自顶向下求精、简易的应用规格说明技术以及快速建立软件模型4种。

其中面向数据流自顶向下求精的步骤如图7.8所示。

1. 沿数据流图回溯

数据流图的输出端是系统的最终目的。确定每个数据元素的来源,可以细化数据流图和数据字典,并将相关算法记录在IPO图中。(IPO图是用于说明每个模块的输入、输出数据以及数据加工的一种图形工具。)

2. 用户复查

为了所开发的系统可以满足用户需求,需要用户再一次确认自己的需求,即用户复查。

3. 细化数据流图

要求细化前后的输入、输出必须相同,而且分解到要考虑具体实现的代码时即可停止。

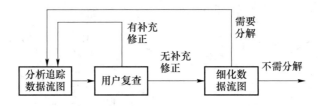

图7.8　面向数据流自顶向下求精过程

获取用户需求之后要对得到的结果进行分析。分析用户需求的主要目的是根据数据流逐步细化软件功能。

之后,还要形成软件需求规格说明书,将这些功能以书面形式体现出来。软件需求规格说明书主要由概述、数据描述、功能描述、性能描述、参考文献目录以及附录组成。当然,软件需求规格说明书的格式并不唯一,可以根据需求的不同各自更改。

最后,要对软件需求规格说明书进行评审。若评审没有通过,则要重新进行需求分析。

7.2.2　结构化分析方法

需求分析方法有结构化方法、面向对象方法、原型方法、用例建模等多种方法,这里就以结构化方法为例做简单介绍。

1. 结构化分析的基本思想及步骤

结构化分析(structured analysis,SA)方法采用的基本手段是"分解"和"抽象",自顶向下逐层分解。也就是说,将一个很复杂的系统分成若干个子系统,若子系统仍然很复杂,将子系统继续划分,直到划分成易于实现的子系统为止。

在需求分析阶段利用SA方法的具体步骤如下。

(1)了解当前的现实环境,建立当前系统的物理模型。建立当前系统的物理模型就是要对当前环境进行详细调查,做到充分理解当前环境,然后利用图形的手段将其表示出来。

(2)建立当前系统的逻辑模型。当前系统的物理模型反映的是要"怎么做",而当前系统的逻辑模型是在物理模型的基础上抽象出系统要"做什么"。

(3)建立目标系统的逻辑模型。在当前系统的逻辑模型的基础之上进一步明确系统到底要"做什么"。

（4）进一步补充、完善目标系统的逻辑模型。

需求分析阶段结束时，分析员还要与用户再次审查需求规格说明书，尽可能地及时纠正错误。只有用户确认分析员所建立的模型符合了他的需求，需求规格说明书才得以最后的确认。

2. 结构化分析的工具

SA 方法利用图形等半形式化的描述手段来表达用户的需求，所以它的主要描述工具是数据流图、数据字典以及一些用于描述加工的结构化语言、判定表和判定树。数据流图是描述系统数据流程的图形工具，它主要描述的是系统的组成，以及组成系统的各部分之间的关系。数据字典是对数据流图中每一个元素的定义。

图 7.9　数据流图的组成

1) 数据流图

数据流图的组成共有 4 个部分，如图 7.9 所示。

（1）数据流：用箭头以及箭头旁边的文字标记表示。数据流表示数据的流向，箭头所指方向即为数据的流动方向。每一条数据流都有各自的名字，但是对于流入或流出数据储存的数据流可以不用命名。

（2）加工：用圆圈以及圆圈内部的文字标记表示。加工是指对数据所进行的处理，每一次的加工除了要写清加工的名字外，还要标明是第几次加工，即要对每一次的加工标号，以便读者可以清楚数据的加工顺序。

（3）数据存储：用双线及双线旁边的文字标记表示。数据存储是指在加工数据流的过程中需要查找的数据或是生成的临时文件。数据存储与数据流是不同的，数据存储是系统中静止的数据，它有着静态数据的特征；而数据流恰恰相反，它是动态的，有着动态数据的特征。

（4）数据的源点与终点：用方框以及方框里的文字标记表示。顾名思义，它是指数据流的源头以及它要流向的终点，常常来自系统之外，在数据流图中仅起着注释的作用，对于它的命名不必过于严格。

图 7.10 是学生档案管理系统的数据流图，我们以它为例来了解一下数据流图的 4 个组成部分。

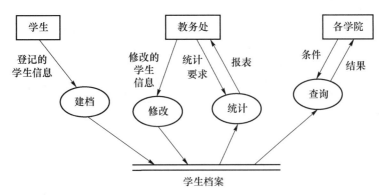

图 7.10　学生档案管理系统的数据流图

其实一个系统的复杂程度远不是一张数据流图可以表达清楚的，我们把大问题分解成许多个容易解决的小问题,把数据流图分成顶层、中间层和底层 3 层。

顶层数据流图主要是说明系统的边界,即写清系统的输入输出数据流,并把系统中所有的加工抽象成一个,所以它只有一张。

中间层数据流图位于顶层与底层之间,意味着它是顶层分解的结果,同时也是从底层的若干个加工中提取出来的一层。顶层可以分解出若干个中间层,所以中间层不唯一。由于中间层并非最底层,所以它可以继续分解。

底层数据流图的加工不能再进一步分解。不能再进一步分解的加工称作基本加工,所以若干个基本加工构成底层数据流图的加工。

2)数据字典

数据字典,是数据流图中的对数据流名、数据存储名、数据项名、基本加工名的严格定义的集合。数据字典是与数据流图伴随存在的,其实前者就是对后者的说明。由于数据流图中的非基本加工可以由基本加工的组合来说明,所以在数据字典中不必对其进行解释说明。

数据字典的建立使用户与分析员、程序员之间的沟通变得方便、容易,也使得程序员们在描述数据库和数据结构时使用的数据项和数据存储定义可以保持一致,这样就避免了模块之间或系统之间接口的不一致性。

为避免修改的麻烦以及数据字典的冗余,人们对数据字典建立了一些约定,并且要求其无冗余。对于数据字典既可以进行人工管理,也可以进行计算机管理。

一般采用如图 7.11 所示的卡片格式来描述数据字典,对于数据流、数据存储以及数据项的描述也有一些常用的符号。

(1)"+"表示"与"。例如,登记表=姓名+性别+出生日期+籍贯+学院+专业+班级。

(2)"|"表示"或"。例如,性别=[男|女]。

(3)"[ ]"表示"选择项"。例如,籍贯=[北京|辽宁]。

(4)"{ }"表示"重复"。例如,档案={登记表},表示一份档案里有若干个登记表。

一般情况下,在数据字典中要详细写出所要描述的数据流、数据存储或者数据项的名字、种类、简述、别名、组成以及一些其他的信息,如有需要,还需对特殊信息详细注明。

名字	登记学生信息
种类	数据流
简述	学生的基本信息
别名	登记表
组成	姓名+性别+出生日期+籍贯…
数量	每天 100 张
…	
注	

(a)数据流条目

名字	学生档案
种类	数据存储
简述	学生基本信息的集合
别名	无
组成	学号+姓名+性别+出生日期+…
组织	按学号的递增顺序排列
…	
注	

(b)数据存储条目

名字	姓名
种类	数据项
简述	学生的名字
别名	名字
类型	字符
长度	8字节
数量	
范围	
注	

(c) 数据项条目

名字	建档
种类	基本加工
编号	
激发条件	收到登记的学生信息
执行频率	每天100张
加工逻辑	if 收到登记的学生信息
	登记学生信息
	end if
	...
注	

(d) 基本加工条目

图 7.11　数据字典示例

7.2.3　实体-联系图与状态转换图

1. 实体-联系图

实体-联系图(entity-relationship diagram),简称E-R图,用于建立数据模型,由实体、联系和属性3部分组成。

(1)实体,也就是数据对象。一般可以用一组属性来定义的实体都可以被认作数据对象。在E-R图中,实体一般用矩形框及框内的实体名表示。

(2)联系,也称为关系,是数据对象彼此之间相互连接的方式,一般可以分为一对一(1:1)、一对多(1:n)和多对多(m:n)3种联系,而且联系也是可以有属性的。在E-R图中,联系是由连接相关实体的菱形框和框内的联系名组成的。

(3)属性,是指数据对象的性质。在E-R图中,用椭圆框或圆角矩形框及框内属性名表示,如图7.12所示。

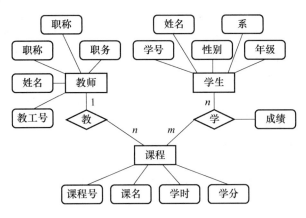

图 7.12　E-R图示例

2. 状态转换图

状态转换图,简称状态图,是描述系统的状态及引起系统状态转换的事件,用来表示系统的行为,一般由状态和事件组成,它使用的主要符号见图7.13。

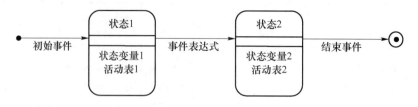

图 7.13　状态图使用的主要符号

7.3　软件设计

我们从软件的生命周期可以看出,软件设计属于软件开发时期,由总体设计和详细设计两个阶段组成,下面我们分别介绍这两个阶段。

7.3.1　总体设计

总体设计又称概要设计或初步设计,其目的就是概括地介绍"系统应该怎么实现"。总体设计的过程可以划分成系统设计和结构设计两个阶段,典型的 9 个步骤如下。

(1) 设想可以供选择的方案。任何工作都必须经过思考才能去实施,所以软件开发之初就要预先想好各种可行方案,然后从中选出最佳方案。

(2) 选取合理方案。在上一步所确定的可选择方案中选出若干合理方案,并不是仅仅选出一个,一般情况下,会按成本的低、中、高选出 3 种方案。

(3) 推荐最佳方案。这一步主要是通过对各种合理方案利弊的分析和对比来完成的,在确定下来之后,还要为推荐的最佳方案制定详细的计划。

(4) 功能分解。要开发软件系统,首先要设计这个软件系统的结构,而要确定软件的结构,就要先从现实的角度将我们要实现的整体的复杂功能逐步分解成一个个小功能,也就是功能分解。

(5) 设计软件结构。一般情况下,程序中每一个模块都会完成它所对应的子功能,而设计软件结构,就是按层次设计出一个个模块来完成上一步所分解出的功能。

(6) 设计数据库。这一步是针对那些要使用数据库的软件系统而言的,主要是根据用户对数据的需求来进一步设计的。

(7) 制定测试计划。在软件开发的早期就考虑测试计划是有助于增加系统的可测试性的,这一步我们将在 7.4 节的测试阶段详细了解。

(8) 书写文档。书写正式的文档以便记录总体设计的结果,文档内容一般包括系统说明、用户手册、测试计划、详细的实现计划以及数据库的设计结果。

(9) 审查和复查。先从技术方面对总体设计的结果进行审查,然后再从用户管理的角度来复查。

1. 基本原则

在总体设计过程中,要遵循一定的原则,即模块化、抽象、逐步求精、信息隐藏、局部化和模块独立。

其中模块化是指把程序划分成既可以独立命名又可以独立访问的模块,每一个模块完成一个子功能,这些模块组合起来可以完成指定功能来满足用户的需求。

而模块独立其实就是模块化、抽象、信息隐藏和局部化的直接结果,主要有耦合和内聚两个定性标准度量。

耦合度量的是一个软件结构内不同模块之间互连的程度。一共有 5 种耦合,将它们从弱到强排列,依次是数据耦合、控制耦合、特征耦合、公共环境耦合和内容耦合。为了软件更好地模块化,我们一般尽量使用数据耦合,少用控制耦合和特征耦合,限制公共环境耦合的范围,完全不用内容耦合。

内聚度量的是一个模块内各个元素彼此结合的紧密程度,是信息隐藏和局部化的自然扩展。理想的内聚模块只做一件事。将 7 种内聚从优到劣排列,依次是功能内聚、顺序内聚、通信内聚、过程内聚、时间内聚、逻辑内聚和偶然内聚。

2. 面向数据流的设计方法

面向数据流的设计方法主要是把信息流映射成软件结构,所以信息流的类型就决定了映射的方法。

1)变换分析

变换分析是一系列把具有变换流特点的数据流图按照预定模式映射成软件结构的设计步骤的总称。这些设计步骤分别是:

(1)复查基本系统模型;

(2)复查、精化数据流图;

(3)确定数据流图的特性,即是变换的还是事务的;

(4)孤立变换中心,确定出输入流和输出流的边界;

(5)完成"第一级分解",即分出输入控制、变换控制和输出控制;

(6)完成"第二级分解",即将数据流图中的每个处理映射成软件结构中一个适当的模块;

(7)进一步精化软件结构。

其实在任何情况下,对于设计软件结构来讲,变换分析的方法都可以使用。

2)事务分析

事务分析是在数据流图具有明显的事务特征时使用的方法。所谓明显的事物特征,其实就是在数据流图中要有明显的"发射中心",即事务中心。而由事务流映射成的软件结构则要包含一个接收分支和一个发送分支。

虽然变换分析可以在任何情况下使用,但是如果数据流图具有明显的事务特征,最好还是使用事务分析。当然也不必机械地单独使用变换分析和事务分析,两者是可以结合使用的。

7.3.2　详细设计

详细设计阶段主要是在总体设计的基础之上,进一步设计出程序的"蓝图"。

1. 基本结构

其实只要使用 3 种基本控制结构就能实现任何单入口和单出口的程序,它们分别为"顺序""选择"和"循环",其中循环结构又称作"do … while"结构,选择结构又称作"if … then … else"结构,流程见图 7.14 所示。

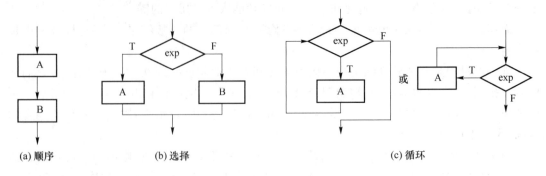

| (a) 顺序 | (b) 选择 | (c) 循环 |

图 7.14　3 种基本结构

2. 过程设计的工具

过程设计的工具就是描述程序处理过程的工具,可以分成图形、表格、语言 3 类。常用的有程序流程图、盒图、PAD 图、判定表、判定树和过程设计语言等,我们主要了解前 3 个。

(1) 程序流程图,又称作程序框图,是历史最悠久,也是最混乱的方法。程序流程图中所使用的符号如图 7.15 所示。

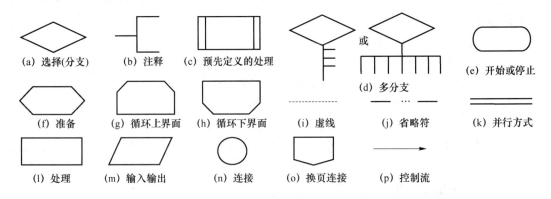

图 7.15　程序流程图的基本符号

【例 7.1】　机票预订系统负责预订和发放两个任务。当用户要预订机票时,系统要录入旅客信息、安排航班、打印取票通知和账单;当用户要取票时,系统要进行取票凭证处理(包括录入取票凭证和核对取票凭证)、交款、打印机票。为描绘此系统的功能而画出的程序流程图如图 7.16 所示。

(2) 盒图,又称作 N-S 图,其实盒图的整体思路与程序流程图类似,只是没有箭头,使得功能域十分明确,不像程序流程图那样可以随意转移,也不像程序流程图那样混乱,它的基本符号如图 7.17 所示。

【例 7.2】　将例 7.1 中的程序流程图改画成盒图,如图 7.18 所示。

(3) PAD 图,即问题分析图(problem analysis diagram),它使用二维的树形结构图来表示程序的控制流,使得将分析图翻译成程序代码的工作变得更容易,它的基本符号如图 7.19 所示。

3. 面向数据结构的设计方法

面向数据结构的设计方法其实就是根据数据结构设计程序处理过程的方法。它的最终目的是要描述出对程序处理的过程,其主要方法有 Jackson 方法和 Warnier 方法,我们主要简单介绍一下 Jackson 方法。

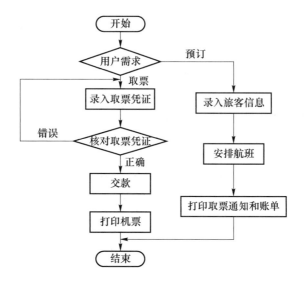

图 7.16　机票预订系统的程序流程图

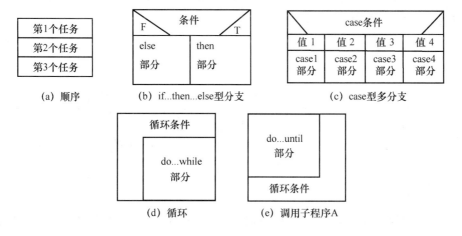

(a) 顺序　　(b) if...then...else型分支　　(c) case型多分支

(d) 循环　　(e) 调用子程序A

图 7.17　盒图的基本符号

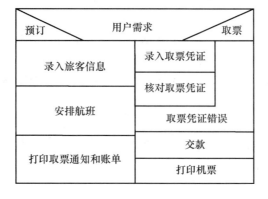

图 7.18　机票预订系统的盒图

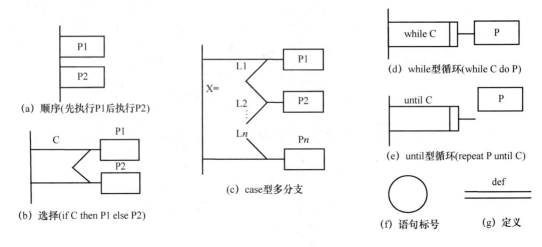

图 7.19　PAD 图的基本符号

1) Jackson 图

在实际运用中,数据结构的种类十分多,但是它们之间的逻辑关系归根到底只有 3 类:顺序、选择和重复,如图 7.20 所示。

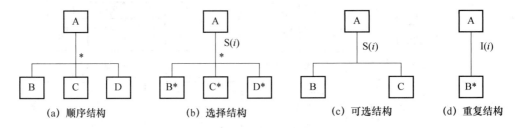

图 7.20　Jackson 图的表示方法

(1) 顺序结构

顺序结构中的数据是由一个或多个数据元素构成的,每个元素都按预定的顺序出现一次。如图 7.20(a)所示,B、C、D 中的任意一个都不可以是选择或重复出现的数据元素,也就是说,顺序结构中的元素的右上角不能标记有小圆圈或是星号。

(2) 选择结构

选择结构中的数据是由两个或多个数据元素组成的,每次调用这个数据时要按照一定的条件从组成它的那些数据中选择一个,如图 7.20(b)所示,其中 S 右边括号里的数字 i 代表的是分支条件的编号。而图 7.20(c)表示的可选结构是选择结构的一种特殊形式,表示 A 或是 B 或是不出现。

(3) 重复结构

重复结构的数据是根据条件由一个数据元素的零次或多次出现组成的,如图 7.20(d),其中 i 是指循环结束条件的编号。

2) Jackson 方法

Jackson 结构程序设计方法主要由以下 5 个步骤组成:

(1) 用 Jackson 图描绘输入和输出数据的数据结构;

（2）找出输入和输出数据的数据结构中有对应关系的数据单元；

（3）在描绘数据结构的 Jackson 图基础上画出描绘程序结构的 Jackson 图；

（4）将所有操作和条件分配到程序结构图的适当位置；

（5）用伪代码表示程序。

7.4　软件的实现

在详细设计之后就进入了编码与测试阶段，软件测试在软件的生命周期中横跨了单元测试、综合测试两个阶段。软件实现是一般情况下对编码和测试的统称。这一节着重介绍软件的编码、测试以及调节 3 个阶段，重点将放在对实现阶段来说最为重要的软件测试阶段上。

7.4.1　编码

编码就是把软件设计结果翻译成用某种程序设计语言书写的程序，也就是我们俗称的编程，它是对软件设计进一步的具体化。

要将设计的软件模型编写为可以在电脑上运行的程序，自然就少不了程序设计语言的运用，所以程序设计语言的选择在编码阶段很重要。程序设计语言有很多种，如人们所熟知的汇编语言、C++、JAVA 等，但是汇编语言不易理解，程序员的负担太重，所以现在基本不用它来编写程序。JAVA、C++ 等这类高级语言由于它们易阅读、易测试、易调试、易维护而逐步成为程序设计语言中的主流。除了某些特殊领域外，一般都选用高级语言来作为我们的程序设计语言。

当然优秀的编码成果要有一定的编码风格，不仅要逻辑清晰简明、易读易懂，还要包含以下 5 个内容。

1. 源程序文档化

源程序文档化是指书写的文档要包含正确的标识符、适当的注释以及一些使程序更为清晰的布局等，其中注释是便于读者理解的重要手段。

2. 数据说明

数据说明是对程序数据以及数据结构的解释说明，它的次序一定要标准化，也就是说对数据的说明要有条理，这样才会方便查阅。

3. 语句构造

在语句构造方面唯一的原则就是要求语句一定要简单、直接，不要为了追求高效而将程序弄得过于复杂。

4. 输入输出

关于输入输出风格的主要规则有以下几条：要检验所有输入数据，保证每个数据的有效性；要注意检查输入项重要组合是否合法；保持简单的输入格式，允许输入缺省值；要使用数据的结束标识，不要让用户指定数据的数目；对于交互式输入的请求要明确提示；尽可能保持输入格式的一致；要设计良好的输出报表；对所有的输出数据都要加以标记。

5. 效率

效率主要指的是处理机时间与存储器容量两个方面。虽然追求高效率很重要，但是必须要清楚 3 条原则:其一,效率是一种性能要求,所以要在分析阶段确定对它的要求;其二,高的效率是好的设计所带来的;其三,高效不等同于简单,不要盲目地追求高效。对于高效的要求主要从减少程序运行时间、提高存储器效率和提高输入输出效率 3 个方面来展开。

7.4.2 软件测试概述

软件测试其实就是在编码结束之后,在一次次执行程序的过程中寻找程序中的错误,其实就是一个查错的过程。这一阶段的目的是为了发现错误,尽量多地测试程序,发现程序中的漏洞,力证程序中的不完美。测试阶段的根本目标就是尽最大可能地发现、排除程序中隐藏的错误,力求可以交给用户一个高质量的软件系统,因此,测试的成功与否就在于是否发现了之前没有发现的错误。

为了能够达到测试的目标,下面介绍一些主要的测试准则。

(1) 因为软件的开发是为了满足用户的需求,所以所有的测试都应该与用户需求相联系。

(2) 可以在编码之前就开始制定测试计划。

(3) 善用 Pareto 原则。Pareto 原则,即 80% 的错误可能是由 20% 的程序产生的,所以找到那 20% 的程序就成了问题的重中之重。

(4) 从小到大,即先测试"小模块",后测试"大模块"。

(5) 不要妄想穷举测试,因为可以执行的路径太多,以至于无法达到穷举测试。

(6) 在原则上,开发人员不要自己测试自己的程序。

(7) 对于测试文档要妥善保存。

7.4.3 测试方法

软件的测试方法有两种,一种是黑盒测试,另一种是白盒测试。黑盒测试,就是把程序当作一个看不到内部,只能看到外表的黑盒子。也就是说,在测试时,对于程序的内部结构以及它的处理过程是完全不考虑的,只测试它是否实现了规格说明书上所规定的所有功能,所以黑盒测试又称作功能测试。而白盒测试与黑盒测试恰恰相反,它是把程序当作一个透明的可以看到内部的白盒子,即测试人员完全知道程序的内部结构以及它的处理过程。白盒测试的主要方法是,按照程序的内部逻辑,测试程序中执行的主要通路是否按照预定要求正确工作。有的测试阶段也将这两种方法结合起来使用,称作灰盒测试。

1. 黑盒测试

黑盒测试又称作功能测试或者数据驱动测试。黑盒测试与白盒测试相互补充,但不能完全取代白盒测试。白盒测试主要应用于测试阶段的早期,而黑盒测试主要应用于测试阶段的后期。黑盒测试力图发现的错误类型主要有:

(1) 功能错误或存在遗漏;

(2) 界面出现错误;

(3) 数据结构或对外部数据库的访问出现错误;

(4) 性能错误;

(5) 程序的初始化或终止出现错误。

黑盒测试技术主要有等价划分、边界值分析和错误推测。

1）等价划分

等价划分是把程序的输入域划分成若干个数据类,再根据这些数据类导出测试用例,即每一类中一个代表值的测试结果就代表了这一类中其他值的测试结果。而相对理想的划分是一个测试用例可以独自发现一类错误,例如,把所有小数都划为一类,取其中的一个代表值,如果测试结果是错误的,则认为对所有小数的处理都是错误的。

2）边界值分析

由于程序在处理边界问题时是最容易出错的,所以可以用边界值测试程序的边界,即选取的测试数据都是边界值或是趋近边界值的数据。

3）错误推测

错误推测其实就是凭借程序员的经验与直觉进行的测试。也就是说,程序员根据自己的经验推测程序可能出现的错误,并选取一些数据进行测试。

2．白盒测试

白盒测试又称作结构测试或者逻辑驱动测试,它的基本思想是用测试数据将程序内部逻辑结构覆盖,例如,覆盖所有的语句或判定等,同时还需要建立覆盖标准来衡量测试的覆盖程度,下面列举目前常用的5种覆盖标准,它们从弱到强的排列顺序如下。

（1）语句覆盖:就是选用足够多的测试数据,使得每一条语句都至少被执行一次。

（2）判定覆盖:又称作分支覆盖,就是在语句覆盖的基础之上还要将每个判定的每种可能即每个分支都执行至少一次。

（3）条件覆盖:是在语句覆盖的基础上,还要取到每个判定表达式中每个条件的每种可能结果。

（4）判定/条件覆盖:是指一种同时达到判定覆盖和条件覆盖的逻辑覆盖标准。

（5）条件组合覆盖:是在语句覆盖的基础上,对每个判定表达式中每个条件的每种可能的组合都要执行至少一次。

白盒测试的主要方法有程序控制流分析、数据流分析、逻辑覆盖等。

3．黑盒测试与白盒测试的比较

黑盒测试和白盒测试的区别如表7.1所示。

表 7.1　白盒测试与黑盒测试的区别

	白盒测试	黑盒测试
测试的主要方面	程序结构	程序功能
特点	（1）要了解系统的整体结构 （2）要审查源代码 （3）会在单元测试时发现大量错误 （4）要着重关注系统的控制流与数据流	（1）要了解系统的功能 （2）用例设计要基于规格说明书 （3）要着重关注测试数据的选择和测试结果的分析
优点	能覆盖程序中的特定部位	确保测试从用户的角度出发
缺点	（1）无法确保系统能否完全符合需求 （2）代价较大 （3）在源代码完成	（1）要求用例设计人员的经验丰富 （2）不易发现内部实现的错误 （3）测试覆盖率不直观
主要方法	（1）程序控制流分析 （2）数据流分析 （3）逻辑覆盖	（1）等价划分 （2）边界值分析 （3）错误推测

7.4.4 测试的过程

按先后顺序可以把软件的测试过程分为 4 个部分,即单元测试、集成测试、确认测试和系统测试。它们与软件开发过程的对应关系如图 7.21 所示。

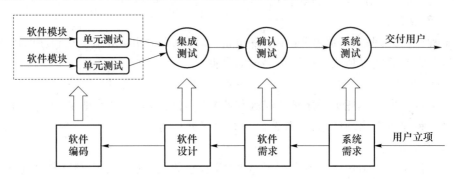

图 7.21　软件测试过程流程

1. 单元测试

模块是软件设计中的最小单元。单元测试是对模块的集中测试,可以人工测试,也

可以采用计算机测试。一般来说,单元测试是在软件的编码阶段进行的,在源代码编写完成且通过编译之后由程序员自己或是审查小组进行。由审查小组进行的单元测试,称为代码审查。单元测试的测试方法通常以白盒测试方法为主。

在单元测试中着重测试的是模块接口、局部数据结构、重要的执行通路、出错处理通路以及边界条件。

2. 集成测试

集成测试是测试和组装软件的系统化技术,通常在软件设计阶段进行。集成测试分为非渐增式测试和渐增式测试。

非渐增式测试讲究的是"一步到位",即先把所有模块组装起来,再对这个庞大的程序测试,这种方法使得改正错误变得极为困难,甚至使改错变得没有尽头,效率极其低下,一般不建议使用。

渐增式测试则与非渐增式测试完全相反,它是把程序划分成一个个模块来测试。这就使得定位和改正错误变得容易,对接口的测试更彻底,测试方法更系统化。所以在集成测试阶段,我们一般采用渐增式测试方法。渐增式测试又有两种集成策略,即自顶向下集成和自底向上集成。

(1) 自顶向下集成:是指从主控制模块开始,沿着程序的控制层次向下移动,逐渐将各个模块连接起来。

(2) 自底向上集成:与自顶向下集成相反,是从最底层的模块开始向上组装。

3. 确认测试

确认测试,即验收测试,主要是为了验证软件的有效性。软件的有效性是指软件功能与性能符合用户的期待。由于软件的有效性是与用户的需求紧密相关的,所以在确认测试阶段,要以用户为主,也就是说,确认测试是需要用户参与进来的。确认测试也可以归为 Alpha 测试,Alpha 测试是指用户在软件开发者的场所进行的测试。

为确保软件符合质量要求、软件的文档与程序相一致,同时也为保证软件配置齐全并具备必不可少的软件维护,在确认测试中增加了复查软件配置这一重要内容。

4.系统测试

系统测试是将已经确认的软件、计算机硬件、外设、网络、数据和人员等元素结合起来,进行整个应用系统的测试。

系统测试又可以称作 Beta 测试,是指将软件交给最终用户们,由他们在客户场所进行测试,所以软件的开发者通常不会出现在 Beta 测试的现场。

7.4.5　调试

调试,又称为纠错,是排除测试时发现错误的过程。也就是说,调试与测试并不是一回事,测试是着重于发现错误,而调试是为了改正错误。调试的主要方法有蛮干法、回溯法和原因排除法。

为了调试的成功,调试也有着一系列的原则。

1.确定错误性质及位置的原则

(1)分析思考与错误征兆相关的信息;

(2)避开死胡同;

(3)不过分依赖调试工具,只将其当作辅助手段;

(4)避免蛮干法。

2.修改错误的原则

(1)避免只修改错误的表面,即修改它的征兆或表现,却忽略错误本身;

(2)避免改正旧错误的同时又增添新错误;

(3)修改错误的过程可能会迫使开发人员暂时回到程序设计阶段;

(4)只修改源代码,不要改变目标代码。

7.5　软件维护

软件维护是在软件已经交付使用后为改错或是满足用户的新需求而修改软件的过程,而这一时期的设置主要是为了保证之前努力开发出来的软件可以被用户长期使用,避免软件被用了一段时间之后被废弃。正是因为这一基本目的使得软件维护成为整个软件生命周期中代价最大的一个时期,往往也是因为代价问题而导致开发商们放弃对某一软件的维护,当然这并不绝对的,还有其他原因。

7.5.1　软件维护的特点

影响维护工作量的因素有很多,主要有以下几点。

(1)系统大小。

(2)程序设计语言。

(3)系统年龄。

(4)数据库技术的应用。

(5)软件开发技术。

（6）其他。例如,应用的类型、数学模型、任务的难度、开关与标记、if 嵌套深度、索引或下标数等。

软件维护的特点主要有 3 个:一是结构化维护与非结构化维护差别巨大,非结构化维护的是没有使用软件工程方法学开发出来的软件,它的代价很大,而以完整的软件配置为基础的结构化维护,虽不能保证维护时没有问题,但确实能减少精力的浪费并且可以提高维护的总体质量;二是维护的费用十分高昂;三是维护的问题有很多。

软件维护的问题主要有以下几点:

（1）理解别人写的程序通常非常困难;

（2）需要维护的软件无文档或文档不全;

（3）软件人员流动性大;

（4）设计时未考虑将来修改需要的情况,导致修改困难;

（5）维护工作无吸引力,缺乏成就感。

7.5.2 软件维护的类型

对软件的维护共有 4 类,分别是改正性维护、适应性维护、完善性维护和预防性维护。据文献记载,各类维护所占维护总工作量的比例如图 7.22 所示。

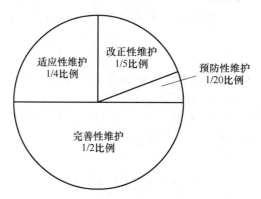

图 7.22 各种维护占总维护的比例

改正性维护主要是诊断和改正错误的过程。其实在软件产品交付给用户的最初一段时间里,软件或多或少都会出现一些问题,或是一些隐藏较深的错误随着用户的使用而浮出水面,所以要进行改正性维护来进一步完善软件。

适应性维护是为了配合变化了的环境而对软件进行适当的修改。在当今计算机发展迅猛的时代,一切都不是一成不变的,几乎每过 36 个月就会有新一代的硬件诞生,至于操作系统的更新更是经常被推出。这一切都说明,若不想最初开发的软件被淘汰,就必须要随着软件使用环境的改变而做出相应的改变。

完善性维护主要是为了满足用户使用软件之后提出的增加新功能或是修改已有功能的要求而做出的对软件的修改。所谓用户就是上帝,所以一般情况下完善性维护都会占用整个维护时期的大部分时间。

预防性维护是为了改进未来的可维护性或可靠性,或者是为了给未来的改进打下基础而提出的对软件所做的修改。实际上这项维护目前用得相对较少。

7.5.3 软件维护的过程

对软件维护的过程其实就是对软件定义和开发过程的修改。对软件进行维护,要先建立一个维护组织,然后确定报告和评价过程,并为每一个维护要求做一个标准化事件序列的规定,同时,还要建立一个对维护活动适用的记录报告过程,并且要对复审标准做出明确规定,这些都完成后,才能展开具体的维护工作。

1. 维护组织

维护组织是一个维护团体,该团体明确各自职责及分工,如图 7.23 所示。比如,维护要求是通过维护管理员拿到的,系统管理员负责评价,应该进行的活动是由变化授权人决定的。在具体的维护工作展开之前,明确好各自的职责是十分重要的,所以,正式的维护组织通常是不需要建立的。但是,哪怕小的开发团体也必须要建立一个非正式的委托责任机制,即在这种小的开发团体中,虽然不需要建立正式的维护组织,但仍然必须明确开发人员各自的责任。

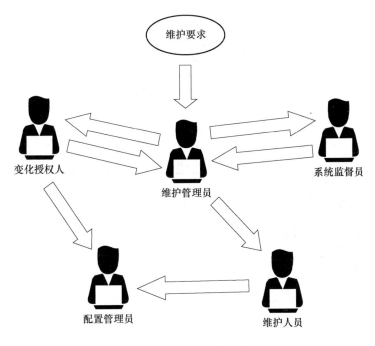

图 7.23 软件维护机构

2. 维护报告

维护报告具有标准化的格式和对所有软件维护要求的正确表达。在形成维护报告内部文件之前,会有一个外部产生文件,即维护要求表,也可以称作软件维护要求表(如表 7.2),用来给用户填写,以便可以清楚地知道软件需要更改的错误或是用户的一系列需求,然后根据这些维护要求表形成维护报表。

维护报表中要包含以下信息:

(1)满足维护需求表中用户提出的要求所需要的工作量;

(2)维护要求的性质;

(3)要求的优先次序;

（4）与修改有关的事后数据。

3．维护的事物流

维护的事物流是指维护阶段的整个工作流程，如图 7.24 所示。

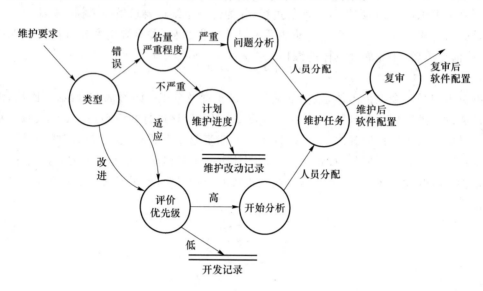

图 7.24　维护阶段的事物流

表 7.2　维护要求表

要求表编　　　　　　　　　　　　　　　　　　　　　　　日期：　年　月　日

项目名称及编号			
维护类	软件维护	改正性维护	问题说明及维护要求
		适应性维护	
		完善性维护	
		预防性维护	
	硬件维护	系统设备	
		外围设备	
维护优先			要求评价结果
维护方式	远程/现场		
申请人			评价负责人：　　　评价时间：

4．保存维护记录

不仅是开发阶段需要留有文档，维护阶段也是要注意数据的记录的，一般情况下，我们认为以下数据都是有用数据：（1）程序标识；（2）源语句数；（3）机器指令条数；（4）所使用的程序设计语言；（5）程序安装日期；（6）程序自安装以来运行的次数；（7）程序自安装以来运行失效的次数；（8）程序变动的层次和标识；（9）维护时增加的源语句数；（10）维护时删除的源语句数；（11）每个改动耗费的人时数；（12）改动程序的日期；（13）软件工程师的名字；（14）维护要求表的标识；（15）维护类型；（16）开始和完成维护的日期；（17）累计用于维护的人时数；

（18）与所完成的维护相关联的纯效益。

5．评价维护活动

对维护活动进行评价要有一个评价标准。我们一般从以下 7 个方面来进行评价：

（1）程序运行的平均失效次数；

（2）每一类维护所用的总人时数；

（3）平均每个程序、每种语言、每个维护类型中程序变动的数目；

（4）平均每增减一句源语句所花费的人时数；

（5）平均维护每种语言所花费的人时数；

（6）一张维护要求表的平均周转时间；

（7）不同维护类型所占的百分比。

7.5.4　软件的可维护性

软件的可维护性是指维护人员纠正软件系统出现的错误、缺陷以及为满足用户新要求所进行的修改、扩充或压缩的难易程度。

1．软件可维护性的度量

（1）可理解性：指外来读者通过阅读源代码和相关文档，了解程序功能及其如何运行的难易程度。

（2）可测试性：指诊断和测试的难易程度。

（3）可修改性：指修改程序的难易程度。

（4）可移植性：指把程序转移到另一种计算环境的难易程度。

（5）可重用性：指同一个软件（或软件成分）不做修改或改动很少，就可以在不同环境中多次重复使用。

2．文档

在维护期间文档比程序代码更重要，它是软件可维护性的决定因素。文档分为用户文档和系统文档两类。用户文档主要用于对系统功能和使用方法的描述，但是并不关心这些功能是如何实现的。而系统文档是指从问题定义、需求说明到验收测试一系列的有关文档。

本 章 小 结

本章以软件危机为引言，以软件生命周期为线索，为大家简单介绍了软件工程。同学们要知道软件危机的概念以及软件生命周期要分成软件定义、软件开发和软件维护 3 个时期，其中每个时期又是由哪些阶段组成的，还要知道用来描述软件过程的 4 种经典的生命周期模型——瀑布模型、快速原型模型、增量模型、螺旋模型和喷泉模型，并清楚地了解它们各自的特点。

然后分别介绍了软件生命周期的各个阶段，在需求分析中，同学们要知道需求分析属于定义阶段，在此阶段要确定所要开发的软件必须完成的工作有哪些。此外，还要掌握 SA 分析法的概念和步骤，知道在需求分析中要建立数据模型、功能模型和行为模型 3 类模型，还要了解与之相对应的 3 种图形工具。其中，重点掌握数据流图和数据字典的概念、以及数据流图中的符号和数据字典最基本的功能，同时理解数据字典与数据流图的关系，做到会画数据流图,并为之画出相匹配的数据字典。对于 E-R 图和状态转换图稍作了解即可。最后还要知道需求分析阶段的产品——软件需求规格说明书。

软件设计属于软件开发时期,由总体设计和详细设计两个阶段组成。总体设计的过程可以划分成系统设计和结构设计两个阶段,要了解它的 9 个典型步骤;了解总体设计过程中遵循的原则——模块化、抽象、逐步求精、信息隐藏、局部化和模块独立,其中着重理解模块化思想以及衡量模块独立的标准(内聚和耦合的含义、种类);了解总体设计中面向数据流的设计方法的概念以及交换流、事务流两种类型数据流各自的特点;在详细设计中,要知道它的基本任务和程序的 3 种基本结构,掌握过程设计中的 3 种图形工具——程序流程图、盒图、PAD 图,还要做到会看会画。此外,还要知道 Jackson 方法的步骤,会画 Jackson 图。

实现是编码和测试的统称。在编码阶段要知道选择程序设计语言应考虑的因素,以及良好的编程风格包括哪些方面。在测试阶段,要掌握软件测试的目标;确定测试计划是在哪个阶段制定的。此外,同学们还要掌握白盒测试的概念及其测试技术和其覆盖标准的强弱程度;黑盒测试的概念及其测试技术(等价划分、边界值分析法);测试的步骤及每个步骤形成的文档;渐增式与非渐增式的区别;自顶向下、自下而上,以及混合策略的优缺点。在调试阶段要了解软件调试的定义、方法和原则。

软件维护是在软件已经交付使用后为改错或是满足用户新需求而修改软件的过程,是软件生命周期中代价最大的阶段。在这一阶段,我们着重了解 4 类维护活动——改正性维护、适应性维护、完善性维护和预防性维护,明确维护过程,了解决定软件可维护性的因素。

习　题

1. 请解释下列名词

软件工程;软件生命周期;需求分析;SA 方法;变换分析;黑盒测试;白盒测试;软件可维护性。

2. 选择题

(1) 软件工程是一门(　　)学科。

A. 原理性　　　　　B. 工程性　　　　　C. 理论性　　　　　D. 管理性

(2)(　　)的目的就是用最小的代价在尽可能短的时间内确定一个软件项目是否能够开发,是否值得去开发。

A. 软件可行性研究　B. 项目开发计划　　C. 软件需求分析　　D. 软件概要设计

(3) 在需求分析阶段,分析人员要确定对问题的综合看法,其中最主要的是(　　　)需求。

A. 功能　　　　　　B. 性能　　　　　　C. 可靠性　　　　　D. 可维护性

(4) 在软件生存周期中,(　　)阶段必须要回答的问题是"要解决的问题是什么"。

A. 需求分析　　　　B. 总体设计　　　　C. 编码　　　　　　D. 单元测试

(5) 需求分析阶段产生的最重要的文档是(　　)。

A. 需求规格说明书　　　　　　　　　B. 修改完善的软件开发计划

C. 确认测试计划　　　　　　　　　　D. 初步的用户使用手册

(6) 在软件开发方法中,(　　)方法总的指导思想是自顶向下、逐步求精。它的基本原则是功能的分解和抽象。

A. 结构化　　　　B. 面向对象的开发　C. JSD　　　　　　D. VDM

(7) 程序流程图是一种传统工具,它用来描述(　　　)。

A. 物理模型　　　B. 逻辑模型　　　C. 体系结构　　　D. 目标系统

(8) 在数据流图的基本图形符号中,加工是以数据结构或(　　)作为加工对象的。

A. 信息内容　　　B. 数据内容　　　C. 信息流　　　　D. 信息结构

(9) 数据流图反映系统"做什么",不反映"如何做",因此箭头上的数据流名称只能是(　　),整个图不反映加工的执行顺序。

A. 动词或动词短语　B. 形容词　　　　C. 名词或名词短语　D. 副词

(10) 结构化设计方法是一种面向(　　)的设计方法。

A. 数据流　　　　B. 数据结构　　　C. 数据库　　　　D. 程序

(11) 下述结构中不属于基本控制结构的是(　　)。

A. 顺序结构　　　B. 循环结构　　　C. 选择结构　　　D. 嵌套结构

(12) 提高程序效率的根本途径并非在于(　　)。

A. 选择良好的设计方法　　　　　　B. 选择良好的数据结构

C. 选择良好的算法　　　　　　　　D. 对程序语句做调整

(13) 白盒测试是结构测试,被测试对象基本上是源程序,以程序的(　　)为基础设计测试用例。

A. 应用范围　　　B. 功能　　　　　C. 内部逻辑　　　D. 输入数据

(14) 确认测试计划是在(　　)阶段制定的。

A. 需求分析　　　B. 详细设计　　　C. 编码　　　　　D. 测试

(15) 软件测试的目的是(　　)。

A. 发现错误　　　B. 改正错误　　　C. 改善软件的性能　D. 挖掘软件的潜能

(16) 单元测试主要针对模块的几个基本特征进行测试,该阶段不能完成的测试是(　　)。

A. 模块接口　　　B. 错误处理　　　C. 系统功能　　　D. 重要的执行路径

(17) 产生软件维护的副作用是指(　　)。

A. 开发软件时的错误　　　　　　　B. 运行时的错误

C. 隐含的错误　　　　　　　　　　D. 因修改软件而造成的错误

(18) 在整个软件维护阶段的全部工作中,(　　)所占的比例最大。

A. 校正性维护　　B. 适应性维护　　C. 完善性维护　　D. 预防性维护

3. 填空题

(1) 软件工程研究的主要内容是软件开发技术和_____两个方面。

(2) _____是一种非整体开发的模型。软件在该模型中是"逐渐"开发出来的。

(3) 软件工程是计算机科学中的一个分支,其主要思想是在软件生产中用_____的方法代替传统手工方法。

(4) 结构化分析的基本思想是采用_____的方法,能有效地控制系统开发的复杂性。

(5) 对于复杂问题的数据处理过程,要通过分层的数据流图来表达,它的顶层图描述了系统的_____。

(6) 需求分析的基本任务是要准确地定义_____,为了满足用户需要,回答系统必须

"做什么"的问题。

（7）通常建立数据字典的两种形式是手工建立和_____。

（8）软件结构的设计是以_____为基础的,以需求分析的结果为依据,组成一种系统的控制层次结构。

（9）在结构化方法中,软件功能分解应属于软件开发中的_____阶段。

（10）两个模块之间有调用关系,传递的是简单的数据值,这种模块之间的耦合称为_____。

（11）在软件详细设计阶段,要对数据库进行_____。

（12）所有模块进行完单元测试后,还必须按照设计要求组装成一个完整的系统进行_____。

（13）维护阶段是软件生存周期中时间_____的一个阶段,所花费的精力和费用也是_____的一个阶段。

4. 简答题

（1）请简述软件生命周期是如何划分的,以及其各个阶段的主要内容。

（2）结构化分析方法通过那些步骤来实现?

（3）银行储蓄系统工作流程如下:业务员将用户填写的存款单或取款单输入系统,若是存款则记录存款人信息,并印出存单给用户;若是取款则计算利息,并印出利息清单给用户。用数据流图描绘本系统的功能,尝试用 E-R 图描绘系统中的数据对象。

（4）为每一种类型的模块耦合和模块内聚举一个具体的例子。

（5）采用黑盒技术设计测试用例有那几种方法? 这些方法各有什么特点?

（6）下面是一段简单的伪代码程序:

START

IF p THEN

WHILE q DO

F

END DO

ELSE m

END IF

STOP

① 画出这段伪代码程序的程序流程图、盒图和 PAD 图;

② 将画出的程序流程图改画成等价的 Jackson 图。

（7）简述维护的四大类型的内容。

（8）画出维护阶段的事务流。

下　　篇

第8章 计算机网络与物联网概述

8.1 计算机网络概述

8.1.1 计算机网络概念

计算机网络是指在不同的地理位置分散的具有独立运算功能的计算机,通过不同的通信设备和通信链路连接起来,在一定的网络协议和软件的支持下,实现互相通信和资源共享的系统。

资源指的是软件资源、硬件资源和各类信息资源。软件资源中有操作系统、各种系统应用程序以及用户设计的专用程序等。硬件资源包括大型主机、光盘、硬盘、彩色打印机以及各类通信设备等。信息资源是指数据库、数据文件或各类信息的程序。

计算机之间的连接通过铜导线、光纤、通信卫星等来实现。

8.1.2 计算机网络的组成

因特网覆盖了全球,按其工作方式可分为两部分:边缘部分和核心部分。

1. 边缘部分

边缘部分由所有连接在因特网上的主机组成,用来进行资源共享和通信。这部分是用户直接使用的,这些主机称为端系统。端系统可以是普通的个人计算机也可以是昂贵的大型计算机,甚至可以是很小的掌上电脑或手机。端系统的拥有者可以是个人、单位,也可以是某个ISP。

计算机之间的通信指的是主机A的某一个进程与主机B的另一个进程进行通信。

在网络边缘的端系统中运行的程序之间的通信方式分别为客户服务器方式(C/S方式)和对等方式(P2P方式)。

1) 客户服务器方式(C/S方式)

我们上网查资料或发送电子邮件时,使用的都是客户服务器方式,它是在因特网上最常用的一种方式。客户服务器方式所描述的是进程之间服务和被服务的方式。客户和服务器是指通信中所涉及的两个应用进程。客户是服务请求方,服务器是服务提供方。客户程序和服务器程序有以下特点:

(1) 客户程序必须知道服务器程序的地址,客户端不需要很复杂的操作系统和特殊的硬件;

(2) 服务器程序是用来提供服务的程序,可同时处理本地或远地客户的请求。服务器程序不需要知道客户程序的地址。

2）对等方式（P2P 方式）

对等方式不区分服务请求方和服务提供方，只要两个主机都运行了对等连接软件，它们就可以进行通信。对等连接方式也称为 P2P 文件共享，这是因为在对等连接方式中，双方都可以下载对方已经存储在硬盘中的共享文档。

2. 核心部分

核心部分是为边缘部分提供服务的。它是由大量网络和连接这些网络的路由器组成的。

核心部分最重要的功能是转发收到的分组。在网络核心部分中起特殊作用的关键构件是路由器，它是实现分组交换的。

分组交换是指将单个分组传送到相邻节点，存储下来后查找转发表，转发到下一个节点的过程。分组交换采用的是存储转发技术。我们将要发送的整块数据称作报文，在发送报文之前，先把较长的报文划分成为等长数据段，在每一个数据段上加上必要的控制信息，就构成了一个分组，这些加上的信息被称作首部，如图 8.1 所示。分组又称为包，首部又称为包头。

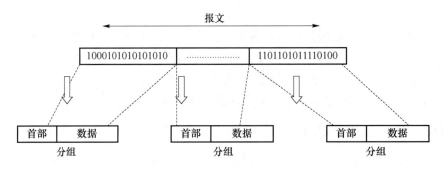

图 8.1 报文分组

分组交换的优点如下：

（1）在分组传输的过程中动态分配传输宽带，对通信链路是逐段占用；

（2）保证可靠性网络协议；

（3）以分组作为传输单位。

8.1.3 网络类型及拓扑结构

按照以下不同的分类方式，可将网络分为不同的类型。

1. 按不同作用范围分类的网络

（1）无线个人区域网

无线个人区域网（wireless personal area network，WPAN）用无线技术把属于个人的电子设备连接起来。其覆盖范围大约在 10 m 左右。

（2）局域网

局域网（local area network，LAN）是类似于在学校或企业等较小的范围由多台计算机相互连接而成的计算机组。其覆盖范围一般小于 10 km。

（3）城域网

一个城域网(metropolitan area network,MAN)连接多个局域网,目前采用的是以太网技术。其连接的距离一般为 10～100 km,作用范围一般是一个城市。

（4）广域网

广域网(wide area network,WAN)一般跨接的物理范围比较大,作用区域在几十千米到几千千米。随着计算机网络的发展,广域网的主线路传输速率从 56 kbit/s 到 155 Mbit/s,已有 2.5 Gbit/s 甚至更高的速率的广域网。广域网又称为远程网,一般是将不同城市之间的 LAN 或者 MAN 网络互联。实现数据、语音、图像信息的传输。

2．按拓扑结构分类的网络

网络的拓扑结构指的是网络中的计算机等设备以一定的结构方式进行连接,以实现互联,它抛开了网络物理连接。主要的拓扑结构有星形拓扑结构、总线形拓扑结构、树形拓扑结构、环形拓扑结构及网状拓扑结构,如图 8.2 所示。

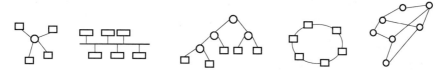

图 8.2　星形、总形、树形、环形及网状结构

（1）星形拓扑结构

星形拓扑结构网络中所有的站点都连接到一个中央节点上(网络的集线器)。其优点是单个站点的故障不会影响整个网络,因此故障易于检测和隔离;缺点是中央节点一旦产生故障,整个网络就不能工作。该结构需要大量电缆且布线复杂,因此费用较高。

（2）总线形拓扑结构

总线形拓扑结构网络以单根传输线作为传输介质,所有的站点都通过相应的硬件接口直接连接到总线上,可靠性好,结构简单,但故障诊断和隔离困难。

（3）树形拓扑结构

树形拓扑结构(即分层结构)网络由一个根结点和根节点分出来的分支结点构成。该结构的网络造价低,易于故障隔离,但根结点一旦发生故障,整个网络就不能工作。

（4）环形拓扑结构

环形拓扑结构网络中的结点通过点到点的链路组成一个闭合环路。数据传输过程中时延较大,诊断故障十分困难。

（5）网状拓扑结构

网状拓扑结构网络中的每一个节点之间都有点到点的链路连接。其优点是信息传输容量大、容错性高;缺点是结构复杂、成本高。

3．按信息交换方式分类的网络

（1）线路交换网

线路交换(circurt switching)方式与电话交换方式拥有类似的工作过程。通过在通信子网中建立一个实际的物理线路连接两台计算机,通过通信子网进行数据交换。

（2）报文交换网

报文交换(message switching)又称为存储转发交换。它是一种数字化网络,采用存储转发的方式来传输数据,不必建立专用的通信线路。

(3) 分组交换网

在分组交换(packet switching)过程中,将一个较长的报文划分成许多定长的数据段,加上源地址、目标地址等必要的控制信息构成分组,以分组作为传输的基本单位。分组交换网已成为计算机网络的主流。

4. 按使用者的不同而分类的网络

(1) 公用网

公用网(public network)是国家邮电部门建造的网络。"公用"的意思是只要公众能够按照国家邮电部门的规定缴纳网费,即可使用,因此,公用网也可称为公众网,如 ChinaNet、CERNET 等。

(2) 专用网

专用网(private network)是指为特殊工作而建造的网络,是某个单位为满足特殊部门的需要而建立的网络。专用网不向本单位以外的人提供任何服务。例如,部队、电力、铁路等系统均有本系统的专用网。

5. 按网络传输介质的不同而分类

(1) 有线网

有线网是利用双绞线、同轴电缆、光纤等物理介质传输数据的网络。

双绞线:由两条相互绝缘的导线按照特定规格相互缠绕在一起形成的一种通用配线。双绞线使用广泛,有很多优点,如,抗干扰能力强、布线容易、价格低廉等。

同轴电缆:是指有两个同心导体且导体和屏蔽层之间又共用同一轴心的电缆。同轴电缆常用于设备和设备之间的连接,或者用在总线形网络拓扑中。同轴电缆的中心轴线是一条铜导线,外面加一层绝缘材料,绝缘材料又被一根空心的圆柱形网状铜导体包裹,最外一层是绝缘层。与双绞线相比,同轴电缆的抗干扰能力强、传输数据稳定、屏蔽性能好、价格便宜。

光纤:一种传输光能的波导介质,由纤芯和包层组成。双绞线和同轴电缆只能解决短距离、小范围的监控传输问题,光纤具有传输距离远、容量大、抗干扰能力强和受外界影响小等优点。

(2) 无线网

无线网通过微波、卫星等无线形式传输数据。无线网与有线网络的用途类似,其最大的不同在于传输媒介不同,无线网利用无线电技术取代网线,可以和有线网络互为备份。

6. 按通信信道分类

(1) 点到点式网络

点到点网络(point-to-point networks)中一条通信信道只能连接两个节点(一对节点),如果两个节点之间没有直接连接的线路,那么通过中间节点链接。

(2) 广播式网络

广播式网络(broad network)中只有一个单一的通信通道且被所有的节点共享。一个节点广播信息,其他所有的节点都接收。向某台主机发送信息就如在公共场所喊人,在场的人都会听到,而只有被喊者本人会答应,其余的人仍做自己的事情。发往指定地点的信息(报文)将按一定的原则分为组或包,分组中的地址字段指明本分组该由哪台主机接收。一且收到分组,各机器都要检查地址字段,如果是发给自己的,即处理该分组,否则就丢弃。

7. 按网络的频带传输分类

(1)基带网

基带网又称窄带网,传输速率在 100 Mbit/s 以下,其传输介质为双绞线,同轴电缆等。

(2)宽带网

宽带网传输速率在 100 Mbit/s 以上,其传输介质为光纤或同轴电缆等,并以射电频率信号形式进行传输。

8.1.4　网络的技术术语

1. 交换机

交换机是用来实现交换式网络的设备。它是位于 OSI/RM 模型的第二层数据链路层的设备,能对帧进行操作,是一种智能型设备。交换机的每个端口具有桥接功能,有时候把交换机称作多端口网桥。交换机的传输模式有全双工、半双工、全双工半双工自适应。网络交换机可分为广域网交换机和局域网交换机。

2. IEEE 802.3

IEEE 802.3 是一种网络协议,指以太网,用于描述物理层和数据链路层的 MAC 子层的实现方法。物理媒体类型包括 10Base2、10Base5、10BaseF、10BaseT 和 10Broad36 等。

3. IEEE 802.3u

IEEE 802.3u 是 100 Mbit/s 以太网的标准。它采用 3 类传输介质,即 100Base-T4、100Base-TX 和 100Base-FX。

4. IP 地址

IP 地址是一种 Internet 分配给主机的名字的统称,也称为网际协议地址。IP 地址就是给每个连接在 Internet 上的主机分配的一个 32 bit 的地址。通过 IP 地址就可以访问到每一台主机。常见的 IP 地址分为 IPv4 与 IPv6 两大类。

IP 地址编址方案:IP 地址编址方案将 IP 地址空间划分为 A、B、C、D、E 5 类,其中 A、B、C 是基本类,D、E 类作为多播和保留使用。

5. 域名

域名(domain name)其实就是入网计算机的名字,它的地位就像寄信需要写明收件人的名字、地址一样重要。

域名结构如下:计算机主机名.机构名.网络名.最高层域名。域名用文字表达,比用数字表达的 IP 地址更容易记忆。加入 Internet 的各级网络依照 DNS 的命名规则对本网内的计算机命名,并负责完成通信时域名到 IP 地址的转换。

6. DNS 域名服务器

DNS(domain name system,域名系统)是指在 Internet 上查询域名或 IP 地址的目录服务系统。在接收到请求时,它可将另一台主机的域名翻译为 IP 地址,反之也可将 IP 地址翻译为主机的域名。大部分域名系统都维护着一个大型的数据库,它描述了域名与 IP 地址的对应关系,并且这个数据库被定期地更新。翻译请求通常来自网络上的另一台计算机,它需要 IP 地址以便进行路由选择。

7. Telnet 远程登录

用户可以在本地计算机发送命令使远程的服务器执行。Telnet 基于字符界面,它是最常用也是最原始的远程管理命令。

8. TCP/IP 协议

TCP/IP 通信协议主要包含了在 Internet 上网络通信细节的标准,以及一组网络互联的协议和路径选择算法。TCP 是传输控制协议,相当于物品装箱单,保证数据在传输过程中不会丢失。IP 是网际协议,相当于收发货人的地址和姓名,保证数据到达指定的地点。

9. TFTP 协议

TFTP(普通文件传送协议)是无盘计算机用来传输信息的一种简化的 FTP 协议。TFTP 是一种非常不安全的协议。

10. URL

URL 是统一资源定位符,表示资源的位置和访问方法。基本 URL 包含协议、服务器名称、路径和文件名。

11. **万维网**

万维网(Word Wide Web,WWW)是 Internet 最新的一种信息服务。它是一种基于超文本文件的交互式浏览检索工具。用户可用 WWW 在 Internet 上浏览、传递、编辑超文本格式的文件。

12. WAN

广域网又称为远程网,一般是将不同城市之间的 LAN 或者 MAN 网络互联。实现数据、语音及图像信息的传输。

8.2　计算机网络体系结构

分层的体系结构在计算机网络的基本概念中是最基本的。计算机网络体系结构中抽象概念比较多,同学们在学习时要多思考。

8.2.1　网络协议与体系结构的基本概念

在计算机网络中为了数据交换而建立的规则、标准或约定称为网络协议。它由语法、语义和同步等 3 个要素构成。语法表示怎么讲,语义表示要做什么,同步表示做的顺序。

(1)语法:数据与控制信息的结构或格式。

(2)语义:规定了需要发出何种控制信息、完成何种动作以及做出何种响应。

(3)同步:事件实现顺序的详细说明。

网络协议是计算机网络不可缺少的组成部分。常有的协议有 TCP/IP 协议、IPX/SPX 协议、NetBEUI 协议。Internet 上计算机使用的是 TCP/IP 协议。

两台计算机之间传送文件的过程可简单分为 3 类。

第 1 类:与传送文件直接相关,若文件格式不同,应该至少有一台计算机完成格式转换。

第 2 类:与数据通信有关,由可靠的文件传送命令和交换文件来保证这个部分。

第 3 类:与网络接入有关,主要做与网络接口细节有关的工作。

网络的每一层所具有的功能都是差错控制、流量控制、分段和重装、复用和分用、建立连接和释放中的一种或多种。

我们把计算机网络的各层及其协议的集合称为网络的体系结构,是这个计算机网络及其构件所应完成功能的精确定义。

8.2.2　OSI/RM 开放系统互连参考模型

国际标准化组织 IOS 提出了标准框架,即著名的开放系统互连基本参考模型 OSI/RM(open systems interconnection reference model ,OSI)。在 1993 年形成了 OSI/RM 模型的正式文件,即所谓的"7 层协议"的体系结构。"开放"是指一个遵循 OSI 标准的系统可以与世界上任何地方也遵循这个标准的任何系统进行通信。"系统"是指在现实系统中与互联有关的部分。

OSI/RM 模型将计算机网络的体系结构分成 7 层。从高到低依次为应用层、表示层、会话层、传输层、网络层、数据链路层、物理层,如图 8.3 所示。

(1) 应用层:是网络体系结构的最高层,它直接为用户的进程提供服务。进程是指正在运行的程序。应用层协议有支持文件传送的 FTP 协议、支持电子邮件的 SMTP 协议、支持万维网应用的 HTTP 协议。大部分应用层协议是基于客户服务器方式的,客户和服务器是通信中所涉及的两个应用进程,客户是服务请求方,服务器是服务提供方。

(2) 表示层:在不同的网络体系结构中,数据的表示方法不同,表示层负责处理这种差异和转换,如不同格式文件的转换、ASCII 码和 Unicode 码之间的转换。

在表示层中数据按照网络能理解的方式进行格式化,这种格式化根据所使用的网络类型的不同而不同。表示层管理数据的加密和解密。

(3) 会话层:它是建立在传输层之上的,会话层负责建立、管理、拆除进程之间的通信连接。

会话层传送大的文件时最为重要的功能是当通信失效时利用校验点继续恢复通信。会话层的主要功能是为会话实体建立连接、传输数据、释放连接。

(4) 运输层:负责向两个主机中进程之间的通信提供服务。运输层主要使用传输控制协议 TCP 和用户数据报协议 UDP,传送的数据单位为数据段。TCP 协议是面向连接的,数据传输的单位是报文。UDP 协议是面向无连接的,数据传输单位是用户数据报。运输层向它上层提供服务。运输层有复用和分用的功能,一个主机可同时运行多个进程。复用是指多个应用进程可同时使用下面运输层的服务,分用是指运输层把收到的信息分别交付给上面应用层中相应的进程。

(5) 网络层:它为分组交换网上的不同主机提供通信服务。网络层把运输层产生的报文段或用户数据报封装成分组或包进行传送。网络层使用 IP 协议,也称 IP 数据包。网络层传送的数据单位是分组,也称包。

网络层主要负责提供链接和路由选择,是源主机运输层所传下来的分组,能够通过网络中的路由器找到目的主机。

因特网中异构网络通过路由器相互连接,因特网主要的网络协议是 IP 协议和路由选择协议,因此网络层也称为 IP 层或网际层。

(6) 数据链路层:两个节点之间的数据是在一段段链路上传的,在相邻的两个节点之间传输数据时,数据链路层将 IP 层交下来的 IP 数据包组装成帧,在链路上"透明"地传送帧中的数据。透明指的是某一些实际存在的事物看起来好像不存在一样。数据传输过程中除了有物理链路外还必须有一些链路层协议。实现这些协议的软硬件加到物理链路上,就构成了数据链路。数据链路层传送数据的单位是帧。每一帧包括数据和必要的控制信息。

数据链路层有帧定界、差错控制、流量控制、寻址和链路管理等功能。

帧定界从收到的比特流中区分出帧的开始与结束。差错控制检测出收到的帧有无差错,并决定是交给高层处理还是由发送方重传。流量控制是指若接收端来不及接受发送端发送来的数据时,必须及时控制发送端的发送速率。寻址是指要保证发送方发送的每一帧送到正确的目的地,当然接收方也得知道发送方。数据链路的建立、维持和释放称为数据管理。

(7) 物理层:物理层是 OSI/RM 模型的最底层,物理层传输的单位是比特。物理层的任务是透明地传送比特流,物理层不管所传送的比特是什么意思。传递信息所用的物理媒体在物理层协议的下面,因此有人把物理媒体当作第 0 层。

用一个简单的例子来比喻数据在各层之间的传递过程。一封信从最高层向下传,每经过一层就包上一个新的信封和地址信息,传送到目的地后,从底层起,每层拆开一个信封后就把信封中的信息交给上一层。

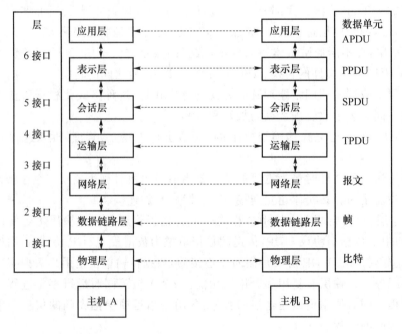

图 8.3 OSI/RM 模型

8.2.3 TCP/IP 的体系结构

TCP/IP 协议代表 Internet 协议系列,它是用于计算机通信的协议。TCP/IP 协议只有 4 层,分别是应用层、运输层、网际层和网络接口层。

网络接口层与 OSI 物理层和数据链路层相当。网际层与 OSI 网络层相当。传输层对应于 OSI 的传输层。应用层大致与 OSI 的应用层、表示层、会话层对应。

TCP/IP 协议在各式各样网络结构的互联网上运行时,也可以为各式各样的应用提供服务。

TCP(transmission control protocal)协议的中文名称是传输控制协议,它是面向连接的协议,数据传送之前,先要建立连接。TCP 协议是端到端的数据流传送,它保证数据能够正确地传送到接收方,它能够检测数据是否有错误,若有错误,重发数据,直到数据正确,并完全地传送到接收方为止,它为数据提供可靠的传送机制。

IP(Internet protocol)协议的中文名称是网络互联协议。它负责数据从一个节点传送到另一个节点。IP 协议具有传送基本数据单元、选择路由的功能、确定主机和路由器如何处理分组的规则等功能。

8.3　局域网技术

8.3.1　局域网概述

局域网(local area network)在一个局部的区域范围内,将各种计算机互联起来实现资源共享。它是目前使用范围最广的一种网络。局域网的地理范围小、传输速率高。局域网的体系结构仅定义了物理层和数据链路层。

1. 局域网的分类

常见的局域网有以太网(Ethernet),FDDI 网(fiber distributed data interface),ATM 网(asynchronous transfer mode),无线局域网 WALAN(wirress local area network)等几类。

(1)以太网

以太网(EtherNet)是由 Xerox 公司创建的,是 1980 年由 DEC、Intel、Xerox 公司联合开发的基带局域网规范。以太网使用的是载波监听多路访问及冲突检测技术。以太网包括标准的以太网(10 Mbit/s)、快速以太网(100 Mbit/s)和万兆以太网(10 Gbit/s)。以太网连接时所用的传输介质为细同轴电缆、粗同轴电缆、屏蔽双绞线、非屏蔽双绞线和光纤等。自 IEEE 宣布 802.3u100BASE-T 快速以太网标准起,我们进入了快速以太网的时代。千兆以太网技术是最新的高速以太网技术。

(2)FDDI 网

FDDI(光纤分布式数据接口),它是 20 世纪 80 年代发展起来的一项局域网技术,它提供的高速数据通信能力要强于当时以太网(10 Mbit/s)和令牌网(4 Mbit/s 或 16 Mbit/s)的能力。其主要缺点是只支持光缆和 5 类电缆,所以使用环境受到限制,并且价格高。

(3)ATM 网

ATM(异步传输模式),是一种较新型的单元交换技术。这种传输模式使用 53 B 固定长度的单元进行交换,非常适合视频和音频数据的传输。

(4)无线局域网

无线局域网(WLAN)取代了由有形传输介质所构成的局域网,在空中进行连接,不需要铺设电缆,它与传统的局域网的不同之处是传输介质不同。

2. 局域网组件的整体构思

(1)选择局域网类型

在选择局域网类型时,考虑的内容包括网络标准化、访问控制方法、传输介质应满足的要求、网络管理软件、计算机的处理速度和内存容量、网络传输距离和拓扑结构等。

（2）组网需要的配置

组网需要的设备有网络服务器、客户机、网络适配器、传输介质、交换机和网络软件系统等。

网络服务器：能够通过网络，对其他机器提供某些服务的计算机系统。它的运行效率影响着整个局域网的效率。

客户机：也称为工作站，一般由微型计算机担任，是用户与网络打交道的设备。

网络适配器：又称为网络接口卡或网卡，是计算机联网的设备，现在的局域网使用的都是带光纤接口的以太网网卡。

传输介质：主要有光缆、同轴电缆、双绞线等。

交换机：是把要传输的信息送到符合要求的相应路由上的技术的总称，能起到有效隔离广播风暴、避免共享冲突等作用。

网络软件系统：有协议软件、通信软件、管理软件、网络操作系统和网络应用软件等 5 种网络软件。

3. 常用局域网的组网设备

一般组建局域网指的就是组建以太网。

（1）常用的以太网设备

常用的以太网设备有网卡（NIC）、网线（UTP、STP）、交换机（switch），局域网上的每台计算机至少有一个网卡，常用的网线是非屏蔽双绞线、屏蔽双绞线和光纤。

（2）常用的网络传输介质

常用的网络传输有线介质包括双绞线、光纤和同轴光缆；无线介质包括微波、卫星和红外线技术。

8.3.2　网络互联设备

常用的网络互联设备有中继器、网桥、路由器、网关等，如图 8.4 所示。

中继器

路由器

图 8.4　中继器及路由器

1. 中继器

由于传输线路噪声的影响，承载信息的数字信号或模拟信号只能传输有限的距离，中继器的功能是对接收信号进行再生和发送，从而增加信号传输的距离。它是最简单的网络互联设备，连接同一个网络的两个或多个网段，如以太网常常利用中继器扩展总线的电缆长度，标准细缆以太网每段长度最长为 185 m，最多可有 5 段，因此增加中继器后，最长网络电缆长度可提高到 925 m。一般来说，中继器两端的网络部分是网段，而不是子网。

集线器是一种特殊的中继器,可作为多个网段的转接设备,几个集线器可以级联起来。智能集线器还可将网络管理、路径选择等网络功能集成于其中。随着网络交换技术的发展,集线器正逐步为交换机所取代。

2. 网桥

网桥将两个相似的网络连接起来,并对网络数据的流通进行管理。它工作于数据链路层,不但能扩展网络的距离和范围,而且可提高网络的性能、可靠性和安全性。网络 1 和网络 2 通过网桥连接后,网桥接收网络 1 发送的数据包,检查数据包中的地址,如果地址属于网络 1,它就将其放弃;相反,如果是网络 2 的地址,它就继续发送给网络 2。因此,可利用网桥隔离信息,将网络划分成多个网段,隔离出安全网段,防止其他网段内的用户非法访问。由于网络的分段,各网段相对独立,一个网段的故障不会影响到另一个网段的运行。

网桥可以是专门的硬件设备,也可以由计算机安装的网桥软件来实现,这时计算机上会安装多个网络适配器(网卡)。

3. 路由器

路由器用于连接多个逻辑上分开的网络。其功能是为用户提供最佳的通信路径,路由器利用路由表为数据传输选择路径。路由表包含网络地址以及各地址之间的距离。路由器利用路由表查找数据包从当前位置到目的地址的正确路径。路由器使用最少时间算法或最优路径算法来调整信息传递的路径,如果某一网络路径发生故障或堵塞,路由器可选择另一条路径,以保证信息的正常传输。路由器可进行数据格式的转换,成为不同协议之间网络互连的必要设备。

网桥所具有的功能,路由器都有,在网络中路由器本身有自己的网络地址,而网桥没有。由网桥连接的网络仍然是一个逻辑网络,而路由器则将网络分成若干个逻辑子网。为了管理网络,一般要利用路由器将大型的网络划分成多个子网。Internet 由各种各样的网络构成,路由器是一种非常重要的组成部分,整个 Internet 上的路由器不计其数。内联网(intranet)要并入 Internet,兼作 Internet 服务,路由器是必不可少的组件,并且路由器的配置比较复杂。

4. 网关

网关,又称协议转换器,可以支持不同协议之间的转换,实现不同协议网络之间的互联,主要用于不同体系结构的网络或者局域网与主机系统的连接。在互联设备中,它最为复杂,一般只能进行一对一的转换,或是少数几种特定应用协议的转换。网关一般是一种软件产品。目前,网关已成为网络上每个用户都能访问大型主机的通用工具。

8.4　Internet 简介

8.4.1　Internet 概述

因特网是世界上最大的互联网络,它把许多网络连接在一起。因特网是由许多计算机和路由器组成的互联网。因特网极大地改变了人们的生活方式。

因特网发展的 3 个阶段如下。

(1) 第 1 阶段是从单个网络 ARPANET 向互联网发展的过程。

因特网来源于 1969 年美国国防部创建的 ARPANET,最初是单个网络。到了 70 年代中期,ARPA 开始研究多种网络互连的技术,这就是后来互联网的出现的原因。使用 TCP/IP 协议的计算机都能利用互联网相互通信,1983 年 TCP/IP 协议成为 ARPANET 的标准协议,因此将 1983 年作为因特网的诞生时间。

Internet 是一个专用名词,指由众多网络相互连接而成的特定计算机网络,它采用 TCP/IP 协议组作为通信的规则。

internet 是一个通用名词,它泛指由多台计算机网络互连而成的网络。

(2) 第 2 阶段是建成了三级结构的因特网。

从 1985 年起,美国国家科学基金会 NSF 逐步建设了计算机网络,即国家科学基金网 NSFNET,它分为主干网、地区网和校园网。这种三级结构的因特网覆盖了主要的大学和研究所。1991 年起,NSF 决定扩大其使用范围,同时美国政府决定将因特网的主干网交给私人公司来经营。1992 年,因特网上的主机超过 100 万台。

(3) 第 3 阶段是逐渐形成了多层次的 ISP 结构的因特网

1993 年起,美国政府机构不再负责因特网的运营,NSFNET 逐渐被若干个商用的因特网主干网替代。因特网服务提供者 ISP 是一个进行商业活动的公司。任何机构和个人只要向 ISP 缴纳一定的费用,就可以从 ISP 得到所需要的 IP 地址,并通过 ISP 接入到因特网。

8.4.2 IP 地址和域名

IP 地址就是给因特网上的每一部主机或路由器的每一个接口分配一个在全世界范围内唯一的 32 bit 标示符。IP 地址现在由 ICANN 公司分配。

一个 IP 地址在整个因特网范围内是唯一的。IP 地址划分为若干类,每一类 IP 地址都由两个固定长度的字段组成。这两个固定长度的字段分别为网络号和主机号。

IP 地址::={<网络号><主机号>}

"::="表示"定义为"

IP 地址被分为 5 种类型,分别为 A 类、B 类、C 类、D 类和 E 类,如表 8.1 所示。

A 类、B 类、C 类地址都是单播地址,其指派范围见表 8.2,D 类地址用于多播,E 类地址保留为以后所用。

表 8.1　IP 地址范围及网络号和主机号长度

IP 地址类	地址范围	网络号长度	主机号长度
A 类	0.0.0.0～127.255.255.255	8 bit	24 bit
B 类	128.0.0.0～191.255.255.255	16 bit	16 bit
C 类	192.0.0.0～223.255.255.255	24 bit	8 bit
D 类	多播地址		
E 类	保留为今后使用		

表 8.2　IP 地址的指派范围

网络类别	最大可指派的网络数	第一个可指派的网络号	最后一个可指派的网络号	每个网路中的最大主机数
A	126	1	125	16 777 214

续　表

网络类别	最大可指派的网络数	第一个可指派的网络号	最后一个可指派的网络号	每个网路中的最大主机数
B	16 384	128.0	191.255	65 534
C	2 097 152	192.0.0	223.255.255	254

A 类以 0 开头,B 类以 10 开头,C 类以 110 开头,D 类以 1110 开头,E 类以 11110 开头。我们把二进制的前几位作为标志来划分这 5 类地址。特殊的 IP 地址见表 8.3。

表 8.3　特殊 IP 地址

网络号	主机号	作源地址	作目标地址	含义
0	0	可以	不可以	在本网络上的本主机
0	Host-ID	可以	不可以	在本网络上的某个主机
全 1	全 1	不可以	可以	只在本网络上进行广播(各路由器均不转发)
Net-ID	全 1	不可以	可以	对 Net-ID 上所有的主机进行广播
127	非全 0 或全 1 的任何数	可以	可以	作为本地软件循环测试

1. 划分子网与子网掩码

给每一个物理网络分配一个网络号会使路由表变得太大,从而导致网络性能降低及两级 IP 地址不够灵活等问题,为了解决 IP 地址空间利用率比较低的问题,我们在 IP 地址中又增加了一个"子网号段",使两级 IP 地址变成为三级 IP 地址,这种做法叫作划分子网。划分子网不改变 IP 地址原来的网络号 Net-ID,只是对 IP 地址的主机号 Host-ID 这部分进行划分。

两级 IP 地址在本单位内部变为三级 IP 地址,即

网络号	子网号	主机号

子网掩码是用来指明一个 IP 地址哪些位标识的是主机所在的子网,以及用哪些位来标识主机的位掩码。

A 类地址的默认子网掩码是 255.0.0.0,或 0xFF000000;B 类地址的默认子网掩码是 255.255.0.0,或 0xFFFF0000;C 类地址的默认子网掩码是 255.255.255.0,或 0xFFFFFF00。

2. 域名系统

域名是由一串用圆点"."分隔的名字组成的 Internet 上某一台计算机或计算机组的名称。

域名一般格式为

"计算机名.组织机构名.二级域名.顶级域名",层次从左到右逐渐升高。

顶级域名是第一级域名,它分为 3 种类型:国家顶级域名、国际顶级域名和通用顶级域名。

国家顶级域名 nTLD 中,".cn"表示中国,".us"表示美国,".uk"表示英国。截至 2006 年 1 月,国家顶级域名总共有 247 个。国际顶级域名采用".net",国际型组织在".net"下注册。通用顶级域名 gTLD 中最常见的有 7 个,即 net(网络服务机构)、com(公司企业)、edu(教育机构)、gov(政府部门)、mil(军事部门)、org(非营利性组织)、int(国际组织)。

二级域名均由该国自行确定,它划分为"类别域名"和"行政区域名"。

组织机构名一般表示主机所属域或单位。

域名与 IP 地址存在对应关系,当用户要与因特网上的某一台主机通信时,既可以用这台主机的域名,也可以用 IP 地址。Internet 上的 DNS 服务器,负责完成 IP 与域名之间的转换。

8.4.3　Internet 提供的服务

Internet 上的服务已多达几万种,其中万维网、文件传输、远程登录、电子邮件等服务是免费提供的。

1. 万维网

(1)万维网概述

WWW(World Wide Web)是一个大规模、联机式的信息存储场所,英文简称为 Web。

万维网由欧洲粒子物理实验室的 Tim Berners-Lee 于 1989 年 3 月提出的。万维网是一个分布式的超媒体系统,它是超文本系统的扩充。

超文本是包含指向文档的链接的文本,超文本文件由 HTML(超文本标记语言)格式写成。万维网文本不仅含有图像和文本,还含有作为超链接的词、词组、句子、图标和图像等。

超媒体与超文本的区别在于文档内容的不同。超媒体文档包含文本信息和图像、图形、动画、声音、视频等,而超文本文档仅包含文本信息。

万维网由 HTTP(超文本传送协议)、Web 服务器和浏览器 3 部分组成。万维网以客户服务器方式工作,客户程序向服务器程序发出请求,服务器程序向客户程序送回客户所需的万维网文档。

网站指的是以万维网方式提供服务的站点,网站提供的内容叫作网页。提供 Internet 接入服务的单位叫作服务提供商(ISP),如中国电信、中国网通等。

(2)统一资源定位符

统一资源定位符(URL)用来表示从因特网上得到的统一资源位置和访问这些资源的方法。它由 4 部分组成:协议、主机、端口、路径。URL 格式为

<协议>://<主机>:<端口>/<路径>。

<协议>指的是用什么协议来获取该万维网文档,一般常用的协议是 HTTP,其次是FTP。<协议>后面的":∥"不能省略。<主机>指的是该主机在因特网上的域名。

(3)超文本传输协议

超文本传输协议(hyper text transfer protocal,HTTP)是 Web 客户机与服务器之间的应用层传输协议,它是万维网上能够可靠地交换文件的重要基础。HTTP 协议是基于TCP/IP 之上的协议。

Web 服务器一旦监听到 Web 浏览器的连接请求并建立了 TCP 连接之后,浏览网就向WWW 服务器发出浏览某一个页面的请求,服务器向浏览器返回所请求的页面。最后,TCP 释放连接。

(4)浏览器

浏览器是 WWW 访问的必备工具,目前使用比较多的浏览器有 IE 浏览器、Firefox 浏览器、Opera 浏览器、Google Chrome 浏览器等。

2. 文件传输

文件传送协议 FTP(file transfer protocal)提供交互式访问,允许客户指明文件的类型与格式和文件具有的存取权限。在早期阶段,由域名系统和电子邮件产生的通信量小于 FTP 所产生的通信量,FTP 所产生的通信量约占整个 Internet 的通信量的 1/3。

FTP 实现文件传输的下载和上传功能。下载指的是从远程计算机向本地计算机复制文件;上传指的是从本地计算机向远程计算机复制文件。在因特网上只要两台计算机支持 FTP 协议,无论它们在地理位置上相距多远,都可以随时相互传送文件。

用户可以通过 FTP 客户端程序方式或 WWW 方式进行文件传输。常用的客户端程序有迅雷、东方快车、BT 等。这些客户端程序传送文件时采用很好的技术手段来保证传输质量,比如,断点续传技术、多线程技术等。断点续传技术是指在传送过程中设置多个断点,一旦掉线系统会记住断点位置,下次从最近的断点处继续进行。多线程技术是指把多个阶段并发执行。WWW 方式功能很强大,但速度比较慢。

3. 远程登录

用户可以在本地计算机发送命令使远程的服务器执行。Telnet 是基于字符界面的,它是最常用也是最原始的远程管理命令,一般格式为

Telnet 要登录计算机的域名或 IP 地址。

由于 Telnet 命令基于字符界面,因此用户所执行的命令也必须是基于字符界面的。退出 Telnet 时要使用"exit"命令。

4. 电子邮件

电子邮箱把电子邮件(E-mail)发送到收件人使用的邮件服务器,并放在收件人的邮箱中。

(1) E-mail 信箱与 E-mail 地址

这两种方式可以建立 E-mail 账户:一种是用户向 ISP 申请 Internet 账户时,ISP 即会在它的 E-mail 服务器上建立该用户的 E-mail 账户;另一种是可以通过 WWW 在 Internet 上申请免费邮箱。

每个电子邮箱都有一个电子邮件地址。E-mail 地址的一般格式为

用户名@信箱所在主机的域名。

其中用户名是指在该计算机上为用户建立的 E-mail 账户名,@表示"at"的意思,主机域名是指拥有独立 IP 地址的计算机域名。

(2) E-mail 系统的功能

电子邮件系统分为用户界面和报文传输两部分。用户界面负责电子邮件的编辑、接收和发送,报文传输负责把电子邮件正确、可靠地传送到目的地。

(3) E-mail 的两种方法

通常,可以采用 WWW 方式和邮件客户端程序方式来使用 E-mail。

(4) E-mail 协议和工作过程

E-mail 系统使用两种协议:简单邮件传送协议 SMTP 和邮局协议 POP。SMTP 协议的作用是把邮件从发送方的计算机中正确地传送到接受方的邮箱中。POP 协议的作用是把存储在服务器邮箱中的邮件正确地接收到用户计算机中。E-mail 协议的工作过程是,用户所发送的电子邮件首先被传送到 ISP 的 E-mail 服务器邮箱中。Email 服务器将根据电子

邮件的目的地址,采用存储转发的方式,通过 Internet 将电子邮件传送到收信人所在的 E-mail 服务器中。当收信人的计算机开机时,E-mail 服务器将自动将新邮件传送到收信人的电子邮箱中。

8.5 物联网概述

8.5.1 物联网定义

物联网是新一代信息技术的重要组成部分,也是"信息化"时代的重要发展阶段。其英文名称是"Internet of things(IoT)"。顾名思义,物联网就是物物相连的互联网。

这有两层意思:其一,物联网的核心和基础仍然是互联网,是在互联网基础上延伸和扩展的网络;其二,其用户端延伸和扩展到了任何物品,物品与物品之间进行信息交换和通信,也就是"物物相息"。

物联网通过智能感知、识别技术与普适计算等通信感知技术,广泛应用于网络的融合中,也因此被称为继计算机、互联网之后世界信息产业发展的第 3 次浪潮。物联网是互联网应用的拓展,与其说物联网是网络,不如说物联网是业务和应用,因此,应用创新是物联网发展的核心,以用户体验为核心的创新 2.0 是物联网发展的灵魂。

物联网定义最初在 1999 年提出,即通过射频识别(RFID)、红外感应器、全球定位系统、激光扫描器、气体感应器等信息传感设备,按约定的协议,把任何物品与互联网连接起来,进行信息交换和通信,以实现智能化识别、定位、跟踪、监控和管理的一种网络。简而言之,物联网就是"物物相连的互联网"。

8.5.2 物联网的发展

物联网的概念最早出现于比尔·盖茨于 1995 年出版的《未来之路》一书中,在该书中,比尔·盖茨已经提及物联网的概念,只是当时受限于无线网络、硬件及传感设备的发展,并未引起世人的重视。

1968 年,英特尔(Intel)——当今全球最大的半导体芯片制造商,成立于美国硅谷的圣克拉拉。其所带来的计算机和互联网革命,改变了整个世界。

1971 年,英特尔推出了全球第一个微处理器 Intel 4004。

1971 年,IBM 第一次成功地在密歇根大学和韦恩州立大学之间建立了主机到主机的互动连接系统,创造了世界上第一台联网主机。

1974 年,TCP/IP 协议问世。同年,世界上第一台联网 ATM(自动取款机)诞生。自此,货币连接上了网络。

1977 年,世界上第一台家用调制解调器 80-103A 诞生。当时,全世界共有 13 台设备连接了网络。

1981 年,世界上第一台笔记本电脑 Osborne 1 由 Adam Osborne 的公司 Osborne Computer Corporation 设计和制造出来,重量 10.7 kg,当时售价 1 795 美元,运行的是 CP/M 2.2 操作系统。当时,全世界已经有 188 台设备连接了网络。

1989 年,前欧洲核子研究组织雇员、英国科学家 Tim Berners-Lee 草拟了万维网的基础协议构架,万维网由此诞生。

1995 年,Hotmail 创立,并且在 1996 年正式上线商用,成为世界上第一个基于网页的电子邮件服务。当时,全世界约有 31 万台设备连接了网络。

1998 年,斯坦福大学理工在读博士 Larry Page 和 Sergey Brin 共同创立了 Google。1999 年下半年,Google 搜索引擎正式启用。

1998 年,美国麻省理工学院创造性地提出了当时被称作 EPC 系统的"物联网"的构想。

1998 年,日本游戏世嘉(Sega)公司发布了 Dreamcast 游戏机,这也是世嘉历史上最后一部游戏机硬件产品,同时也是世界上第一款能够联网的游戏机。其操作系统采用 Windwos CE 2.0,内置一个改良版 IE 4 浏览器。至此,游戏机连接上了网络。

1999 年,美国 Auto-ID 首先提出"物联网"的概念,主要建立在物品编码、RFID 技术和互联网的基础上。过去,在中国,物联网被称之为传感网。中科院早在 1999 年就启动了对传感网的研究,并取得了一些科研成果,建立了一些适用的传感网,同年,在美国召开的移动计算和网络国际会议上提出"传感网是下一个世纪人类面临的又一个发展机遇"。

新千年到来了,计算机科学界迎来了一个难题——计算机 2000 年问题,也即"千年虫"。在 20 世纪,由于计算机存储器成本很高,用 4 位数字代表年份会占用很多的存储器空间。为了节省成本,很多计算机系统使用两位数来表示年份。而当这些设备涉及跨世纪的日期处理运算时,最终导致系统功能紊乱甚至崩溃。当时,全世界约有 9 300 万台设备连接了网络。

2000 年年底,京瓷公司和 Palm 公司发布了世界上第一款智能手机 Palm Kyocera(也称 Kyocera Palm)。Palm 公司后来一度成为智能手机行业的领导品牌,依靠 Treo 等知名智能机款式风靡全球。至此,移动电话连接上了网络。同年,LG 宣称进军互联网冰箱领域。尽管如今被当作笑话,但从那时开始,各大厂商已经开始了将冰箱接入互联网的工作。

2001 年,宝马公司发布了第 4 代 7 系轿车产品,主打"联网驾驶(connected drive)"。至此,汽车也连接上了网络。

2002 年,麻省理工学院的一群研究者做了一款产品——Ambient Orb。这款产品能够联网监测道琼斯工业指数、天气,以及其他多种多样的数据,并且随这些数据的走势来改变颜色。

2002 年 11 月,微软推出了应用于 Xbox 游戏主机的 Xbox Live 在线对战平台。至此,玩家在游戏主机上进行联网对战、协作游戏的想法变为了现实。

2003 年开始,《卫报》《科学美国人》和《波士顿环球报》开始使用"物联网"这一称呼。同期,RFID 被以沃尔玛为首的零售商等公司大范围应用到业务当中。

2003 年,美国《技术评论》提出传感网络技术将是未来改变人们生活的十大技术之首。

2004 年,哈佛大学在校生 Mark Zuckerberg 在他的宿舍里上线了 Facebook,后来成为世界上最大的在线社交网站。其拥有超过 10 亿的用户人数,每天分享的信息和上传的图片量都以亿计。

2004 年,世界上第一部智能电表诞生。至此,水电等基础设施,连接上了网络。同年,索尼 LIBRIé 诞生,这是世界上第一部电子书阅读器。至此,书籍连接上了网络。

2005 年 11 月 17 日,在突尼斯举行的信息社会世界峰会(WSIS)上,国际电信联盟(ITU)发布了《ITU 互联网报告 2005:物联网》,正式提出了"物联网"的概念。该报告指出,无所不在的"物联网"通信时代即将来临,世界上所有的物体从轮胎到牙刷、从房屋到纸巾都可以通过因特网主动进行交换。射频识别技术(RFID)、传感器技术、纳米技术、智能嵌入技术将得到更加广泛的应用。

2007年,Amazon Kindle 电子书阅读器诞生,后来成了世界上最受欢迎的电子书阅读器。

2008年,物联网的概念被欧盟认可,第一届欧洲物联网大会举办。

2008年,Roku 联手 Netflix 推出了 Roku Netflix Player 机顶盒,这是世界上第一款智能电视产品。至此,电视连上了网络。当时,世界上大约有超过 20 亿台各式设备连接了网络。

2008年,世界笔记本电脑的销量首次超过了台式机。

2010年,Google 推出了 Google TV(如图 8.5 所示),将电视和互联网娱乐内容更好地整合到一起。在传统的电视中加入了互联网搜索,支持一边上网一边看电视,使用 Android 手机作为遥控器,还可以运行 Android 应用。至此,人们的家居生活因为互联网与家居电器物品的整合,变得更加丰富多彩。同年,中国总理温家宝公开表示,物联网是中国的一个重要产业,并宣布将对物联网产业进行巨额投资。与此同时,苹果公司发布了世界上首款消费级平板电脑产品 iPad。至此,平板电脑领域正式腾飞,和笔记本电脑一同开始了取代台式机的征程。当时,全世界大约有 50 亿台各式设备连接了网络。

图 8.5 Google TV

2011年,IPv6(Internet protocol version 6)面世。这个新的互联网基础协议将允许 2 的 128 次方个互联网地址被创建和分配。这意味着使用 IPv6,我们可以给整个地球上所有生物、非生物的所有原子分配一个地址,剩下的地址量还够分给 100 多个地球。

随着 Arduino(如图 8.6 所示)开源电子设备平台的日趋成熟,(NFC)成为很多手工电子产品爱好者的解决方案。同时,这也意味着更多小型的物联网可连接设备的准入。三星、Google 和诺基亚等公司宣布,未来 NFC 模块将会在手机中成为标配。

图 8.6 Arduino

8.5.3 物联网的特征

从通信对象和过程来看,物与物、人与物之间的信息交互是物联网的核心。物联网的基本特征可概括为整体感知、可靠传输和智能处理。

整体感知是利用射频识别、二维码、智能传感器等感知设备感知获取物体的各类信息。可靠传输是通过对互联网、无线网络的融合,将物体的信息实时、准确地传送,以便信息交流、分享。智能处理是使用各种智能技术,对感知和传送到的数据、信息进行分析处理,实现监测与控制的智能化。

根据物联网的以上特征,结合信息科学的观点,围绕信息的流动过程,可以归纳出物联网处理信息的功能有以下几个方面。

(1)获取信息的功能:主要是信息的感知和识别。信息的感知是指对事物属性状态及其变化方式的知觉和敏感;信息的识别是指能把所感受到的事物状态用一定方式表示出来。

(2)传送信息的功能:主要是指经过信息发送、传输、接收等环节,最后把获取的事物状态信息及其变化的方式从时间(或空间)上的一点传送到另一点,这就是常说的通信过程。

(3)处理信息的功能:是指信息的加工过程,利用已有的信息或感知的信息产生新的信息,实际是制定决策的过程。

(4)施效信息的功能:指信息最终发挥效用的过程,它有很多的表现形式,比较重要的是通过调节对象事物的状态及其变换方式,始终使对象处于预先设计的状态。

8.6 物联网的相关技术

8.6.1 地址资源技术

谈到物联网,就不得不提到物联网发展中备受关注的射频识别技术(radio frequency identification,RFID)。RFID(如图8.7所示)是一种简单的无线系统,由一个询问器(或阅读器)和很多应答器(或标签)组成。标签由耦合元件及芯片组成,每个标签具有扩展词条唯一的电子编码,附着在物体上标识目标对象,它通过天线将射频信息传递给阅读器,阅读器就是读取信息的设备。RFID技术让物品能够"开口说话"。这就赋予了物联网一个特性,即可跟踪性。也就是说,人们可以随时掌握物品的准确位置及其周边环境。据 Sanford C. Bernstein 公司的零售业分析师估计,关于物联网 RFID 带来的这一特性,可使沃尔玛每年节省 83.5 亿美元,其中大部分是因为不需要人工查看进货的条码而节省的劳动力成本。RFID 帮助零售业解决了商品断货和损耗(因盗窃和供应链被搅乱而损失)两大难题,而现在单是盗窃一项,沃尔玛一年的损失就达近 20 亿美元。

物联网的实现需要给每个物体分配唯一的标识或地址。最早的可定址性想法是基于 RFID 标签和电子产品唯一编码来实现的。

另一个来自语义网的想法是,用现有的命名协议,如统一资源标志符,来访问所有物品(不仅限于电子产品、智能设备和带有 RFID 标签的物品)。这些物品本身不能交谈,但通过这种方式它们可以被其他节点访问,例如,一个强大的中央服务器。

下一代互联网将使用 IPv6 协议,它拥有极大数量的地址资源,使用 IPv6 的程序几乎能够和所有的接入设备进行通信。这个系统将能够识别任何一种物品。

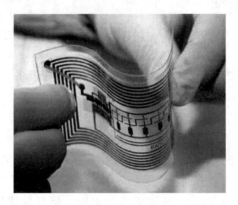

图 8.7　RFID 芯片

8.6.2　人工智能

虽然与人工智能相关的自主控制也并不依赖于网络架构,但当前的研究趋势是将与人工智能相关的自主控制和物联网结合在一起成为人工智能物联网。在未来,物联网可能是一个非决定性的、开放的网络,其中自组织的或智能的实体和虚拟物品能够和环境交互并基于它们各自的目的自主运行。

8.6.3　物联网架构

物联网系统很可能是一个事件驱动的架构,自底向上进行构建,并囊括各种子系统,因此,模型驱动和功能驱动的方式将会共存,系统能够较容易地加入新的节点,并能够处理意外。

在物联网中,一个事件信息很可能不是一个预先被决定的、有确定句法结构的消息,而是一种能够自我表达的内容,例如语义网。相应地,信息也不必要由确定的协议来规范所有可能的内容,因为不可能存在一个"终极的规范"能够预测所有的信息内容。那种自上而下进行的标准化是静态的,无法适应网络动态的演化,因而也是不切实际的。在物联网上的信息应该是能够自我解释的,顺应一些标准,同时也能够演化。

物联网＝物＋联网;物＝处理器＋传感器＋动作器;联网＝数据传输＋服务器＋用户端。

物联网的主要结构(如图 8.8 所示),大致分为 3 个层次。

(1) 感知层(sensor level):模拟人类的感官,用来搜集既有环境的相关数据,例如声、光、温度、压力等。而使用的感知工具有传感器(sensor)、识别器(identifier)、影音监控(video surveillance)。其中,传感器又分为物理性、化学性及生物性传感器,可几乎囊括人类所有的看、听、嗅及触觉,甚至包括对更精密的微生物酵素等的侦测;识别器则主要用来记录、传递、识别(recognition)与鉴别(verification)物品的身份证明,例如 RFID、QR Code 等;而影音监控则主要是通过影像、声音的截取来侦测对象的身份与移动,例如,网络监视摄影机(IP camera)、智能音箱、人工智能与语音识别等。

(2) 网络层(network level):网络层又分为近距通信和远距通信。近距通信,通常在

100 m 内,包含蓝牙、Wi-Fi、4G、ZigBee 等,属于高功耗、距离短、成本高的传输技术。远距通信,又分为 LoRa(Long Range)和窄带物联网(narrow band-IoT),前者是当前最受产业支持的 LPWA,后来相较 LoRa 速度更快、覆盖范围更大,是被看好的产业标准。

（3）分析层(analysis level):主要运用 AI、machine learning、pattern recognition、云计算等来分析判读多种回传的大数据。

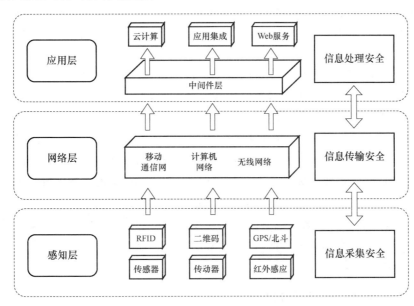

图 8.8　物联网主要结构图

8.6.4　云计算技术

云计算旨在通过网络把多个成本相对较低的计算实体整合成一个具有强大计算能力的完美系统,并借助先进的商业模式让终端用户可以得到这些拥有强大计算能力的服务。如果将计算能力比作发电能力,那么从古老的单机发电模式转向现代电厂集中供电的模式,就好比从现在大家习惯的单机计算模式转向云计算模式,而"云"就好比发电厂,具有单机所不能比拟的强大的计算能力。这意味着计算能力也可以作为一种商品进行流通,就像煤气、水、电一样,取用方便、费用低廉,以至于用户无须自己配备。与电力通过电网传输不同,计算能力是通过各种有线、无线网络传输的,因此,云计算的一个核心理念就是通过不断提高"云"的处理能力,不断减少用户终端的处理负担,最终使其简化成一个单纯的输入输出设备,并能按需享受"云"强大的计算处理能力。物联网感知层获取大量数据信息,在经过网络层传输以后,放到一个标准平台上,再利用高性能的云计算对其进行处理,赋予这些数据智能,才能最终转换成对终端用户有用的信息。

8.6.5　物联网系统

物联网中并不是所有节点都必须运行在全球层面上,比如 TCP/IP 层。很多末端传感器和执行器没有运行 TCP/IP 协议栈的能力,它们通过 ZigBee、现场总线等方式接入。这些设备通常也只有有限的地址翻译能力和信息解析能力,为了将这些设备接入物联网,需要某种代理设备和程序实现以下功能：在子网中用"当地语言"与设备通信；将"当地语言"与上层网络语言互译；补足设备欠缺的接入能力。该类代理设备也是物联网硬件的重要组成之一。

此外，出于对安全的考量，家庭、办公室、工厂等环境可能采用一个自治的物联网子网，有限制地与全球网互联。

机器对机器通信（machine to machine，M2M），是一种机器设备与机器设备间不需要人为干预，能直接通过网络沟通，自行完成任务的模式或系统机制。M2M 是一种以机器终端智能交互为核心的、网络化的应用与服务。它能使通信对象实现智能化的控制。M2M 技术涉及 5 个重要的技术部分：机器、M2M 硬件、通信网络、中间件、应用。基于云计算平台和智能网络，可以依据传感器网络获取的数据进行决策，改变对象的行为，进行控制和反馈。拿智能停车场来说，当该车辆驶入或离开天线通信区时，天线以微波通信的方式与电子识别卡进行双向数据交换，从电子车卡上读取车辆的相关信息，在司机卡上读取司机的相关信息，自动识别电子车卡和司机卡，并判断车卡是否有效和司机卡的合法性，核对车道控制电脑中显示的与该电子车卡和司机卡一一对应的车牌号码及驾驶员信息等资料；车道控制电脑自动将通过时间、车辆和驾驶员的有关信息存入数据库中，车道控制电脑根据读到的数据判断是正常卡、未授权卡、无卡还是非法卡，据此做出相应的回应和提示。M2M 在生活中的应用还有很多，比如，家中老人戴上嵌入智能传感器的手表，在外地的子女可以随时通过手机查询父母的血压、心跳是否正常；智能化的住宅在主人上班时，自动关闭水电气和门窗，并定时向主人的手机发送消息，汇报安全情况。

8.6.6 物联网传输方式的选择

由于最终端连接的'物'有千百种，因此极难制定一种统一的规格适合所有的应用，这是所有物联网系统面对的难题。当前无论是 MQTT、CoAP 还是 AMQP 这类物联网标准都尝试着将终端应用抽象化，集成进一个固定的通信格式之内。物联网传输方式有如下几种：

(1) 低功耗近距离，用 BLE 或 ZigBee；
(2) 低功耗远距离，用 NB-IoT 或 2G 网络；
(3) 大数据近距离，用 Wi-Fi；
(4) 大数据远距离，用 4G 网络。

网络布局上，远距离的网络直接连基站，无须自己布设网络节点。而近距离的网络都需要有一个网络节点，先把终端数据传给节点，节点再接入广域网。远距离传输比近距离传输的价格更贵、功耗更高。合理利用远近搭配，能够有效降低物联网终端的成本。例如，原本的共享单车采用 2G 网络解锁，必须要保持数据长连接或使用下行短信开锁，功耗高、费用大。而下载的共享单车抛弃了远程解锁，直接使用手机的蓝牙解锁单车，节省了数据流，降低了功耗，还能提高开锁速度。

8.7 物联网的主要应用领域

物联网用途广泛，遍及智能交通、环境保护、政府工作、公共安全、平安家居、智能消防、工业监测、老人护理、个人健康等诸多领域。

8.7.1 智能家居

智能家居(如图8.9所示)产品融合自动化控制系统、计算机网络系统和网络通信技术于一体,将各种家庭设备(如音视频设备、照明系统、窗帘控制、空调控制、安防系统、数字影院系统、网络家电等)通过智能家庭网络联网实现自动化,通过中国电信的宽带、固话和3G网络,可以实现对家庭设备的远程操控。与普通家居相比,智能家居不仅提供舒适宜人、高品位的家庭生活空间,实现更智能的家庭安防系统,还将家居环境由原来的被动静止结构转变为具有能动智慧的工具,提供全方位的信息交互功能。

图8.9 智能家居图示

8.7.2 智能医疗

智能医疗(如图8.10所示)系统借助简易实用的家庭医疗传感设备,对家中病人或老人的生理指标进行自测,并将生成的生理指标数据通过固定网络或3G无线网络传送给护理人员或有关医疗单位。根据客户需求,中国电信还提供相关增值业务,如紧急呼叫救助服务、专家咨询服务、终生健康档案管理服务等。智能医疗系统真正解决了现代社会子女们因工作忙碌无暇照顾家中老人的无奈。

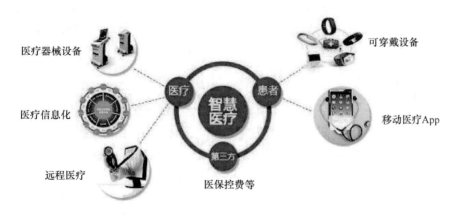

图8.10 智能医疗图示

8.7.3　智能城市

智能城市(如图 8.11 所示)产品包括对城市的数字化管理和城市安全的统一监控。前者利用"数字城市"理论,基于 3S(地理信息系统 GIS、全球定位系统 GPS、遥感系统 RS)等关键技术,深入开发和应用空间信息资源,建设服务于城市规划、城市建设和管理,服务于政府、企业、公众,服务于人口、资源环境、经济社会的可持续发展的信息基础设施和信息系统。后者基于宽带互联网的实时远程监控、传输、存储、管理的业务,利用中国电信无处不达的宽带和 3G 网络,将分散、独立的图像采集点进行联网,实现对城市安全的统一监控、统一存储和统一管理,为城市管理和建设者提供一种全新、直观、视听觉范围延伸的管理工具。

图 8.11　智能城市图示

8.7.4　智能环保

智能环保产品通过对地表水水质的自动监测,可以实现水质的实时连续监测和远程监控,及时掌握主要流域重点断面水体的水质状况,预警、预报重大或流域性水质污染事故,解决跨行政区域的水质污染事故纠纷,监督总量控制制度的落实。例如,太湖环境监控项目,通过安装在环太湖地区的环保监控传感器,将太湖的水文、水质等环境状态提供给环保部门,实时监控太湖流域水质等情况,并通过互联网将监测点的数据报送至相关管理部门。

8.7.5　智能交通

智能交通系统包括公交行业无线视频监控平台、智能公交站台、电子票务、车管专家和公交手机"一卡通"等业务。公交行业无线视频监控平台利用车载设备的无线视频监控和 GPS 定位功能,对公交运行专题进行实时监控。智能公交站台通过媒体发布中心与电子站牌的数据交互,实现公交调度信息数据的发布,还可以利用电子站牌实现广告发布等功能。电子门票是二维码应用于手机凭证业务的典型应用,从技术实现的角度上说,手机凭证业务就是以手机为平台、以手机身后的移动网络为媒介,通过特定的技术实现对凭证的处理。

8.7.6 智能司法

智能司法是一个集监控、管理、定位、矫正于一身的管理系统,能够帮助各地各级司法机构降低刑罚成本、提高刑罚处理效率。例如,目前,中国电信已实现通过 CDMA 独具优势的 GPSOne 手机定位技术对矫正对象进行位置监管,同时具备完善的矫正对象电子档案、查询统计功能,并包含对矫正对象的管理考核,给矫正工作人员的日常工作提供信息化、智能化的高效管理平台。

8.7.7 智能农业

智能农业产品通过实时采集温室内温度、湿度信号,以及光照、土壤温度、CO_2 浓度、叶面湿度、露点温度等环境参数,自动开启或者关闭指定设备。可以根据用户需求,随时进行处理,为农业综合生态信息的自动监测,以及环境的自动控制和智能化管理提供科学依据。通过数据采集模块采集现场传感器的信号,经由无线信号收发模块传输数据,实现对大棚环境参数的远程控制。智能农业产品还包括智能粮库系统,该系统将对粮库内温湿度变化的感知与计算机或手机连接,进行实时观察,记录现场情况以保证量粮库内的温湿度平衡。

8.7.8 智能物流

智能物流(如图 8.12 所示)打造了集信息展现、电子商务、物流配载、仓储管理、金融质押、园区安保、海关保税等功能为一体的物流园区综合信息服务平台。该信息服务平台以功能集成、效能综合为主要开发理念,以电子商务、网上交易为主要交易形式,建设了高标准、高品位的综合信息服务平台,并为金融质押、国区安保、海关保税等功能预留了接口,可以为园区客户及管理人员提供一站式综合信息服务。

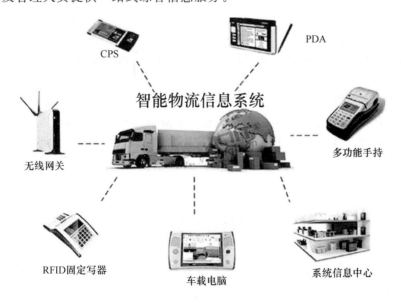

图 8.12　智能物流图示

8.7.9　智能文博

智能文博系统是基于 RFID 和无线网络,运行在移动终端的导览系统。该系统在服务器端建立相关导览场景的文字、图片、语音以及视频介绍数据库,以网站形式提供专门面向移动设备的访问服务。移动设备终端通过其附带的 RFID 读写器得到相关展品的 EPC 编码后,可以根据用户需要,访问服务器网站并得到该展品的文字、图片、语音或者视频介绍等相关数据。该产品主要应用于文博行业,实现智能导览及呼叫中心等应用拓展。

8.8　物联网产生的影响

物联网对当今社会产生了重大影响,我们主要简述以下 3 个方面的影响。

1. 对经济的影响

物联网将技术与社会连接在一起将产生一种新的技术经济结构,对社会、经济活动产生巨大的影响,因此,将形成新的经济形态,表现出巨大的市场前景。物联网是生产社会化、智能化的必然产物,是现代信息网络技术与传统商品市场的有机结合的一种创造。这种创造不仅可以极大地促进社会生产力发展,还能够改变社会生活方式。

2. 对信息产业发展的影响

如果把计算机的出现使信息处理获得了质的飞跃视作信息技术的第 1 次产业化浪潮,把互联网和移动网的发展使信息传输获得了巨大提升视作信息技术的第 2 次产业化浪潮,那么,以物联网为代表的信息获取技术的突破,将掀起信息技术的第 3 次产业化浪潮。物联网实现了原来由人操控的物与物的联系,相当于把现实世界和虚拟世界用信息联系了起来。这种新的概念必定会让人有新的想法和看法,也会促使信息产业的创新,加快社会信息化的进程。

3. 对安防的影响

北京奥运会期间,物联网得到了很广泛的应用,譬如,在视频联网监控、智能交通指挥、食品安全追溯、环境动态监测等方面,物联网技术获得了非常大的用武之地。上海世博会期间,约 34 万人在世博园就餐,保证食品安全成了首要目标。利用物联网,在现场就可快速追溯食品和原料的来源,确保供应渠道的安全可靠。世博会的火警警报装置也利用了物联网,消除了世博会期间的火险。汶川地震时信息通过物联网被传递到后方的决策部门,有效规避了人员实地观测可能遭遇的伤亡风险。这一切都说明了物联网的有效应用可以保障安全。

8.9　物联网的发展前景

物联网作为新一代技术的高度密集集成和综合应用,具有知识密集度高、应用范围广、成长潜力大、带动力强和综合效益好等特点。物联网的应用范围极广,我国"十二五"规划中积聚了九大重点领域:智能工业、智能农业、智能物流、智能交通、智能电网、智能环保、智能安保、智能医疗、智能家居,这些集中发展的领域几乎涵盖了我们社会生产和生活的方方面面。

但我们应该看到物联网市场的培育和发展不可能一蹴而就,而是需要一个相当漫长的过程。目前,我国物联网的发展还处于初级阶段,物联网产业链的建设、商业模式的创新和市场的培育是亟待解决的核心问题。此外,我国传感器和芯片、智能信息处理技术及软件等也是物联网产业链建设的薄弱环节。这些都制约着物联网的发展。物联网作为一种技术应用和产业发展,有着其自身的发展规律。

物联网未来的发展会经过一个从点到面,从低级到高级的应用过程。由于物联网不是单一的应用,目前我国物联网的发展还属于政策引导、示范应用,以应用带动产业发展,逐步过渡到由市场主导物联网的发展。而产业的发展也是不均衡的,比如,目前应用最多的是安防、电力和交通等行业,这些行业的市场和规模大,迫切需要应用物联网提升生产和服务水平。随着物联网应用的发展和推进,物联网应用会逐渐从公共管理和服务市场过渡到企业行业应用,最后会逐步推广到诸如智能家居、个人家庭等领域,从而提高我们生活的水平和质量。

物联网从点到面的发展过程中具有分散性经营特征,无法形成规模化和智慧化的特征,比如,智能家居应用,目前多数智能家居的应用属于分散和分割状态,如智能空调、智能冰箱等还仅仅属于智能家居很小的一部分应用,只有当整个家庭居住区基本被智能家居产品覆盖,形成一个智能环境,甚至成为智能小区的一部分的时候,智能家居才能逐步演化为智能居住环境,开始体现面上的应用特征。

物联网的发展必须经过从低级到高级的应用过程。比如,农业物联网大棚,通常大棚都在村外无人值守,但冬天大棚的温度对蔬菜的生产至关重要,使用物联网技术,农民在家中就可以掌握大棚的温度信息,比如,可通过电信商业无线网络将大棚监测到的温度信息传送给农民,这就属于物联网的简单应用。如果大棚信息异常,还可通过网络进行异常报告。稍微复杂的物联网应用不仅可以向农民汇报信息,还可以经农民的许可或自动地开启温度调节装置,进行自动控温。如果农业大棚还能够控制浇水、施肥、虫害防治、通风、温湿度、光照等,那么结合专家系统,可以使农业大棚更加智能化,不仅可以改善蔬菜的质量、口感,还可以提高产量,甚至可以结合食品追溯等,这样一来,就可以大大降低劳动强度,利于规模化经营。

物联网发展的高级阶段必然以呈现智慧化服务为特征。物联网发展的初级阶段是智能物体上网,感知信息传输,物联网应用仅仅关注前端的数据收集。随着物联网应用的深入,通过对海量感知信息的智能分析处理,比如,数据挖掘、专家系统等的应用,将使得物联网呈现出智慧化服务的特征。

另外物联网本身属于多种技术的集成,各种技术的发展会促进物联网本身的发展。比如,传感器技术、无线传输技术、嵌入式节点技术、软件技术、信息处理技术等的发展都会影响物联网本身的发展。此外,对其他产业技术而言,物联网的发展也不是孤立的,本质上物联网属于社会信息化的自然推动,物联网本身也只是一种手段而不是目的。一个智慧化城市的建设,需要依赖包括物联网在内的其他信息技术,比如,云计算技术、无线网络技术、移动互联网技术等。这些技术的发展也会相互依赖、相互融合和相互促进,最终向实现一个智慧化的世界逐步迈进。

本 章 小 结

计算机网络是指在不同的地理位置分散的具有独立的运算功能的计算机,通过不同的通信设备和通信链路连接起来,在一定的网络协议和软件的支持下,实现互相通信和资源共享的系统。

因特网覆盖了全球,按其工作方式可以分为两块:核心部分和边缘部分。边缘部分由所有连接在因特网上的主机组成。核心部分为边缘部分提供服务,它由大量网络和链接这些网络的路由器组成。

计算机网络按作用范围的不同可分为无线个人区域网(WPAN)、局域网(LAN)、城域网(MAN)、广域网(WAN);按信息交换方式的不同可分为线路交换网、报文交换网、分组交换网;按使用者的不同可分为公用网、专用网;按网络传输介质的不同可分为有线网、无线网;按通信信道的不同可分为点到点式网络、广播式网络;按网络传输频带的不同分为基带网、宽带网。

计算机网络主要的拓扑结构有星形拓扑结构、总线形拓扑结构、树形拓扑结构、环形拓扑结构、网状拓扑结构。

OSI/RM 模型将计算机网络的体系结构分成 7 层。从高到低依次为应用层、表示层、会话层、传输层、网络层、数据链路层、物理层。

TCP/IP 协议代表 Internet 协议系列,它是用于计算机通信的协议。TCP/IP 协议只有4 层,分别是应用层、运输层、网际层和网络接口层。

TCP(transmission control protocal)协议的中文名称是传输控制协议,它是面向连接的协议,数据传送之前,先要建立连接。

IP(Internet protocol)协议的中文名称是网络互连协议。它负责将数据从一个节点传送到另一个节点。

局域网中常见的有以太网(Ethernet)、FDDI 网(fiber distributed data interface)、ATM网(asynchronous transfer mode)、无线局域网(wirress local area network)等几类。

常用的网络互联设备有中继器、网桥、路由器、网关等。

域名是由一串用圆点“.”分隔的名字组成的 Internet 上某一台计算机或计算机组的名称。

IP 地址就是给因特网上的每一部主机或路由器的每一个接口分配一个在全世界范围内唯一的 32 bit 标示符。

Internet 上的服务已多达几万种,其中万维网 WWW、文件传输、远程登录、电子邮件等都是免费提供的。

本章通过介绍物联网的基本概念、其所涉及的技术以及应用领域和未来的发展前景,使大家对物联网有了初步的认识,进一步了解计算机应用技术未来的发展趋势。

习　题

1. 填空题

(1) 计算机网络是由_____技术和_____技术的结合而产生的。

(2) OSI/RM 模型将计算机网络的体系结构分成 7 层。从高到低依次为_____、_____、_____、_____、_____、_____、_____。

(3) 按不同作用范围可把网络分为广域网、_____、_____、无线个人区域网。

(4) 主要的拓扑结构有星形拓扑结构、_____、树形拓扑结构、_____、网状拓扑结构。

(5) 常用的网络互联设备有中继器、_____、_____、网关等。

(6) 域名 gTLD 中, net 表示_____、com 表示_____、edu 表示_____、gov 表示_____、mil 表示_____。

(7) Internet 上的基本服务方式包括万维网 WWW、_____、_____、_____。

(8) TCP/IP 协议只有 4 层, 分别是_____、_____、_____和网络接口层。

(9) 局域网中常见的有以太网 Ethernet_____、_____、_____。

(10) 物联网的三大基本特征为_____、_____和_____。

(11) 物联网的主要结构的 3 个层次为_____、_____和_____。

(12) M2M 的中文名称是_____。

(13) 物联网最早出现于_____。

(14) 物联网在 3 方面有重要影响, 分别为_____、_____和_____。

(15) 物联网感知层中的感知工具为: _____、_____和_____。

2. 选择题

(1) 像学校或企业等较小的范围由多台计算机相互连接而成的计算机组是(　　)。

A. 局域网　　　　B. 城域网　　　　C. 广域网　　　　D. 无线个人区域网

(2) 所有的站点都连接到一个中央节点的拓扑结构是(　　)。

A. 总线形拓扑结构　　　　　　　　B. 树形拓扑结构

C. 星形拓扑结构　　　　　　　　　D. 环形拓扑结构

(3) 因特网服务特供商的英文名是(　　)。

A. IPS　　　　　B. USA　　　　　C. ISP　　　　　D. ISA

(4) 用于将不同类型局域网互联在一起的网络连接设备是(　　)。

A. 网桥　　　　　B. 路由器　　　　C. 网关　　　　　D. 网卡

(5) OSI/RM 开放系统互连参考模型中从高到低, 第 5 层是(　　)。

A. 物理层　　　　B. 网络层　　　　C. 数据链路层　　　D. 应用层

(6) 以下不属于物联网通信感知技术的是？(　　)

A. M2M　　　　　B. 智能感知　　　C. 智能识别　　　D. 普适计算

(7) 下列属于物联网架构的是？(　　)

A. SSH　　　　　B. M2M　　　　　C. RFID　　　　　D. SSM

(8) 下列属于物联网低功率远距离传输方式的是？（　　）

A. ZigBee　　　　B. 4G　　　　　　C. NB-loT　　　　D. Wi-Fi

(9) 以下不属于物联网整体感知特性的技术为（　　）。

A. GPS　　　　　B. 射频识别　　　　C. 二维码　　　　D. 智能传感器

(10) M2M 的技术核心是（　　）。

A. 简单高效　　　　B. 人工智能　　　　C. 智慧地球　　　　D. 智能交互

(11) 智慧城市是_____和_____结合的产物（　　）。

A. 数字乡村 物联网　　　　　　　　B. 数字城市 互联网

C. 数字城市 物联网　　　　　　　　D. 数字乡村 局域网

(12) 以下哪种方式是属于大数据近距离传播？（　　）

A. ZigBee　　　　B. Wi-Fi　　　　　C. 4G　　　　　　D. BLE

(13) 下列不属于物联网应用范畴的是？（　　）

A. 智慧地球　　　　B. 健康医疗　　　　C. 智能通信　　　　D. 智慧城市

3. 简答题

(1) 简述域名与 IP 地址的关系。

(2) 试问 198.116.177.3 这个 IP 是哪一类的？并分别指出网络号和主机号。

(3) 简述两台计算机之间网络传送文件的过程。

(4) 简述数据在各层之间的传递过程。

(5) 域名的作用是什么？

(6) 网络连接设备有那些？各自的作用是什么？

(7) 请简述物联网的定义。

(8) 请简述 IPv6 协议对于物联网发展的意义。

(9) 请简述物联网处理信息的功能。

(10) 为什么云计算技术对于物联网具有重要意义？

(11) 请结合所学内容,简单论述智能家居应该用什么传输方式？

第9章 大数据及云计算

9.1 初识大数据

9.1.1 大数据的基本概念

不同领域的组织和专家对于大数据的理解都略有不同,但其内在的价值却得到了一致的肯定。

(1)大数据是所涉及的数据量规模巨大到使数据无法通过人工在合理时间内截取、管理、处理并整理成为人类所能解读的信息的数据集合。

(2)大数据是在多样的或者大量数据中,迅速获取信息的能力。

(3)大数据是融合物理世界、信息空间和人类社会三元世界的纽带。

(4)大数据是新一代信息技术产业的强劲推动力。

大数据产生的来源主要是数据库的大数据、web的大数据、移动互联网的大数据和物联网的大数据。

大数据(big data)是指无法在一定时间范围内用常规软件工具进行捕捉、管理和处理的数据集合,是需要新处理模式才能具有更强的决策力、洞察发现力和流程优化能力的海量、高增长率和多样化的信息资产。

9.1.2 大数据的主要技术

大数据的主要技术有大数据科学、大数据工程和大数据应用。大数据科学通过寻找大数据网络快速发展和运营过程中的规律,并用其来验证大数据与社会活动之间的复杂关系;大数据工程通过规划建设大数据并进行运营管理整个系统;大数据应用主要体现在业务需求方面,而在此之前,大数据需要对大量的数据进行有效处理,其中包括大规模并行处理(MPP)数据库、分布式文件系统、数据挖掘电网、云计算平台、分布式数据库、互联网和可扩展的存储系统。

大数据把时间作为处理要求,把处理方式分为流处理和批处理。两种处理方式的不同将给相关的平台带来体系结构上的不同。流式处理假设数据的潜在价值是数据的新鲜度,因此该处理方式应尽可能快地处理数据并得到相应的结果。在数据连续到达的过程中,由于流携带了大量数据,只有小部分的流数据被保存在有限的内存中。流处理理论和技术的研究已相对成熟,其代表性的开源系统有 Storm、S4 和 Kafka。流处理方式用于在线应用,通常工作在秒或毫秒级别;在批处理方式中,数据首先被存储,随后被分析。MapReduce 是非常重要的批处理模型。MapReduce 的核心思想是,数据首先被分为若干个小数据块,随后这些数据块被并行处理并以分布的方式产生中间结果,最后这些中间结果经合并产生最终结果。由于简单高效,MapReduce 被广泛应用于生物信息、Web 挖掘和机器学习。

从数据生命周期的角度,我们从数据源、数据特性等方面总结、比较了主要的数据分析方法,包括结构化数据分析、文本分析、Web 数据分析、多媒体数据分析、社交网络数据分析和移动数据分析。

1. 结构化数据分析

在科学研究和商业领域产生了大量的结构化数据,这些结构化数据可以利用成熟的RDBMS、数据仓库、OLAP 和 BPM 等技术管理,而其所采用的数据分析技术则是前面介绍的数据挖掘和统计分析技术。近来深度学习(deep learning)逐渐成为一个主流的研究热点。当前的许多机器学习算法依赖于用户设计的数据表达和输入特征,这对不同的应用来说是一个复杂的任务。而深度学习则集成了表达学习(representation learning),可以学习多个级别的复杂性/抽象表达。

2. 文本分析

文本数据是信息储存的最常见形式,包括电子邮件、文档、网页和社交媒体内容,因此文本分析比结构化数据具有更高的商业潜力。文本分析又称为文本挖掘,是指从无结构的文本中提取有用信息或知识的过程。文本挖掘是一个跨学科的领域,涉及信息检索、机器学习、统计、计算语言和数据挖掘。大部分的文本挖掘系统建立在文本表达和自然语言处理(NLP)的基础上。文档表示和查询处理是开发矢量空间模型、布尔检索模型和概率检索模型的基础,这些模型又是搜索引擎的基础。NLP 技术能够增加文本的可用信息,允许计算机分析、理解甚至产生文本。词汇识别、语义释疑、词性标注和概率上下文无关文法等是NLP 的常用方法。人们基于这些方法提出了一些文本分析技术,如信息提取、主题建模、摘要、分类、聚类、问答系统和观点挖掘。

3. Web 数据分析

目前,对于互联网企业来说,精通数据分析技术,以及如何监测和测量数据指标,成了企业运营的核心任务,而 Web 数据分析的目标是从 Web 文档和服务中自动检索、提取和评估信息以发现知识,它涉及数据库、信息检索、NLP、文本挖掘和 Web 挖掘,Web 挖掘可分为Web 内容挖掘、Web 结构挖掘和 Web 用法挖掘。

4. 多媒体数据分析

多媒体数据分析是指从多媒体数据中提取有趣的知识,理解多媒体数据中包含的语义信息。多媒体数据的来源异常丰富,其不再是我们以往认为的图像,而是来源于各种可以产生丰富图像、视频、语音数据的智能设备。除此之外,现实生活中的各种监控摄像设备、医疗图像设备、物联网传感设备、卫星等都能产生大量的图像、视频数据。多媒体数据在很多领域比文本数据或简单的结构化数据包含的信息更丰富,提取信息需要解决多媒体数据中的语义分歧。以新浪微博为例,用户的微博中含有大量的图片、视频等链接,体现在被大量关注和转发的微博上。而用户对于纯文本的微博信息关注程度比较低。再者,目前微信的使用量居高不下,其主要以语音作为信息载体,改变了以往以纯文本形式进行社交的方式。如今,多媒体数据分析研究覆盖范围较广,包括多媒体摘要、多媒体标注、多媒体索引和检索、多媒体推荐和多媒体事件检测。

5. 社交网络数据分析

随着在线社交网络的兴起,网络分析从早期的文献计量学分析和社会学网络分析到21世纪的社交网络分析。社交网络包含大量的联系和内容数据。其中联系数据通常用一个图拓扑表示实体间的联系;内容数据则包含文本、图像和其他多媒体数据。显然,社交网络数据的丰富性给数据分析带来了前所未有的挑战和机会。通过对社交网络数据的分析,我们可以发现潜在内部的商机,如某个用户的活动商圈是否在企业的商圈覆盖范围内、某个用户的消费能力、兴趣爱好及其近期的购买习惯、用户购买自己产品的概率、竞争对手的策略等。此外,对结果的分析还能实现效果预测。这不仅能促进企业的发展,还能对企业起到危机预警的作用以防止企业遇到危机时无从下手解决。危机预警是将网络中突然发布的可能对企业产生危机的信息即时监控起来,并实时追踪其传播路径,最终找到其中的关键节点,利用"乱石"打散其传播轨迹,从而让危机尽量消失。这就类似于对舆情的控制,经过对社交网络数据的分析来控制舆情的爆发。从以数据为中心的角度,社交网络的研究方向目前主要有基于联系的结构分析和基于内容的分析。今后,社交网络将会成为我们预测未来趋势的有力工具,企业的发展也将借助对社交网络数据的分析来制定出更精准、广泛、有效的社会化营销体系,从而不断提高自己的服务质量。

6. 移动数据分析

随着移动计算的迅速发展,更多的移动终端(移动手机、传感器和 RFID)和应用逐渐在全世界普及。移动应用是移动互联网的重要载体之一,而移动应用的数据分析是指在获得移动应用的用户使用情况等基本数据的情况下,进行数据分析,深入挖掘用户的使用特点和潜在的价值,从而找到企业产品设计的不足、发现机遇、优化产品及营运策略,从而提升移动应用的质量。如图 9.1 所示,该图体现了移动数据分析的意义。

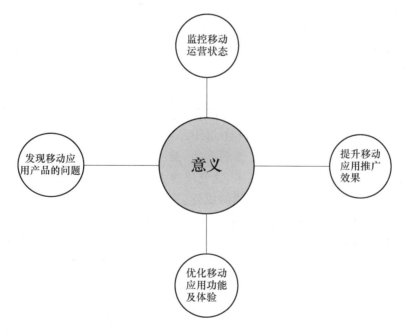

图 9.1　移动数据分析的意义

移动数据分析的思路是对移动数据的分析从混乱到清晰的过程,也是由基础数据分析到深度数据分析的演化。其中基础数据分析包括用户的新增和启动、活跃分析、时段分析、地域分析、设备机型等。深度数据分析包括用户留存、用户的流失、用户的生命周期、用户的回访次数、日启动次数等。移动数据分析的流程就是一个发现问题、分析问题和解决问题的过程,这与其他大数据分析方法的流程一样。在做移动数据分析之前,必须想清楚 3 个问题,如图 9.2 所示。移动数据分析要达到移动应用和产品、运营、市场三者的平衡。2012 年末,移动数据流量每月达到 885 PB。巨量的数据对移动分析提出了需求,但是移动数据分析面临着移动数据特性带来的挑战,如移动感知、活动敏感性、噪声和冗余。

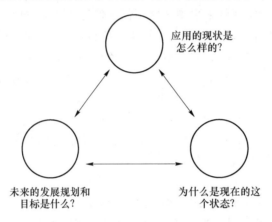

图 9.2　移动数据分析的 3 个问题

9.1.3　大数据的特征

大数据具有 4 个典型的特征,即通常说的 4 个"V"——volume(量)、variety(多样)、velocity(速度)、value(价值)。从技术研究和开发的角度来看,volume、variety、velocity 这 3 个特征是大数据的根本特点;从商业应用的角度来看,value 才是大数据的核心和关键。

1. 数据量巨大

数据量巨大是大数据和传统数据最显著的区别,它不仅仅指数据需要的存储空间大,也指数据的计算量巨大。大数据的数据量通常可以达到 PB 级以上,而一般数据的数据量在 TB 级。产生这么巨大的数据量有多方面的原因:一是由于技术的发展导致人们会使用各种各样的设备,这使人们能够了解到更多的事物,而这些数据都可以保存;二是由于各种通信工具的使用,使人们能够随时保持联系,这就使得人们交流的数据量快速增长;三是由于集成电路价格低廉,让许多设备都有智能的成分。

数据量的大小间接体现了大数据技术处理数据的能力。数据的基本单位是字节(byte)。对于传统企业来说,数据量一般在 TB 级,而对于一些大型企业,比如,百度、谷歌、新浪微博以及淘宝网等,它们的数据量则达到了 PB 级。目前的大数据技术处理的数量级一般在 PB 级以上。

2. 数据类型多样化

大数据拥有多种多样的数据类型,既可以是单一的文本形式或者结构化的表单,也可以是半结构化的数据或者非结构化的数据,比如视频、图像、语音、网络日志、地理位置信息、订单等。

　　结构化的数据便于人和计算机对事物进行存储、处理和查询。在结构化的过程中,直接抽取了有价值的信息,而对于新增数据可以用固定的技术进行处理。非结构化的数据由于没有统一的结构属性,导致其在保存数据时还需要保存数据的结构,这就加大了对数据进行存储和处理的困难。目前非结构化的数据已经占了总数据的四分之三以上,而且随着数据的迅猛增长,新的数据类型越来越多,传统的数据处理已经越来越不能满足需求。

　　大数据不仅量大,并且种类繁多。在这庞大数据量中,有五分之四的数据属于非结构化数据。它们来自物联网、社交网络等各个领域,只有小部分属于结构化数据。

　　(1)结构化数据:传统的关系数据模型、行数据,存储于数据库中,是以表格形式呈现的数据,表格每一列的数据类型相同。

　　(2)非结构化数据:没有标准格式,不能直接得出对应值。

　　(3)半结构化数据:类似 XML、HTML,数据结构和内容混杂在一起。半结构化数据介于结构化和非结构化数据之间,一般是纯文本数据,比如,日志数据、温度数据等。

　　3. 数据处理速度快

　　大数据的增长速度极快,几乎是爆发性的增长,所以对数据存储和处理速度的要求也极高。面对海量的数据,对其进行实时分析并获取有价值的信息,与传统的数据分析处理有着显著的区别。在数据处理速度快的条件下,还要综合考虑数据处理的及时性和实时性。由于数据不是静止的,而是不断流动的,并且数据的价值随着时间的流逝不断下降,这就要求数据处理的及时性。在现在的应用中大数据往往以数据流的方式产生,并且快速流动、消失,数据不稳定,这就使得对数据处理的实时性有着高要求。

　　4. 数据潜在价值大

　　从商业应用领域来看,挖掘出大数据潜在的惊人价值是目前对大数据投入资本的根本出发点和落脚点。只要合理利用数据并对其进行正确、准确的分析,将会带来无法估量的价值回报。

　　另外,大数据还具有低密度的特征。在海量的数据中,有价值的信息只占有一部分。换句话说,数据量呈指数增长的同时,隐藏在海量数据中的有用信息并没有同样增长。而如何将这些有价值的信息准确地挖掘出来也是目前亟须解决的问题。

9.1.4　大数据的价值与挑战

　　1. 大数据的潜在价值

　　大数据之所以"大",其侧重点不是在于其表象的"大容量",而是在于其潜在的"大价值"。

　　数据量越大,数据包含的信息量越多,传播的范围越广,数据的潜在价值也越大,但大数据本身具有低密度的特征,如果处理分析数据的工具不完备,也将导致数据利用价值的降低。另外,相关研究显示,数据价值和时间成反比关系,这意味着如果无法在较短时间进行恰当的数据处理也会导致数据价值的流失。

　　数据化是指一切内容都通过量化的方法转化为数据,比如,一个人所在的位置、引擎的振动、桥梁的承重等,通过量化将该行为转化为数据,这就是挖掘数据的潜在价值。目前对数据的实时化需求越来越突出,互联网的便利带来数据的实时交换,促使人们分析海量数据并从中找出关联性,随着人工智能和数据挖掘技术的不断提高,大数据在信息价值方面具有引导作用,从而使企业获得更多利润。

大数据通过专业化处理数据、挖掘数据之间潜在的关系而产生重大的市场价值。在当代社会,获取大数据已经不再困难,但是如何得到有利于自身利益的数据是企业目前最关心的问题。好的数据是业务部门的生命线和所有管理决策的基础,其竞争的优势是深入了解客户,数据已悄然成为业务部门做决策的依据。数据的价值主要体现在消息与人能够恰当接轨。那些能够把客户需求相关的数据与自身的业务相结合的公司具有新的竞争优势。一些公司通过数据交易得到收益,利用数据分析降低企业成本,提高企业利润。数据成为价值规模最大的交易商品。大数据体量大、种类多,通过数据共享处理非标准化数据可以获得价值最大化。大数据的提供、使用、监管将大数据变成大产业。

处在大数据时代,绝大部分的数据由传感器和自动设备生成,采集与价值分离,全面记录即时系统,可以产生巨大价值。记录数据与利益并不直接相关,仅仅是采集操作过程的次序和具体内容,网络时代不同主体之间有效连接,实时记录会提高每个主体对自己操作行为的负责程度。随着互联网经济与实体经济的融合,网络操作记录已经成为网络经济发展的基本保证。目前大数据最突出的价值在于它能够预测未来。人们通过数据记录发现其规律特征,从而优化系统以便预测未来的运行模式,实现价值。无论是企业还是国家都开始通过深入挖掘大数据,了解系统运作,相互协调优化。

2. 大数据的挑战

1)大数据对业务的挑战。

企业业务部门不了解大数据,以及大数据的应用场景和价值;企业内部数据孤岛严重。

挑战意味着机遇,通过大数据分析来改进现有的业务,企业可以从中创造出以下三大优势业务的机会:

(1)整合销售数据及数据洞察给客户,让客户通过这些数据了解产品的优缺点,可间接说明该产品受欢迎的程度或质量的优劣;

(2)将先进分析技术集成到产品中,以创造出更多的智能产品,让更多的人享受智能产品带来的便利;

(3)利用大数据分析来提升客户关系及客户体验。

2)大数据对技术架构的挑战。

(1)数据处理存储的挑战:高性能共享的问题、文件管理和保护的问题、重复数据的问题。

(2)数据分析的挑战:非结构化数据急剧增长,传统的数据挖掘分析技术降低了数据分析的效率,影响了数据的时效性。

(3)数据安全的挑战:大数据可能包含了大量的个人隐私信息、在保护企业的重要信息、核心技术方面的信息,极具安全隐患,甚至可能威胁国家安全。

3)大数据对管理策略的挑战。

针对大数据对管理策略的挑战,首先要考虑的是其管理易用性。因为从数据集成到数据分析,再到最后的数据解释,易用性都贯穿着整个大数据的流程。易用性的挑战突出体现在两个方面:一方面是数据量大,分析更复杂,得到的结果形式更加多样化;另一方面是很多行业对大数据分析有需求,但是在使用专业的工具来分析复杂的数据时,他们都只是初级的使用者。

从设计学的角度来看,易用性表现为易见、易学和易用。对易用性的研究,首先需要关注以下 3 个基本原则:

(1) 可视化原则(visibility);

(2) 匹配原则(mapping);

(3) 反馈原则(feedback)。

9.1.5　大数据的典型应用

1. 大数据与统计分析

在传统的统计分析中,对于统计分析过程通常是"定性—定量—再定性"。在统计实证分析中,一般都要先根据研究目的提出某种假设,然后通过数据的收集与分析去验证该假设是否成立,其分析思路是"假设—验证";在统计推断分析中,通常基于分布理论,以一定的概率为保证,根据样本特征去推断总体特征,其逻辑关系是"分布理论—概率保证—总体推断"。我们正处于大数据时代,大数据要求这一系列统计思维发生转变。

传统统计研究的数据是有意收集的结构化的样本数据,那么现在我们面对的数据则是一切可以被记录和存储且源源不断扩充的超大容量的各种类型的数据。首先,在认识数据方面,大数据不仅体量大、变化快,而且其来源、类型和量化方式都发生了根本性的变化,使得数据杂乱、多样、不规整;其次,在收集数据方面,确定统计分析研究的目的后,由于备选数据的体量与种类都极大地增加了,统计分析工作的重点变成数据的比较与选择,以及如何充分利用大数据;最后,在分析数据方面,利用现代信息技术与各种软件工具从大数据中挖掘出有价值的信息,并在这个过程中丰富和发展统计分析方法。

2. 大数据与数据挖掘

数据挖掘(datamining),又名资料探勘、数据挖掘、数据采矿。它是数据库知识发现(knowledge discovery in databases,KDD)中的一个步骤,也是核心部分。数据挖掘一般是指通过统计、在线分析处理、情报检索、机器学习、专家系统和模式识别等诸多方法从大量的数据中自动搜索并抽取隐藏于其中的有着特殊关系的信息的过程。

我们生活在大数据时代,通过数据挖掘技术提炼出大数据中的有效知识信息具有不可估量的价值回报。20 世纪 90 年代中后期,数据挖掘领域中一些较成熟的技术,如关联规则挖掘、分类、预测与聚类等被逐渐用于时间序列数据挖掘和空间数据挖掘。近年来数据挖掘研究又有了新的拓展,已渗透到 Web 数据、社交网络、智能交通、生物信息、医疗卫生、金融证券等各个领域,这些领域日积月累的数据量大、种类繁多,对数据挖掘的理论与技术提出了新的挑战,是当前数据挖掘研究的重点与难点。

数据挖掘在大数据时代有着不可替代的意义。人们通过对大数据的各种分析,挖掘出对企业决策有利的信息。目前,几乎所有世界 500 强企业提出的管理建议都以数据作为理论依据,并且国内的中小企业在分析和解决问题时也开始倾向于用数据说话,没有大量数据作为依据是无法提出科学、合理的建议的。此外,当大量的数据积累到一定程度时,数据自己也会"说话"。对这些数据进行分析和处理之后,人们就可以从分析的结果中发现商机。我们日常的海量交易数据中,隐藏的是客户的喜好甚至是市场未来的发展趋势。企业如果将这些数据提取出来进行挖掘分析将会占据一定的竞争优势,也有利于企业的生存发展。所以说企业从数据中得到的信息越多,就越能了解市场的变化动态,也就越能从竞争中脱颖而出。传统的数据管理思维方式关注的仅仅是静态程序预先提供给企业的固定内置功能，而这些预置的功能带给企业的帮助是十分有限的，企业必须依靠对海量数据的分析来更好地了解客户，提高服务质量，不断完善企业内部的各项工作，才能在激烈的竞争市场中占有一席之地。

3. 大数据与云计算

大数据和云计算之间关系紧密。假如大数据是资产，那么云计算为数据资产提供了保管、访问的场所和渠道。如何盘活大数据的数据资产，使它能够发挥自身的潜在价值，并对国家治理、企业决策乃至个人生活服务方面做出贡献？正是因为有了云计算的超强计算能力，才能够实现大数据的超大容量、超快速度和安全存储，才使得大数据展现出了它的价值，与此同时，云计算的发展方向也受限于大数据处理。

总而言之，大数据离不开云计算，云计算是大数据时代的两个唯一，即唯一选择、唯一可行的大数据处理方式。结合实际的应用，云计算强调的是计算能力，大数据看中的是存储能力和数据处理能力。云计算能为大数据提供强大的存储能力和计算能力，能够更加迅速地处理大数据的丰富信息，并更方便地提供服务。大数据与云计算相结合，相得益彰，二者都能发挥最大的优势，其所释放出的巨大能力，几乎波及所有的行业，也为社会创造出更多的财富和贡献。

9.2 云计算综述

9.2.1 云计算的基本概念

"云"实质上就是一个网络。

狭义上讲，云计算（cloud computing）就是一种提供资源的网络。使用者可以随时获取"云"上的资源，按需求量使用，并且可以看成是无限扩展的，只要按使用量付费就可以。"云"就像自来水厂一样，我们可以随时接水，并且不限量，按照自己家的用水量，付费给自来水厂即可。

从广义上说，云计算是与信息技术、软件、互联网相关的一种服务。这种计算资源共享池叫作"云"。云计算把许多计算资源集合起来，通过软件实现自动化管理，只需要很少的人参与，就能快速提供资源。也就是说，计算能力作为一种商品，可以在互联网上流通，就像水、电、煤气一样，可以供人们方便地取用，且价格较为低廉。

总之，云计算不是一种全新的网络技术，而是一种全新的网络应用概念。云计算的核心概念就是以互联网为中心，在网站上提供快速且安全的云计算服务与数据存储，让每一个使用互联网的人都可以使用网络上庞大的计算资源与数据中心。

云计算是继互联网、计算机后，信息时代的又一革新。云计算是信息时代的一个大飞跃，未来的时代可能是云计算的时代。虽然，目前有关云计算的定义有很多，但云计算的基本含义是一致的，即云计算具有很强的扩展性和需要性，可以为用户提供一种全新的体验。云计算的核心是可以将很多的计算机资源协调在一起，使用户通过网络就可以获取到无限的资源，同时获取的资源不受时间和空间的限制。

云计算是分布式计算的一种，它指的是通过网络"云"将巨大的数据计算处理程序分解成无数个小程序,然后,通过多部服务器组成的系统对这些小程序进行处理和分析,得到结果并返回给用户。简单地说,云计算早期就是简单的分布式计算,解决任务分发,并进行计算结果的合并,因而,云计算又称为网格计算。通过这项技术,人们可以在很短的时间(几秒)内完成大量的数据处理,从而实现强大的网络服务。

现阶段人们所说的云服务已经不单单是一种分布式计算,而是分布式计算、效用计算、负载均衡、并行计算、网络存储、热备份冗杂和虚拟化等计算机技术混合演进并跃升的结果。

9.2.2 云计算的特点

云计算的可贵之处在于高灵活性、可扩展性和高性比等,与传统的网络应用模式相比,其具有如下优势与特点。

1. 虚拟化技术

必须强调的是,虚拟化突破了时间、空间的界限,是云计算最为显著的特点,虚拟化技术包括应用虚拟和资源虚拟两种。众所周知,物理平台与应用部署的环境在空间上是没有任何联系的,通过虚拟平台对相应终端操作完成数据备份、迁移和扩展等。

2. 动态可扩展

云计算具有高效的运算能力,在原有服务器基础上增加云计算功能,能够使计算速度迅速提高,最终实现动态扩展虚拟化,达到对应用进行扩展的目的。

3. 按需部署

计算机包含了许多应用以及程序软件,不同的应用对应的数据资源库不同,所以,用户运行不同的应用时,需要有较强的计算能力对资源进行部署,而云计算平台能够根据用户的需求快速配备计算能力及资源。

4. 灵活性高

目前市场上大多数IT资源、软件、硬件都支持虚拟化,比如,存储网络、操作系统等。虚拟化要素统一放在云系统资源虚拟池当中进行管理,可见云计算的兼容性非常强,不仅可以兼容低配置机器、不同厂商的硬件产品,还能够通过外设获得更优的性能。

5. 可靠性高

倘若服务器故障,也不影响计算与应用的正常运行。因为单点服务器出现故障可以通过虚拟化技术将分布在不同物理服务器上的应用进行恢复,或利用动态扩展功能部署新的服务器进行计算。

6. 性价比高

将资源放在虚拟资源池中进行统一管理,在一定程度上优化了物理资源,用户不再需要价格昂贵、存储空间大的主机,而是可以选择相对廉价的PC组成云。一方面减少费用,另一方面计算性能不亚于大型主机。

7. 可扩展性

用户可以利用应用软件的快速部署,更为简单快捷地对自身所需的业务进行扩展,如计算机云计算系统中出现设备故障,对于用户来说,无论是在计算机层面上,还是在具体运用上均不会受到阻碍,可以利用计算机云计算具有的动态扩展功能来对其他服务器开展有效扩展。这样一来就能够确保任务得以有序完成。在对虚拟化资源进行动态扩展时,还能够高效扩展应用,提高计算机云计算的操作水平。

9.2.3 云计算的服务类型

通常,云计算的服务类型分为 3 类,即基础设施即服务(IaaS)、平台即服务(PaaS)和软件即服务(SaaS)。这 3 种云计算服务有时称为云计算堆栈,因为它们构建堆栈,它们位于彼此之上。

1. 基础设施即服务

基础设施即服务(IaaS)是主要的服务类别之一,它向云计算提供商的个人或组织提供虚拟化计算资源,如虚拟机、存储、网络和操作系统。

2. 平台即服务

平台即服务(PaaS)是一种服务类别,为开发人员提供通过全球互联网构建应用程序和服务的平台。Paas 为开发、测试和管理软件应用程序提供按需开发环境。

3. 软件即服务

软件即服务(SaaS)也是其服务的一类,通过互联网提供按需付费的应用程序,云计算提供商托管和管理软件应用程序,允许其用户连接到应用程序并通过全球互联网访问应用程序。

各服务类型的灵活性和难易程度如表 9.1 所示。

表 9.1　云计算服务类型的灵活性和难易程度

分类	服务类型	灵活性	难易程度
基础设施云	类似于原始的计算存储能力	优	难
平台云	应用的托管环境	良	中
软件云	特定功能的应用	差	易

9.2.4 云计算实现的关键技术

1. 体系结构

实现计算机云计算需要创造一定的环境与条件,尤其是体系结构必须具备以下关键特征。第一,要求系统必须智能化,具有自治能力,在减少人工作业的前提下实现自动化处理平台智能响应要求,因此云系统应内嵌有自动化技术;第二,面对变化信号或需求信号,云系统要有敏捷的反应能力,所以对云计算的架构的敏捷性有一定的要求。与此同时,随着服务级别和增长速度的快速变化,云计算同样面临巨大挑战,而内嵌集群化技术与虚拟化技术要能够应付此类变化。

云计算平台的体系结构由用户界面、服务目录、管理系统、部署工具、监控和服务器集群组成。

(1)用户界面:主要用于云用户传递信息,是双方互动的界面。

(2)服务目录:顾名思义是提供用户选择的列表。

(3)管理系统:指的是主要对应用价值较高的资源进行管理。

(4)部署工具:能够根据用户请求对资源进行有效的部署与匹配。

(5)监控:主要对云系统上的资源进行管理与控制并制定措施。

(6)服务器集群:服务器集群包括虚拟服务器与物理服务器,隶属管理系统。

2. 资源监控

云系统上的资源数据量十分庞大,同时资源信息更新速度快,想获得精准、可靠的动态信息需要有效途径确保信息的快捷性。而云系统能够为动态信息进行有效部署,同时兼备资源监控功能,有利于对资源的负载、使用情况进行管理。其次,资源监控作为资源管理的"血液",对整体系统性能起关键作用,一旦系统资源监管不到位,信息缺乏可靠性那么其他子系统引用了错误的信息,必然对系统资源的分配造成不利影响,因此,贯彻落实资源监控工作刻不容缓。资源监控过程中,只要在各个云服务器上部署 Agent 代理程序便可进行配置与监管活动,比如,通过一个监视服务器连接各个云资源服务器,然后以周期为单位将资源的使用情况发送至数据库,由监视服务器综合数据库有效信息对所有资源进行分析,评估资源的可用性,最大限度提高资源信息的有效性。

3. 自动化部署

科学的发展倾向于半自动化操作,实现了出厂即用或简易安装使用。计算资源的可用状态也发生了转变,逐渐向自动化部署。对云资源进行自动化部署指的是在脚本调节的基础上实现不同厂商对于设备工具的自动配置,以减少人机交互比例、提高应变效率,避免超负荷人工操作等现象的发生,最终推进智能部署进程。自动化部署主要指的是通过自动安装与部署来实现计算资源由原始状态变成可用状态。系统资源的部署步骤较多,自动化部署主要是利用脚本调用来自动配置、部署各个厂商的设备管理工具,保证在实际调用环节能够采取静默的方式来实现,避免了繁杂的人际交互,让部署过程不再依赖人工操作。除此之外,数据模型与工作流引擎是自动化部署管理工具的重要部分,不容小觑。一般情况下,对于数据模型的管理就是将具体的软硬件定义在数据模型当中即可;而工作流引擎指的是触发、调用工作流,以提高智能化部署为目的,将不同的脚本流程在较为集中与重复使用率高的工作流数据库当中应用,有利于减轻服务器的工作量。

9.2.5　云计算的典型应用

较为简单的云计算技术已普遍服务于如今的互联网服务中,最为常见的是网络搜索引擎和网络邮箱。大家最为熟悉的搜索引擎莫过于谷歌和百度。在任何时刻,只要通过移动终端就可以在搜索引擎上搜索任何自己想要的资源,并通过云端共享数据资源。网络邮箱也是如此,在过去,寄一封邮件是一件比较麻烦的事情,同时也需要一段漫长的时间。而在云计算技术和网络技术的推动下,电子邮箱成了社会生活中的一部分。只要在网络环境下,就可以实现实时的邮件寄发。云计算技术已经融入现今的社会生活。

1. 存储云

存储云,又称云存储,是在云计算技术上发展起来的一个新的存储技术。云存储是一个以数据存储和管理为核心的云计算系统。用户可以将本地资源上传至云端,可以在任何地方连入互联网来获取云上的资源。大家所熟知的谷歌、微软等大型网络公司均有云存储服务,在国内,百度云和微云则是市场占有量最大的存储云。存储云向用户提供了存储容器服务、备份服务、归档服务和记录管理服务等,大大方便了使用者对资源的管理。

2. 医疗云

医疗云,是指在云计算、移动技术、多媒体、4G 通信、大数据,以及物联网等新技术的基础上,结合医疗技术,使用"云计算"来创建医疗健康服务云平台,实现医疗资源的共享和医疗范围的扩大。医疗云提高了医疗机构的效率,方便居民就医。如今,医院的预约挂号、电子病历等都是云计算与医疗领域结合的产物。医疗云还具有数据安全、信息共享、动态扩展、布局全国的优势。

3. 金融云

金融云,是指利用云计算的模型,将信息、金融和服务等功能分散到由庞大的分支机构构成的互联网"云"中,旨在为银行、保险和基金等金融行业提供互联网处理和运行服务,同时共享互联网资源,从而解决现有问题并且达到高效率、低成本的目标。2013 年 11 月 27日,阿里云整合阿里巴巴旗下资源推出阿里金融云服务。其实,这就是现在已基本普及的快捷支付。因为金融与云计算的结合,现在人们只需要在手机上进行简单操作,就可以完成银行存款、保险购买和基金买卖。现在,不仅阿里巴巴推出了金融云服务,苏宁、腾讯等企业均推出了自己的金融云服务。

4. 教育云

教育云,实质上是指教育信息化的一种发展。具体而言,教育云可以将所需要的任何教育硬件资源虚拟化,然后将其传入互联网中,以向教育机构和学生、老师提供一个方便快捷的平台。现在流行的慕课就是教育云的一种应用。慕课(MOOC),指的是大规模开放的在线课程。现阶段三大优秀慕课平台为 Coursera、edX 以及 Udacity,国内的"中国大学MOOC"也是非常好的平台。2013 年 10 月 10 日,清华大学推出 MOOC 平台——学堂在线,许多大学现已使用学堂在线开设了一些课程的慕课。

本 章 小 结

本章介绍了大数据和云计算的一些基础内容,通过本章的学习,读者应该对大数据和云计算有基本的了解。

大数据是指无法在一定时间范围内用常规软件工具进行捕捉、管理和处理的数据集合,是需要新处理模式才能具有更强的决策力、洞察发现力和流程优化能力的海量、高增长率和多样化的信息资产。大数据的主要技术主要有大数据科学、大数据工程和大数据应用。大数据的特征是数据量庞大、数据类型多样化、数据处理速度快、数据潜在价值大。大数据的典型应用是大数据与统计分析、大数据与数据挖掘、大数据与云计算。

云计算是分布式计算的一种,指的是通过网络"云"将巨大的数据计算处理程序分解成无数个小程序,然后,通过由多部服务器组成的系统对这些小程序进行处理和分析,得到结果并返回给用户。云计算的特点是虚拟化技术、动态可扩展、按需部署、灵活性高、可靠性高、性价比高、可扩展性强。云计算的服务类型为基础设施即服务、平台即服务和软件即服务。云计算实现的关键技术为体系结构、资源监控、自动化部署。云计算的典型应用为存储云、医疗云、金融云、教育云。

习 题

1. 填空题

(1) 大数据的产生和来源主要是_____、_____、_____、_____。

（2）大数据的特征为_____、_____、_____、_____。

（3）大数据把时间作为处理要求,把处理方式分为_____和_____。

（4）移动数据分析的 3 个问题是_____、_____、_____。

（5）大数据的数据类型包括_____、_____、_____。

（6）云计算的特点包括_____、_____、_____、_____、_____、_____、_____。

（7）云计算的应用包括_____、_____、_____、_____。

2．选择题

（1）以下不属于大数据技术的是（　　）。

A．大数据科学　　　B．大数据工程　　　C．大数据存储　　　D．大数据应用

（2）以下不属于大数据的根本特征的是（　　）。

A．数据量庞大　　　B．数据类型多样化　C．数据处理速度快　D．数据潜在价值大

（3）以下不属于移动数据分析要达到的平衡的是（　　）。

A．产品　　　　　　B．运维　　　　　　C．运营　　　　　　D．市场

（4）以下不属于云计算服务类型的是（　　）。

A．基础设施即服务　B．平台即服务　　　C．软件即服务　　　D．应用即服务

（5）以下不属于云计算关键技术的是（　　）。

A．网络结构　　　　B．资源监控　　　　C．自动化部署　　　D．体系结构

3．简答题

（1）什么是大数据？

（2）简述目前大数据存在哪些挑战。

（3）简述大数据的潜在价值。

（4）简述实现云计算的关键技术。

（5）什么是存储云？

第10章　人工智能基础

人工智能(artificial intelligence,AI)是现在非常流行的一门技术。目前已渗透到人类社会的各个方面,并逐步改变着人们的学习、工作和生活方式。人工智能是计算机科学的一个分支,它企图了解智能的实质,并生产出一种新的能以与人类智能相似的方式做出反应的智能机器。该领域的研究包括机器人、语言识别、图像识别、自然语言处理和专家系统等。人工智能可以对人的意识、思维的信息过程进行模拟。人工智能不是人的智能,但能像人那样思考,也可能超过人的智能。本章主要对人工智能做一些简单的介绍,包括基本概念、基本内容、发展历史和研究应用领域等。

10.1　初识人工智能

人工智能的定义可以分为两部分,即"人工"和"智能"。

"人工"比较好理解,顾名思义就是人力所能及制造的。

"智能"是对人类智能或自然智能的简称。我们从脑科学的层次结构上来理解"智能"的概念。人类智能总体上可分为高、中、低3个层次,不同层次的智能活动由不同的神经系统来完成。其中,高层智能以大脑皮层为主,大脑皮层又称为抑制中枢,主要完成记忆、思维等活动;中层智能以丘脑为主,也称为感觉中枢,主要完成感知活动;低层智能以小脑、脊髓为主,主要完成动作反应活动。

"智能"包含以下能力。

(1)感知能力。感知能力是指人们通过感觉器官感知外部世界的能力。它是人类最基本的生理、心理现象,也是人类获取外界信息的基本途径。人类对感知到的外界信息,通常有两种不同的处理方式:一种是对简单或紧急情况,可不经大脑思索,直接由低层智能做出反应;另一种是对复杂情况,一定要经过大脑的思维,然后才能做出反应。

(2)记忆与思维能力。记忆与思维是人脑最重要的功能,也是人类智能最主要的表现形式。记忆是对感知到的外界信息或由思维产生的内部知识的存储过程。思维是对所存储的信息或知识的本质属性、内部规律等的认识过程。人类基本的思维方式有抽象思维、形象思维和灵感思维。

(3)学习和自适应能力。学习是一个具有特定目的的知识获取过程。学习和自适应是人类的一种本能,一个人只有通过学习,才能增加知识、提高能力、适应环境。尽管不同的人在学习方法、学习效果等方面有较大差异,但学习却是每个人都具有的一种基本能力。

(4)决策和行为能力。行为能力是指人们对感知到的外界信息做出动作反应的能力。引起动作反应的信息可以是由感知直接获得的外部信息,也可以是经思维加工后的内部信息。完成动作反应的过程,一般通过脊髓来控制,并由语言、表情、体姿等来实现。

综上所述,我们可以给出智能的一个一般解释:智能是人类在认识客观世界的过程中,由思维过程和脑力活动所表现出来的综合能力。

什么是人工智能?顾名思义是人造的智能。如果智能能够被严格定义,那么人工智能也就容易被定义了。但从以上分析可知,其前提并不成立,因此人工智能还无法被形式化定义。尽管如此,在人工智能诞生的 50 多年里,人们还是从不同方面给出了一些不同的解释。其中,较具代表性的是从类人、理性、思维、行为这 4 个方面给出的定义方法。

(1) 类人行为方法。类人行为方法也称为图灵测试方法,它是一种基于人类自身的智能去定义一个机器或系统是否具有智能的方法。其典型代表是库兹韦勒(Kurzweil)于 1990 年提出的定义:人工智能是一种创建机器的技艺,这种机器能够执行那些需要人的智能才能完成的功能。

(2) 类人思维方法。类人思维方法也称为认知模型方法,它是一种基于人类思维工作原理的可检测理论来定义智能的方法。其典型代表是贝尔曼(Bellman)于 1987 年提出的定义:人工智能是那些与人的思维、决策、问题求解和学习等有关的活动的自动化。

(3) 理性思维方法。理性思维方法也称为思维法则方法,它是一种基于逻辑推理来定义智能的方法,其典型的代表是查尼艾克(E. Charniak)和麦克德莫特(D. McDermott)于 1985 年提出的定义:人工智能是通过计算模型的使用来进行心智能力研究的。

(4) 理性行为方法。理性行为方法也称为理性智能体方法。其典型代表是尼尔森(N. J. Nilsson)于 1998 年提出的定义:人工智能关心的是人工制品中的智能行为。这里的人工制品主要是指能够感知环境、适应变化、自主操作、执行动作的理性智能体。按照这种方法,可以认为人工智能就是研究和建造理性智能体。

综上所述,我们可以得出人工智能是研究、开发用于模拟、延伸和扩展人的智能的理论、方法、技术及应用系统的一门新的技术科学。

10.2　人工智能的发展史

人工智能诞生 50 多年来,走过了一条坎坷和曲折的发展道路。回顾历史,我们可以按照人工智能在不同时期的主要特征,将其产生与发展过程分为孕育期、形成期、知识应用期、从学派分立走向综合、智能科学技术学科的兴起 5 个阶段。

10.2.1　孕育期

自远古以来,人类就有着用机器代替人进行脑力劳动的幻想。早在公元前 900 多年,我国就有歌舞机器人传说的记载。到公元前 85 年,古希腊也有了制造机器人帮助人们劳动的神话传说。此后,在世界上的许多国家和地区也都出现了类似的民间传说或神话故事。为追求和实现人类的这一美好愿望,很多科学家都付出了艰辛的劳动和不懈的努力。人工智能可以在顷刻间诞生,而孕育这个学科却需要经历一个相当漫长的历史过程。

从古希腊伟大的哲学家亚里士多德(Aristotle,公元前 384 年—公元前 322 年)创立演绎法,到德国数学和哲学家莱布尼茨(G. W. Leibnitz,1646 年—1716 年)奠定数理逻辑的基础,再从英国数学家图灵(A. M. Turing,1912 年—1954 年)于 1936 年创立图灵机模型,到美国数学家、电子数字计算机先驱莫克利(J. W. Mauchly,1907 年—1980 年)等人于 1946

年成功研制世界上第一台通用电子计算机……这些都为人工智能的诞生奠定了重要的思想理论和物质技术基础。

此外,1943 年,美国神经生理学家麦卡洛克(W. Mcculloch)和皮茨(W. Pitts)一起研制出了世界上第一个人工神经网络模型(MP 模型),开创了以仿生学观点和结构化方法模拟人类智能的途径;1948 年,美国著名数学家威纳(N. Wiener,1874 年—1956 年)创立了控制论,为以行为模拟观点研究人工智能奠定了理论和技术基础;1950 年,图灵又发表题为《计算机能思维吗?》的著名论文,明确提出了"机器能思维"的观点。至此,人工智能的雏形已初步形成,人工智能的诞生条件也已基本具备。通常,人们把这一时期称为人工智能的孕育期。

10.2.2　形成期

人工智能诞生于一次历史性的聚会。为使计算机变得更"聪明",或者说使计算机具有智能,1956 年夏季,当时达特茅斯(Dartmomh)大学的年轻数学家、计算机专家麦卡锡(J. McCarthy,后为 MT 教授)和他的 3 位朋友,哈佛大学数学家、神经学家明斯基(M. L. Minsky,后为 MIT 教授)、IBM 公司信息中心负责人洛切斯特(N. Lochester)、贝尔实验室信息部数学研究员香农(C. E. Shannon)共同发起了一场在美国达特茅斯大学举行的为期两个月的夏季学术研讨会,并邀请了 IBM 公司的莫尔(T. More)和塞缪尔(A. L. Samuel)、MIT 的塞尔弗里奇(O. Selfridge)和索罗蒙夫(R. Solomonff),以及兰德(RAND)公司和卡内基工科大学的纽厄尔(A. Newell)和西蒙(H. A. Simon)。这 10 位美国数学、神经学、心理学、信息科学和计算机科学方面的杰出青年科学家,在一起共同学习和探讨了用机器模拟人类智能的有关问题,并由麦卡锡提议正式采用了"人工智能"这一术语。从而,一个以研究如何用机器来模拟人类智能的新兴学科——人工智能诞生了。

在人工智能诞生以后的十多年中,很快就在定理证明、问题求解、博弈等领域取得了重大突破。通常,人们把 1956 年至 1970 年这段时间称为人工智能的形成期,也有人称为高潮时期。在这一时期所取得的主要研究成果如下。

1956 年,塞缪尔成功研制了具有自学习、自组织和自适应能力的西洋跳棋程序,该程序于 1959 年击败了塞缪尔本人,对于 1962 年击败了一个州冠军。1957 年,纽厄尔、肖(J. Shaw)和西蒙等人的心理学小组研制了一个称为逻辑理论机(logic theory machine,LT)的数学定理证明程序,开创了用计算机研究人类思维活动规律的工作。1965 年,鲁滨孙(J. A. Robinson)提出了归结(消解)原理。1968 年,美国斯坦福大学费根鲍姆(E. A. Feigenbaum)领导的研究小组成功研制了化学专家系统 DENDRAL。此外,在人工神经网络方面,1957 年,罗森布拉特(F. Rosenblatt)等人研制了感知器(perceptron),利用感知器可进行简单的文字、图像、声音识别。

10.2.3　知识应用期

正当人们在为人工智能所取得的成就而高兴的时候,人工智能却遇到了许多困难,遭受了很大的挫折。然而,在困难和挫折面前,人工智能的先驱者们并没有退缩,他们在反思中认真总结了人工智能发展过程中的经验教训,从而又开创了一条以知识为中心、面向应用开发的研究道路。使人工智能又进入了一条新的发展道路。通常,人们把从 1971 年到 20 世纪80年代末期这段时间称为人工智能的知识应用期,也有人称为低潮时期。

1．挫折和教训

人工智能在经过形成时期的快速发展之后,很快就遇到了许多麻烦。

（1）在博弈方面,塞缪尔的下棋程序在与世界冠军对弈时,5局中败了4局。

（2）在定理证明方面,发现鲁滨孙归结法的能力有限。当用归结原理证明两个连续函数之和不是连续函数时,推了10万步也没证出结果。

（3）在机器翻译方面,原来人们以为只要有一本双解字典和一些语法知识就可以实现两种语言的互译,但后来发现并没那么简单,甚至会闹出笑话。例如,把"心有余而力不足"的英语句子"The spirit is willing but the flesh is weak"翻译成俄语,然后再翻译回来时竟变成了"酒是好的,肉变质了",即英语句子为"The wine is good but the meat is spoiled"。

（4）在神经网络方面,神经生理学研究发现在现有技术条件下用机器从结构上模拟人脑是根本不可能的,并且,明斯基于1969年出版的专著 *Perceptrons* 指出了感知器模型存在的严重缺陷,致使人工神经网络的研究落入低潮。

在其他方面,人工智能也遇到了各种问题。一些西方国家的人工智能研究经费被削减,研究机构被解散,全世界范围内的人工智能研究陷入困境、跌入低谷。

值得庆幸的是,在这种极其困难的环境下,仍有一大批人工智能学者不畏艰辛、潜心研究。他们在认真总结前一阶段研究工作的经验教训的同时,从费根鲍姆以知识为中心开展人工智能研究的观点中找到了新的出路。

2．以知识为中心的研究

科学的真谛总是先由少数人创造出来的。早在20世纪60年代中期,当大多数人工智能学者正热衷于对博弈、定理证明、问题求解等进行研究时,专家系统这一个重要研究领域也开始悄悄地孕育。正是由于专家系统的萌芽,才使得人工智能能够在后来遇到的困难和挫折中很快找到前进的方向,又迅速地再度兴起。

专家系统（expert system,ES）是一个具有大量专门知识,并能够利用这些知识去解决特定领域中需要由专家才能解决的那些问题的计算机程序。专家系统实现了人工智能从理论研究走向实际应用,从一般思维规律探讨走向专门知识运用的重大突破,是人工智能发展史上一次重要的转折。

在专家系统方面,国际上最著名的两个专家系统分别是1976年费根鲍姆领导研制成功的专家系统MYCIN和1981年斯坦福大学国际人工智能中心杜达（R. D. Duda）等人研制成功的地质勘探专家系统PROSPECTOR。例如,MYCIN专家系统可以识别51种病菌,能正确使用23种抗生素,能协助内科医生诊断、治疗因细菌感染引起的疾病。

伴随着专家系统的发展,人们在知识表示、不确定性推理、人工智能语言和专家系统开发工具等方面也取得了重大进展。例如,1974年,明斯基提出了框架理论;1975年,绍特里夫（E. H. Shortliffe）提出并在MYCIN中应用的确定性理论;1976年,杜达提出并在PROSPECTOR中应用的主观贝叶斯方法等。

在此基础上,费根鲍姆于1977年在第5届国际人工智能联合会议上,正式提出了知识工程（knowledge engineering,KE）的概念,进一步推动了基于知识的专家系统及其他知识工程系统的发展。

在这一时期,与专家系统同时发展的重要领域还有计算机视觉、机器人、自然语言理解和机器翻译等,同时,一直处于低谷的人工神经网络也开始慢慢复苏。1982 年,霍普菲尔特(J. Hopfield)提出了一种新的全互联型人工神经网络,成功地解决了"旅行商"问题。1986年,鲁梅尔哈特(D. Rumelhart)等研制出了具有误差反向传播(error back propagation,BP)功能的多层前馈网络,简称 BP 网络,实现了明斯基关于多层网络的设想。

10.2.4　从学派分立走向综合

随着神经网络的再度兴起,1987 年,在美国召开的第 1 届神经网络国际会议上甚至有人喊出了"神经网络万岁,人工智能死了"的口号。另一方面,美国 MIT 的布鲁克斯(R. A. Brooks)教授于 1991 年研制出了一个机器虫,并提出了智能的感知动作模式和智能不需要表示、不需要推理的观点。一时间,人工智能研究形成了以专家系统为标志的符号主义学派、以神经网络为标志的联结主义学派和以感知动作模式为标志的行为主义学派三派分立的局面。

在这种背景下,三大学派激烈争论、独自发展,各自走出了一段研究道路和成长历史。但是,随着研究和应用的深入,人们又逐步发现,这三大学派只不过是基于的理论不同,采用的模拟方法不同,因而所模拟的能力不同,其实各有所长,各有所短,应该相互结合、取长补短、综合集成。人们通常把 20 世纪 80 年代末期到 21 世纪初期的这段时间称为从学派分立走向综合的时期。

10.2.5　智能科学技术学科的兴起

21 世纪初以来,一个以人工智能为核心,以自然智能、人工智能、集成智能和协同智能为一体的新的智能科学技术学科正在逐步兴起,并引起了人们的极大关注。所谓集成智能是指自然智能与人工智能通过协调配合所集成的智能;所谓协同智能是指个体智能相互协调所涌现的群体智能。智能科学技术学科研究的主要特征包括以下几个方面。

(1) 由对人工智能的单一研究走向以自然智能、集成智能为一体的协同智能研究。

(2) 由人工智能学科的独立研究走向重视与脑科学、认知科学等学科的交叉研究。

(3) 由多个不同学派的分立研究走向多学派的综合研究。

(4) 由对个体、集中智能的研究走向对群体、分布智能的研究。

10.3　人工智能的研究目标

关于人工智能的研究目标,目前也还没有一个统一的说法。斯洛曼(A. Sloman)于1978 年给出了人工智能的 3 个主要目标:

(1) 对智能行为有效解释的理论分析;

(2) 解释人类智能;

(3) 构造智能的人工制品。

要实现斯洛曼的这些目标,需要同时开展对智能机理和智能构造技术的研究。揭示人类智能的根本机理,用智能机器去模拟、延伸和扩展人类智能应该是人工智能研究的根本目标,或者称远期目标。

人工智能的远期目标涉及脑科学、认知科学、计算机科学、系统科学、控制论及微电子学等多种学科,并依赖于这些学科的共同发展,但从目前这些学科的现状来看,实现人工智能的远期目标还需要一个较长的时期。

在这种情况下,人工智能的近期目标是研究如何使现有的计算机更聪明,即使它能够运用知识去处理问题,能够模拟人类的智能行为,如推理、思考、分析、决策、预测、理解、规划、设计和学习等。为了实现这一目标,人们需要根据现有计算机的特点,研究实现智能的有关理论、方法和技术,建立相应的智能系统。

实际上,人工智能的远期目标与近期目标是相互依存的。远期目标为近期目标指明了方向,而近期目标为远期目标奠定了理论和技术基础,同时,近期目标和远期目标之间并无严格界限,近期目标会随人工智能研究的发展而变化,并最终达到远期目标。

10.4　人工智能的研究领域

如今,人工智能普遍存在于人们的生活中,人工智能已经成了一个极具价值的学术标签和商业标签,并在科技进步和社会发展中扮演着越来越重要的角色。面对人工智能这样一个高度交叉的新兴学科,其研究和应用领域的划分可以有多种不同方法。为能给读者一个更清晰的人工智能的概念,这里采用了基于智能本质和作用的划分方法,即从机器思维、机器感知、机器行为、机器学习、计算智能、分布智能、智能系统等方面来进行讨论。

10.4.1　机器思维

机器思维主要模拟人类的思维功能。在人工智能中,与机器思维有关的研究主要包括推理、搜索、规划等。

1. 推理

推理是人工智能中的基本问题之一。所谓推理是指按照某种策略,从已知事实出发,利用知识推出所需结论的过程。对机器推理,可根据所用知识的确定性,将其分为确定性推理和不确定性推理两大类型。所谓确定性推理是指推理所使用的知识和推出的结论都是可以精确表示的,其真值要么为真,要么为假。所谓不确定性推理是指推理所使用的知识和推出的结论可以是不确定的。所谓不确定性是对非精确性、模糊性和非完备性的统称。

推理的理论基础是数理逻辑。常用的确定性推理方法包括产生式推理、自然演绎推理、归结演绎推理等。由于现实世界中的大多数问题是不能被精确描述的,因此确定性推理能解决的问题很有限,更多的问题应该采用不确定性推理方法来解决。

不确定性推理的理论基础是非经典逻辑和概率等。非经典逻辑是泛指除一阶经典逻辑之外的其他各种逻辑,如多值逻辑、模糊逻辑、模态逻辑、概率逻辑、默认逻辑等。最常用的不确定推理方法有基于可信度的确定性理论、基于改进的 Bayes 公式的主观 Bayes 方法、基于概率的证据理论和基于模糊逻辑的可能性理论等。

2. 搜索

搜索也是人工智能中的基本问题之一。所谓搜索是指为了达到某一目标,不断寻找推理线路,以引导和控制推理,使问题得以解决的过程。对于搜索,可根据问题的表示方式将其分为状态空间搜索和与/或树搜索两大类型。其中,状态空间搜索是一种用状态空间法求解问题的搜索方法;与/或树搜索是一种用问题归约法求解问题的搜索方法。

对搜索问题,人工智能最关心的是如何利用搜索过程所得到的那些有助于尽快达到目标的信息来引导搜索过程,即启发式搜索方法,包括状态空间的启发式搜索方法和与/或树的启发式搜索方法等。

博弈是一个典型的搜索问题。到目前为止,人们对博弈的研究还主要是以下棋为对象,其典型代表是 IBM 公司研制的 IBM 超级计算机"深蓝"和"小深"与国际象棋世界冠军对弈。当然,国内有关学者也正在积极研究中国象棋的机器博弈。例如,2006 年 8 月在北京举行的首届中国象棋人机大战中,计算机棋手以 3 胜 5 平 2 负的微弱优势战胜了国内的象棋大师。

其实,机器博弈的研究目的并不完全是为了让计算机与人下棋,主要是为了给人工智能研究提供一个试验场地,同时也为了证明计算机具有智能。试想,连国际象棋世界冠军都能被计算机战败或者力成平局,可见计算机已具备较高的智能水平。

3. 规划

规划是一种重要的问题求解技术,它是对从某个特定问题状态出发,寻找并建立一个操作序列,直到求得目标状态为止的一个行动过程的描述。与一般问题求解技术相比,规划更侧重于问题求解过程,并且要解决的问题一般是真实世界的实际问题,而不是抽象的数学模型问题。

比较完整的规划系统是斯坦福研究所问题求解系统(Stanford Research Institute Problem Solver,STRIPS)。它是一种基于状态空间和 F 规则的规划系统。所谓 F 规则,是指以正向推理使用的规则。整个 STRIPS 系统由 3 部分组成:世界模型、操作符(即 F 规则)和操作方法。世界模型用一阶谓词公式表示,包括问题的初始状态和目标状态。操作符包括先决条件、删除表和添加表。其中,先决条件是 F 规则能够执行的前提条件;删除表和添加表是执行一条 F 规则后对问题状态的改变,删除表包含的是要从问题状态中删去的谓词,添加表包含的是要在问题状态中添加的谓词。操作方法采用状态空间表示和中间结局分析的方法。其中,状态空间包括初始状态、中间状态和目标状态;中间结局分析是一个迭代过程,它每次都选择能够缩小当前状态与目标状态之间的差距的先决条件可以满足的 F 规则执行,直至达到目标为止。

10.4.2　机器感知

机器感知作为机器获取外界信息的主要途径,是机器智能的重要组成部分。下面主要介绍机器视觉、模式识别和自然语言处理。

1. 机器视觉

机器视觉是一门用计算机模拟或实现人类视觉功能的研究领域。其主要目标是让计算机具有通过二维图像认知三维环境信息的能力。这种能力不仅包括对三维环境中物体形状、位置、姿态、运动等几何信息的感知,还包括对这些信息的描述、存储、识别与理解。

视觉是人类各种感知能力中最重要的一部分。在人类感知到的外界信息中,约有 80%以上是通过视觉得到的,正如一句俗话所说:"百闻不如一见"。人类对视觉信息获取、处理与理解的大致过程是:人们视野中的物体在可见光的照射下,先在人眼的视网膜上形成图像,再由感光细胞转换成神经脉冲信号,经神经纤维传入大脑皮层,最后由大脑皮层对其进行处理与理解。可见视觉不仅指对光信号的感受,它还包括了对视觉信息的获取、传输、处理、存储与理解的全过程。

目前,计算机视觉已在人类社会的许多领域得到了成功应用。例如,在图像识别领域有指纹识别、染色体识别、字符识别等;在航天与军事领域有卫星图像处理、飞行器跟踪、成像精确制导、景物识别、目标检测等;在医学领域有 CT 图像的脏器重建、医学图像分析等;在工业方面有各种监测系统和监控系统等。

2. 模式识别

模式识别(pattern recognition)是人工智能较早的研究领域之一。"模式"一词的原意是指供模仿用的完美无缺的一些标本。在日常生活中,我们可以把那些客观存在的事物形式称为模式。例如,一幅画、一处景物、一段音乐、一幢建筑等。在模式识别理论中,通常把对某一事物所做的定量或结构性描述的集合称为模式。

所谓模式识别就是让计算机能够对给定的事物进行鉴别,并把它归入与其相同或相似的模式中。其中,被鉴别的事物可以是物理的、化学的、生理的,也可以是文字、图像、声音等。为了能使计算机进行模式识别,通常需要给它配上各种感知器官,使其能够直接感知外界信息。模式识别的一般过程是先采集待识别事物的模式信息,然后对其进行各种变换和预处理,从中抽出有意义的特征或基元,得到待识别事物的模式,然后再与机器中原有的各种标准模式进行比较,完成对待识别事物的分类识别,最后输出识别结果。

根据给出的标准模式的不同,模式识别技术可有多种不同的识别方法。其中,经常采用的方法有模板匹配法、统计模式法、模糊模式法、神经网络法等。

模板匹配法是把机器中原有的待识别事物的标准模式看成一个典型模板,并把待识别事物的模式与典型模板进行比较,从而完成识别工作。

统计模式法是根据待识别事物的有关统计特征构造出一些彼此存在一定差别的样本,并把这些样本作为待识别事物的标准模式,然后利用这些标准模式及相应的决策函数对待识别事物进行分类识别。

模糊模式法是模式识别的一种新方法,它是建立在模糊集理论基础上的,用来实现对客观世界中那些带有模糊特征的事物的识别和分类。

神经网络法是把神经网络与模式识别相结合所产生的一种新方法。这种方法在进行识别之前,首先需要用一组训练样例对网络进行训练,将连接权值确定下来,然后才能对待识别事物进行识别。

3. 自然语言处理

自然语言是人类进行信息交流的主要媒介,也是机器智能的一个重要标志,但由于它的多义性和不确定性,使得人类与计算机系统之间的交流还主要依靠那种受严格限制的非自然语言。自然语言处理(natural language processing)就是要研究人类与计算机之间进行有效交流的各种理论和方法,其研究领域主要包括自然语言理解、机器翻译及语音处理。

自然语言理解(natural language understanding)主要研究如何使计算机能够理解和生成自然语言。它可分为书面语言理解和声音语言理解两大类。其中,书面语言理解的过程包括词法分析、句法分析、语义分析和语用分析 4 个阶段;声音语言理解的过程在上述 4 个阶段之前需要先进行语音处理。自然语言理解的主要困难在语音分析阶段,原因是它涉及上下文知识,需要考虑语境对语言的影响。

语音处理(speech processing)就是要让计算机能够听懂人类的语言。语音处理的基本过程是,先从声波分析开始,抽取与构成单词的发音单元相关的特征,然后在单词识别阶段利用模型将已提出的发音单元序列与单词序列进行匹配。

机器翻译(machine translation)是要用计算机把一种语言翻译成另外一种语言。尽管自然语言理解、语音处理和机器翻译都已取得了很多进展,但离计算机完全理解人类自然语言的目标还相距甚远。自然语言理解的研究不仅对智能人机接口有着重要的实际意义,还对不确定性人工智能的研究具有重大的理论价值。

10.4.3 机器行为

机器行为既是智能机器作用于外界环境的主要途径,也是机器智能的重要组成部分。机器行为的研究内容较多,这里主要介绍智能控制、智能制造。

1. 智能控制

智能控制(intelligent control)是指那种无须或需要尽可能少的人工干预,就能独立地驱动智能机器,实现其目标的控制过程。它是一种把人工智能技术与传统自动控制技术相结合,研制智能控制系统的方法和技术。

智能控制系统是指能够实现某种控制任务,具有自学习、自适应和自组织功能的智能系统。从结构上,它由传感器、感知信息处理模块、认知模块、规划与控制模块、执行器、通信接口模块等主要部件组成。其中,传感器用于获取被控制对象的现场信息;感知信息处理模块用于处理由传感器获得的原始控制信息;认知模块根据感知信息处理模块送来的当前控制信息,利用控制知识和经验进行分析、推理和决策;规划与控制模块根据给定的任务要求和认知模块的决策完成控制动作规划;执行器根据规划与控制模块提供的动作规划去完成相应的动作;通信接口模块实现人机之间的交互和系统中各模块之间的联系。

目前,常用的智能控制方法主要包括模糊控制、神经网络控制、分层递阶智能控制、专家控制和学习控制等。智能控制的主要应用领域包括智能机器人系统、计算机集成制造系统(CIMS)、复杂工业过程的控制系统、航空航天控制系统、社会经济管理系统、交通运输系统、环保及能源系统等。

2. 智能制造

智能制造是指以计算机为核心,集成有关技术,以取代、延伸与强化有关专门人才在制造中的相关智能活动所形成、发展乃至创新了的制造。智能制造中所采用的技术称为智能制造技术,它是指在制造系统和制造过程中的各个环节,通过计算机来模拟人类专家的智能制造活动,并与制造环境中人的智能进行柔性集成与交互的各种制造技术的总称。智能制造技术主要包括机器智能的实现技术、人工智能与机器智能的融合技术,以及多智能体的集成技术。

在实际智能制造模式下,智能制造系统一般为分布式协同求解系统,其本质特征表现为智能单元的"自主性"与系统整体的"自组织能力"。近年来,智能 Agent 技术被广泛应用于网络环境下的智能制造系统的开发。

10.4.4 机器学习

机器学习(machine learning)是机器获取知识的根本途径,同时也是机器具有智能的重要标志。有人认为,一个计算机系统如果不具备学习功能,就不能称其为智能系统。机器学习有多种不同的分类方法,如果按照对人类学习的模拟方式,机器学习可分为符号学习和神经学习等。

1. 符号学习

符号学习是指从功能上模拟人类学习能力的机器学习方法,它是一种基于符号主义学派的机器学习观点。按照这种观点,知识可以用符号来表示,机器学习过程实际上是一种符号运算过程。对符号学习,可根据学习策略,即学习中所使用的推理方法,将其分为记忆学习、归纳学习和演绎学习等。

记忆学习也称死记硬背学习,它是一种最基本的学习方法,任何学习系统都必须记住它所获取的知识,以便将来使用。归纳学习是指以归纳推理为基础的学习,它是机器学习中研究得较多的一种学习类型,其任务是要从关于某个概念的一系列已知的正例和反例中归纳出一般的概念描述。示例学习和决策树学习是两种典型的归纳学习方法。演绎学习是指以演绎推理为基础的学习。解释学习是一种演绎学习方法,它是在领域知识的指导下,通过对单个问题求解的例子的分析,构造出求解过程的因果解释结构,并对该解释结构进行概括化处理,得到可用来求解类似问题的一般性知识。

2. 神经学习

神经学习也称为联结学习,它是一种基于人工神经网络的学习方法。脑科学研究表明,人脑的学习和记忆过程都是通过神经系统来完成的。在神经系统中,神经元既是学习的基本单位,也是记忆的基本单位。神经学习可以有多种不同的分类方法,如果按照神经网络模型来分,典型的学习算法有感知器学习、BP 网络学习和 Hopfield 网络学习等。

感知器学习实际上是一种基于纠错学习规则,采用迭代思想对连接权值和阈值进行不断调整,直到满足结束条件为止的学习算法。BP 网络学习是一种误差反向传播网络学习算法,这种学习算法的学习过程由输出模式的正向传播过程和误差的反向传播过程组成。其中,误差的反向传播过程用于修改各层神经元的连接权值,以逐步减少误差信号,直至得到所期望的输出模式为止。Hopfield 网络学习实际上是要寻求系统的稳定状态,即从网络的初始状态开始,逐渐向其稳定状态过渡,直至达到稳定状态为止。至于网络的稳定性,则是通过一个能量函数来描述的。

10.4.5　计算智能

计算智能(computational intelligence,CI)是借鉴仿生学的思想,基于人们对生物体智能机理的认识,采用数值计算的方法去模拟和实现人类的智能。计算智能的主要研究领域包括神经计算、进化计算和模糊计算等。

1. 神经计算

神经计算也称神经网络(neural network,NN),它是通过对大量人工神经元的广泛并行互联所形成的一种人工网络系统,用于模拟生物神经系统的结构和功能。神经计算是一种对人类智能的结构模拟方法,其主要研究内容包括人工神经元的结构和模型、人工神经网络的互联结构和系统模型、基于神经网络的联结学习机制等。

人工神经元是指用人工方法构造的单个神经元,它有抑制和兴奋两种工作状态,可以接受外界刺激,也可以向外界输出自身的状态,用于模拟生物神经元的结构和功能,是人工神经网络的基本处理单元。

人工神经网络的互联结构(或称拓扑结构)是指单个神经元之间的联结模式,它是构造神经网络的基础。从互联结构的角度,神经网络可分为前馈网络和反馈网络两种主要类型。网络模型是对网络结构、连接权值和学习能力的总括。在现有的网络模型中,最常用的有传统的感知器模型、具有误差反向传播功能的 BP 网络模型和采用反馈联结方式的 Hopfield 网络模型等。

神经网络具有自学习、自组织、自适应、联想、模糊推理等能力,在模仿生物神经计算方面有一定优势。目前,神经计算的研究和应用已渗透到许多领域,如机器学习、专家系统、智能控制、模式识别、计算机视觉、信息处理、非线性系统辨识及非线性系统组合优化等。

2. 进化计算

进化计算(evolutionary computation,EC)是一种模拟自然界生物进化过程与机制,并进行问题求解的自组织、自适应的随机搜索技术。它以达尔文进化论的"物竞天择,适者生存"作为算法的进化规则,并结合孟德尔的遗传变异理论,将生物进化过程中的繁殖、变异、竞争和选择引入到算法中,是一种对人类智能的演化模拟方法。

进化计算主要包括遗传算法、进化策略、进化规划和遗传规划四大分支。其中,遗传算法是进化计算中最初形成的一种具有普遍影响的模拟进化优化算法。

遗传算法的基本思想是使用模拟生物和人类进化的方法来求解复杂问题。它从初始种群出发,采用优胜劣汰、适者生存的自然法则来选择个体,并通过杂交、变异来产生新一代种群,如此逐代进化,直到达到目标为止。

3. 模糊计算

模糊计算也称模糊系统(fuzzy system,FS),它通过对人类处理模糊现象的认知能力的认识,用模糊集合和模糊逻辑去模拟人类的智能行为。模糊集合与模糊逻辑是美国加州大学扎德(Zadeh)教授提出来的一种处理因模糊而引起的不确定性的有效方法。

通常,人们把那种因没有严格边界划分而无法精确刻画的现象称为模糊现象,并把反映模糊现象的各种概念称为模糊概念。例如,人们常说的"大""小""多""少"等都属于模糊概念。

在模糊系统中,模糊概念通常是用模糊集合来表示的,而模糊集合又是用隶属函数来刻画的。一个隶属函数描述一个模糊概念,其函数值为[0,1]区间的实数,用来描述函数自变量所代表的模糊事件隶属于该模糊概念的程度。目前,模糊计算已经在推理、控制、决策等方面得到了非常广泛的应用。

4. 人工生命

生命现象应该是世界上最复杂的现象。人工生命(artificial life)是美国洛斯·阿拉莫斯(Los Alamos)非线性研究中心的克里斯·兰顿(Chris Langton)在研究"混沌边沿"的细胞自动机时,于 1987 年提出的一个概念。他认为,人工生命就是要研究能够展示人类生命特征的人工系统,即研究以非碳水化合物为基础的、具有人类生命特征的人造生命系统。

人工生命研究并不十分关心已经知道的以碳水化合物为基础的生命的特殊形式,而关心的是生命的存在形式,应该说,前者是生物学研究的主题,而后者才是人工生命研究所关心的主要问题。按照这种观点,如果能从具体的生命中抽象出控制生命的存在形式,并且这种存在形式可以在另外一种物质中实现,那么就可以创造出基于不同物质的另外一种生命——人工生命。

人工生命研究所采用的主要是自底向上的综合方法,即只有从生命的存在形式的广泛内容中去考察"生命之所知",才能真正理解生命的本质。人工生命的研究目标就是要创造出具有人类生命特征的人工生命。

10.4.6 分布智能

分布式人工智能(distributed artificial intelligence,DAI)是随着计算机网络、计算机通信和并发程序设计技术而发展起来的一个新的人工智能研究领域。它主要研究在逻辑上或物理上分布的智能系统之间如何相互协调各自的智能行为,实现问题的并行求解。

分布式人工智能的研究目前有两个主要方向:一个是分布式问题求解;另一个是多Agent系统。其中,分布式问题求解主要研究如何在多个合作者之间进行任务划分和问题求解;多Agent系统主要研究如何在一群自主的Agent之间进行智能行为的协调。其中多Agent系统是由多个自主Agent所组成的一个分布式系统。在这种系统中,每个Agent都可以自主运行和交互,即当一个Agent需要与别的Agent合作时,就通过相应的通信机制去寻找可以合作并愿意合作的Agent,以共同解决问题。

10.4.7 智能系统

智能系统可以泛指各种具有智能特征和功能的软硬件系统。从这种意义上讲,前面所讨论的研究内容几乎都能以智能系统的形式出现,如智能控制系统、智能检索系统等。下面我们主要介绍除上述研究内容以外的智能系统,如专家系统和智能决策支持系统。

1. 专家系统

专家系统是一种基于知识的智能系统,其基本结构由知识库、综合数据库、推理机、解释模块、知识获取模块和人机接口6部分组成。其中,知识库是专家系统的知识存储器,用来存放问题相关领域的知识;综合数据库也称为全局数据库,简称数据库,用来存储相关领域的事实、数据、初始状态(证据)和在推理过程中得到的中间状态等;推理机是一组用来控制、协调整个专家系统的程序;解释模块以用户便于接受的方式向用户解释系统的推理过程;知识获取模块可为修改知识库中的原有知识和扩充新知识提供相应手段;人机接口主要用于专家系统和外界之间的通信。

新型专家系统是目前专家系统发展的主流。所谓新型专家系统是指为了克服传统专家系统的缺陷,引入一些新思想、新技术而得到的专家系统。它包括分布式专家系统、协同式专家系统、神经网络专家系统和基于Web的专家系统等。

2. 智能决策支持系统

智能决策支持系统(intelligent decision support system,IDSS)是指在传统决策支持系统(decision support system,DSS)中增加了相应的智能部件的决策支持系统。它把AI技术与DSS相结合,综合运用DSS在定量模型求解与分析方面的优势,以及AI在定性分析与不确定推理方面的优势,利用人类在问题求解中的知识,通过人机对话的方式,为解决半结构化和非结构化问题提供决策支持。

智能决策支持系统通常由数据库、模型库、知识库、方法库和人机接口等主要部件组成。目前,实现系统部件的综合集成和基于知识的智能决策是IDSS发展的一种必然趋势,结合数据仓库和OLAP技术构造企业级决策支持系统是IDSS走向实际应用的一个重要方向。

10.4.8 人工心理与人工情感

在人类神经系统中,智能并不是一个孤立现象,它往往和心理与情感联系在一起。心理学的研究结果表明,心理和情感会影响人的认知,即影响人的思维,因此在研究人工智能的同时也应该开展对人工心理和人工情感的研究。

人工情感(artificial emotion)是利用信息科学的手段对人类情感过程进行模拟、识别和理解,使机器能够产生类人情感,并与人类自然和谐地进行人机交互的研究领域。目前,人工情感研究的两个主要领域是情感计算(affective computing)和感性工学(kansei engineering)。

人工心理(artificial psychology)就是利用信息科学的手段,对人的心理活动(重点是人的情感、意志、性格、创造)再一次更全面的用人工机器(计算机、模型算法)进行模拟,其目的在于从心理学广义层次上研究情感、情绪与认知,以及动机与情绪的人工机器实现问题。

人工心理与人工情感有着广阔的应用前景。例如,支持开发有情感、意识和智能的机器人,实现真正意义上的拟人机械研究,使控制理论更接近于人脑的控制模式、人性化的商品设计和市场开发,以及人性化的电子化教育等。

10.5 人工智能的典型应用

目前,人工智能的应用领域已非常广泛,从理论到技术,从产品到工程,从家庭到社会,智能无处不在。例如,智能 CAD、智能 CAI、智能产品、智能家居、智能楼宇、智能社区、智能网络、智能电力、智能交通、智能控制技术等。下面简单介绍其中的几种典型应用。

10.5.1 智能机器人

机器人是一种具有人类的某些智能行为的机器。它是在电子学、人工智能、控制论、系统工程、精密机械、信息传感、仿生学以及心理学等多种学科或技术发展的基础上形成的一种综合性技术学科。机器人可分为很多种不同的类型,如家用机器人、工业机器人、农业机器人、军用机器人、医疗机器人、空间机器人、水下机器人、娱乐机器人等。在中国科协 2008年举办的"五个 10"系列评选活动中,未来家庭机器人入选"10 项引领未来的科学技术",并名列第二。

机器人研究的主要目的有两个:一个是从应用方面考虑,可以让机器人帮助或代替人们去完成一些人类不宜从事的特殊环境的危难工作,以及一些生产、管理、服务、娱乐等工作;另一个是从科学研究方面考虑,机器人可以为人工智能理论、方法、技术研究提供一个综合试验场地,对人工智能各个领域的研究进行全面检查,以推动人工智能学科自身的发展。可见,机器人既是人工智能的一个研究对象,同时又是人工智能的一个很好的试验场,几乎所有的人工智能技术都可以在机器人中得到应用。

智能机器人是一种具有感知能力、思维能力和行为能力的新一代机器人。这种机器人能够主动适应外界环境变化,并能够通过学习丰富自己的知识,提高自己的工作能力。目前,已研制出了肢体和行为功能灵活,能根据思维机构的命令完成许多复杂操作,并能回答各种复杂问题的机器人。

当然,目前所研制的智能机器人仅具有部分智能,要真正具有像人一样的智能,还需要一段相当长的时期。尤其是在自学习能力、分布协同能力、感知和动作能力、视觉和自然语言交互能力、情感化和人性化等方面,它们的智能水平离人类的自然智能还有相当的距离。

10.5.2 智能网络

因特网的产生和发展为人类提供了方便快捷的信息交换手段,它极大地改变了人们的生活和工作方式,已成为当今人类社会信息化的一个重要标志,但是,基于因特网的万维网(WWW)却是一个杂乱无章、真假不分的信息海洋,它不区分问题领域、不考虑用户类型、不关心个人兴趣、不过滤信息内容。传统的搜索引擎在给人们提供方便的同时,大量的信息冗余也给人们带来了不少烦恼,因此,利用人工智能技术实现智能网络具有极其重要的理论意义和实际价值。

目前,智能网络方面的两个重要研究内容分别是智能搜索引擎和智能网格。智能搜索引擎是一种能够为用户提供相关度排序、角色登记、兴趣识别、内容的语义理解、智能化信息过滤和推送等人性化服务的搜索引擎。智能网格是一种与物理结构和物理分布无关的网络环境,它能够实现各种资源的充分共享,能够为不同用户提供个性化的网络服务。我们可以形象地把智能网格比喻成一个超级大脑,其中的各种计算资源、存储资源、通信资源、软件资源、信息资源、知识资源等都像大脑的神经元细胞一样能够相互作用、传导和传递,实现资源的共享、融合和新生。目前,智能网格研究还处在非常初级的阶段,智能网格的发展前景十分广阔。

10.5.3 智能检索

智能检索是指利用人工智能的方法从大量信息中尽快找到所需要的信息或知识。随着科学技术和信息手段的迅速发展,在各种数据库,尤其是因特网上存放着大量的甚至是海量的信息或知识。面对这种信息海洋,如果还用传统的人工方式进行检索,很不现实,因此,迫切需要相应的智能检索技术和智能检索系统来帮助人们快速、准确、有效地完成检索工作。

智能信息检索系统的设计需要解决的主要问题包括以下几个。

(1)系统应具有一定的自然语言理解能力,能够理解用自然语言提出的各种询问。

(2)系统应具有一定的推理能力,能够根据已知的信息或知识,演绎出所需要的答案。

(3)系统应拥有一定的常识性知识,以补充学科范围的专业知识。系统根据这些常识,能得出答案。

需要特别指出的是,因特网的海量信息检索,既是智能信息检索的一个重要研究方向,同时也对智能检索系统的发展起到了积极的推动作用。

本 章 小 结

本章介绍了人工智能一些基础内容,通过本章的学习,读者应该对人工智能有基本的了解。

人工智能是研究、开发用于模拟、延伸和扩展人的智能的理论、方法、技术及应用系统的一门新的技术科学。人工智能的发展包括孕育期、形成期、知识应用期、学派从分立走向综合的时期、智能科学技术学科兴起的时期。人工智能研究的 3 个目标为对智能行为有效解释的理论分析、解释人类智能和构造智能的人工制品。人工智能的研究领域包括机器思维、机器感知、机器行为、机器学习、计算智能、分布智能、智能系统和人工心理与人工情感。人工智能的典型应用包括智能机器人、智能网络和智能检索。

本章所学习的人工智能主要通过 Python 语言来实现,关于 Python 语言的学习会在第12章中介绍。

习　题

1. 填空题

(1) 智能包含的能力包括_____、_____、_____、_____。

(2) 人工智能的 3 个主要研究目标为_____、_____、_____。

(3) 与机器思维有关的研究主要包括_____、_____、_____。

(4) 机器感知包括_____、_____、_____。

(5) 机器学习包括_____、_____。

(6) 计算智能包括_____、_____、_____、_____。

(7) 智能系统包括_____、_____。

2. 简答题

(1) 什么是智能?

(2) 什么是人工智能?

(3) 简述人工智能的发展经历了哪几个阶段。

(4) 简述什么是推理。

(5) 简述什么是机器视觉。

(6) 简述什么是模式识别。

(7) 简述什么是模糊计算。

(8) 简述什么是智能决策系统。

第11章 机器学习

11.1 机器学习概述

学习其实只是一个简单的联想过程,给定了特定的输入,就会产生特定的输出。如对狗下命令"坐",狗做出行为"坐"。学习就是系统中的适应性变化,这种变化使系统在重复同样工作或类似工作时,能够做得更好或效率更高。学习是在人们头脑里(心理内部)有用的变化。综合众多观点,学习是一个有特定目的的知识获取和能力增长的过程,其内在行为是获得知识、积累经验、发现规律等,其外部表现是改进性能、适应环境和实现系统的自我完善。

学习的目的是多种多样的:学习识别客户的购买模式以便能检测出信用卡欺诈行为;对客户进行扼要描述以便能对市场推广活动进行定位;对网上内容进行分类并按用户兴趣自动导入数据等。

机器学习是一个多学科交叉的领域,其涵盖概率论知识、统计学知识、近似理论知识和复杂算法知识,使用计算机作为工具,致力于真实实时地模拟人类学习方式,并对现有内容进行知识结构划分来有效提高学习效率。

机器学习有下面几种定义。

(1)机器学习是一门人工智能的科学,该领域的主要研究对象是人工智能,特别是如何在经验学习中改善具体算法的性能。

(2)机器学习是对能通过经验自动改进的计算机算法的研究。

(3)机器学习是用数据或以往的经验,以此优化计算机程序的性能标准。

学习系统的模型如图11.1所示。

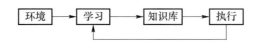

图 11.1 学习系统的模型

环境向系统的学习部分提供某些信息。影响学习系统设计的最重要的因素是环境向系统提供的信息。学习部分利用环境提供的信息修改知识库,以提高系统执行部分完成任务的效能。知识库里存放的是指导执行部分动作的一般原则。执行部分根据知识库来完成任务,同时把获得的信息反馈给学习部分。在具体的应用中,环境、知识库和执行部分决定了具体的工作内容,学习部分所需要解决的问题完全由上述3部分确定。

机器学习按照训练样本提供的信息以及反馈方式的不同分为监督学习(supervised learning)、无监督学习(unsupervised learning)和强化学习(reinforcement learning)。

（1）监督学习

监督学习是通过已有的训练样本（即已知数据以及其对应的输出）进行训练，从而得到一个最优模型，再利用这个模型将所有新的数据样本映射为相应的输出结果，对输出结果进行简单的判断从而实现分类或预测等目的。其目标是训练机器学习的泛化能力。监督学习的典型算法有决策树、支持向量机、K-近邻算法等。在文字识别、垃圾邮件分类与拦截、网页检索、基因诊断以及股票预测等各个领域都有着广泛的应用。

（2）无监督学习

无监督学习是指用来学习的数据在没有任何类别信息以及给定目标值的情况下，通过学习寻求数据间的内在模式和统计规律，从而获得样本数据的结构特征。其目标是在学习过程中根据相似性原理进行区分。用于处理未被分类标记的样本集。无监督学习的典型算法有 K-均值、DBSCAN 密度聚类算法、最大期望算法等。无监督学习在人造卫星故障诊断、视频分析、社交网站解析和异常检测、数据可视化以及作为监督学习方法的预先处理方面有着广泛的应用。

（3）强化学习

强化学习是通过交互来学习的机器学习算法。智能体根据环境状态做出一个动作，并得到即时或延时的激励。智能体在和环境的交互中不断学习并调整策略，以取得最大化的期望。强化学习最早用于智能控制领域，如机器人控制、电梯 调度、电信通信等，如今已经在自动驾驶、自然语言处理和语音交互领域都有相关的应用。

3 种机器学习类型的比较如表 11.1 所示。

表 11.1　3 种机器学习类型的比较

	监督学习	无监督学习	强化学习
输入	有标记数据	无标记数据	决策过程
反馈方式	直接反馈	无反馈	激励
目标	分类、预测	聚类、降维	动作

11.2　分　类　算　法

分类（classification）是机器学习的一项重要任务，是指在数据库的各个对象中找出共同特征，并按照分类模型把它们进行分类。

分类的任务就是确定对象属于哪个预定义的目标类。例如，根据电子邮件的标题和内容，检查出垃圾邮件；对一大堆照片区分出哪些是风景照，哪些是人物照等。

分类的目的是根据数据集的特点构造一个分类器，把未知类别的样本映射到给定类别中的某一个。

解决分类问题的一般过程如下。

（1）建立分类模型。分类模型是通过分析训练样本数据总结得出的一般性分类规则，模型以分类规则、决策树或数学公式的形式给出。

（2）分类模型应用。在确保分类模型的准确性和精度的情况下，运用该分类模型对未知类型的样本进行分类处理。

目前,被广泛应用的分类算法有决策树算法、贝叶斯算法、K-近邻算法、支持向量机。下面主要介绍决策树算法。

决策树(decision tree)算法是机器学习中常见的算法,是分类和预测的主要技术之一。顾名思义,决策树学习就是学习用来做决策的树。决策树是一种基本的分类与回归方法,模型呈树形结构,在分类问题中,表示基于特征对实例进行分类的过程。构造决策树的目的是找出属性和类别间的关系,用来预测将来未知类别的记录的类别。

决策树一般包含根节点、内部节点和叶节点。根节点包含全部训练样本数据;叶节点对应类别的结果;内部节点对应于一个属性测试。

以相亲举例可以展示一棵决策树,如图 11.2 所示。

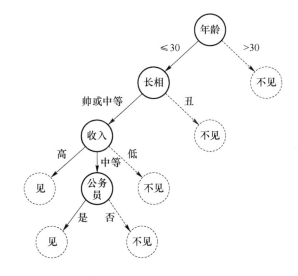

母亲:给你介绍个对象。
女儿:年纪多大了?
母亲:26。
女儿:长的帅不帅?
母亲:挺帅的。
女儿:收入高不?
母亲:不算很高,中等情况。
女儿:是公务员不?
母亲:是,在税务局上班呢。
女儿:那好,我去见见。

图 11.2 相亲事例的决策树

关于人的分类也可以找出一棵决策树,我们可以预先定义一组属性及其可取值。高度可取值为"高"和"矮";发色可取值为"黑色""红色"和"金色";眼睛颜色的可取值为"蓝色"和"棕色";人分为"+"和"−"两类。关于人分类决策的样本集如表 11.2 所示。

表 11.2 人分类决策的样本集

编号	高度	发色	眼睛颜色	类别
1	矮	黑色	蓝色	−
2	高	黑色	蓝色	−
3	矮	金色	蓝色	+
4	高	金色	棕色	−
5	高	黑色	棕色	−
6	矮	金色	棕色	−
7	高	金色	蓝色	+
8	高	红色	蓝色	+

(1) 选取"发色"为树的根节点,此时有 3 个属性值、3 个对象子集。决策树如图 11.3 所示。

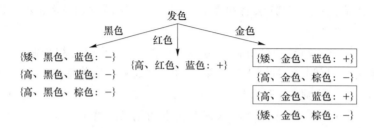

图 11.3　选取"发色"为根节点的决策树

（2）按属性"眼睛颜色"划分"金色"分支，此时有 2 个属性值、2 个对象子集，会产生二级决策树，如图 11.4 所示。

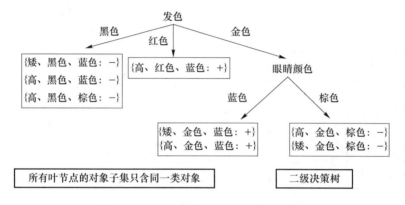

图 11.4　按属性"眼睛颜色"划分"金色"分支的决策树

以上两个例子清晰地展示了决策树的作用。决策树的优点是易于理解和实现，能在相对短的时间内对大型数据源给出效果良好的结果，缺点是处理缺失数据困难，忽略了数据集中属性之间的相关性。

11.3　聚类算法

聚类算法是基于"物以类聚"思想，通过计算对象个体或对象类之间的相似程度，将满足相似条件的对象个体或对象类归为同一类，将不满足相似条件的对象个体或对象类归为不同类，使划分结果满足类内元素相似度高、类间元素相似程度低的要求。聚类算法的任务是将相似的事物分成一类，属于典型的无监督学习。聚类算法的目标是通过对无标记训练样本的学习来揭示数据的内在性质和规律，为进一步的数据分析提供基础。下面主要介绍 K-means 算法。

K-means 算法也称 K-均值算法，是一种无监督学习算法，广泛应用于机器学习领域。其流程是输入 n 个数据（无任何标注信息）、输出 K 个聚类结果，目的是将 n 个数据聚类到 K 个集合中。具体流程为：

（1）从 n 个数据对象中任意选择 K 个对象作为初始聚类中心；

（2）根据剩余的其他对象与这些聚类中心的相似度（距离），将它们分别分配给与其最相似的（聚类中心所代表的）聚类；

（3）计算新聚类的聚类中心（该聚类中所有对象的均值）；

（4）不断重复这一过程直到聚类结果稳定为止。

【例 11.1】 假定一个数据集{1,2,30,15,10,18,3,9,8,25}，用 K-means 聚类算法将这些数据进行聚类。

第 1 步：首先给定 $K=3$，即将数据集聚成 3 类。随机选取后面 3 个数据对象作为初始类的中心点，分别是 $m_1=8$，$m_2=9$，$m_3=25$。

第 2 步：第 1 次迭代，分别计算数据集中每个对象到这 3 个类中心点的距离，并将其分配给距离最近的中心点所代表的类。采用距离值为两个数的差的绝对值。计算过程如表 11.3 所示。

表 11.3 第 1 次迭代计算中心点与数据对象的差的绝对值

初始中心点	$m_1=8$	$m_2=9$	$m_3=25$
1	7	8	24
2	6	7	23
30	22	21	5
15	7	6	10
10	2	1	15
18	10	9	7
3	5	6	22
9	1	0	16
8	0	1	17
25	15	16	0

第 1 次迭代结果：$K_1=\{1,2,3,8\}$，$K_2=\{9,10,15\}$，$K_3=\{18,25,30\}$。

第 3 步：$K_1=\{1,2,3,8\}$，$K_2=\{9,10,15\}$，$K_3=\{18,25,30\}$，重新计算每个类的均值。中心点更新为 $m_1=3.5$，$m_2=11.3$，$m_3=24.3$。同理可得，第 2 次迭代的结果为 $K_1=\{1,2,3\}$，$K_2=\{8,9,10,15\}$，$K_3=\{18,25,30\}$。

第 4 步：$K_1=\{1,2,3\}$，$K_2=\{8,9,10,15\}$，$K_3=\{18,25,30\}$，重新计算每个类的均值。中心点更新为 $m_1=2$，$m_2=10.5$，$m_3=24.3$。同理可得，第 3 次迭代的结果为 $K_1=\{1,2,3\}$，$K_2=\{8,9,10,15\}$，$K_3=\{18,25,30\}$。比较第 3 次与第 2 次的迭代结果会发现，每个类中的数据不再被重新分配，聚类结果稳定，则算法终止。

K-means 算法的优点是算法简单、易于理解、实现方便、适合常规数据集。其缺点是需要事先确定聚类数目，很多时候我们不知道数据被聚类的数目；需要初始化聚类中心，聚类中心对聚类结果有很大的影响；当数据有噪声和孤立点时，算法变得不稳定。

本 章 小 结

本章介绍了机器学习的一些基础内容，通过本章的学习，读者应该对机器学习及一些算法有基本的了解。

机器学习是一个多学科交叉的领域,涵盖概率论知识、统计学知识、近似理论知识和复杂算法知识,使用计算机作为工具,致力于真实实时地模拟人类学习方式,并对现有内容进行知识结构划分来有效提高学习效率。机器学习按照训练样本提供的信息以及反馈方式的不同分为监督学习、无监督学习和强化学习。分类(classification)是机器学习的一项重要任务,是指在数据库的各个对象中找出共同特征,并按照分类模型对它们进行分类。聚类算法是基于"物以类聚"思想,通过计算对象个体或对象类之间的相似程度,将满足相似条件的对象个体或对象类归为同一类,将不满足相似条件的对象个体或对象类归为不同类,使划分结果满足类内元素相似度高、类间元素相似程度低的要求。

本章仅简单介绍了一些机器学习的知识,关于机器学习的实现主要使用 Python 语言,这部分知识将在第 12 章进行讲解。

习　　题

1. 填空题

(1) 机器学习按照训练样本提供的信息以及反馈方式的不同分为 _____、_____、_____。

(2) 解决分类问题的一般过程为 _____、_____。

(3) 被广泛应用的分类算法有 _____、_____、_____、_____。

2. 简答题

(1) 什么是机器学习?

(2) 简述学习系统的模型及其关系。

(3) 什么是分类?

(4) 什么是决策树?

(5) 简述决策树的优缺点。

(6) 什么是聚类算法?

(7) 简述 K-means 算法的优缺点。

(8) 按"高度"划分图 11.4 中的"黑色"分支。

第 12 章　Python 程序设计基础

人工智能(AI)是现在非常热门的一个方向,人工智能包含常用机器学习和深度学习两个很重要的模块。AI 热潮让 Python 语言的未来充满了无限的潜力。现在释放出来的几个非常有影响力的 AI 框架,大多是由 Python 实现的。其原因主要因为 Python 拥有 matplotlib、Numpy、sklearn、keras 等大量的库,pandas、sklearn、matplotlib 这些库都是用于数据处理、数据分析、数据建模和绘图的,基本上机器学习中对数据的爬取(scrapy)、对数据的处理和分析(pandas)、对数据的绘图(matplotlib)和对数据的建模(sklearn)在 Python 中全都能找到对应的库来进行处理。Python 在人工智能领域内的数据挖掘、机器学习、神经网络、深度学习等方面都是主流的编程语言,得到了广泛的支持和应用。所以,掌握 Python 对学习 AI 来说是十分必要的。本章通过介绍 Python 语言基础知识、Python 程序设计基础及 Python 综合案例三大部分的知识来帮助同学们认识 Python。

12.1　Python 语言基础知识

12.1.1　Python 语言

Python 语言是一个高层次的结合了解释性、编译性、互动性和面向对象性的脚本语言。Python 语言的设计具有很强的可读性,它具有比其他语言更有特色的语法结构。

Python 语言是一种解释型语言,这意味着它的开发过程中没有了编译这个环节,类似于 PHP 和 Perl 语言;Python 是交互式语言,这意味着,可以在一个 Python 提示符"＞＞＞"后直接执行代码;Python 是面向对象语言,这说明 Python 是支持面向对象的风格或代码封装在对象的编程技术;Python 是初学者的语言,Python 对初级程序员而言,是一种伟大的语言,它支持广泛的应用程序开发,从简单的文字处理程序到 WWW 浏览器再到游戏。

Python 语言具有如下特点。

(1)易于学习:Python 具有比较少的关键字,简单的结构和明确的方法,使初学者学习起来很容易上手。

(2)易于阅读:代码具有更高的可读性。

(3)易于维护:由于代码具有很高的可读性,因此维护起来相对容易。

(4)具有广泛的标准库:Python 具有丰富的库,跨平台的兼容性很好。

(5)互动模式:用户可以在终端进行程序的运行和调试。

(6)可移植:Python 是一个开源的环境,其可以被移植到多种平台。

(7)可扩展:如果用户想便携式一些不愿开放的算法,可以使用其他语言来完成,然后在 Python 程序中调用。

（8）数据库：Python 提供了所有主要的商业数据库接口。

（9）GUI 编程：Python 支持 GUI,可以创建和移植到许多系统中以供调用。

（10）可嵌入：可以将 Python 嵌入到 C/C++程序,让用户程序获得脚本化功能。

下面介绍两个简单的 Python 小程序。

1. 九九乘法表

```python
for i in range(9)：#从 0 循环到 8
    i += 1#等价于 i = i+1
    for j in range(i)：#从 0 循环到 i
        j += 1
        print(j,'*',i,'=',i*j,end = '',sep='')
            # end 默认在结尾输出换行,将它改成空格 sep,默认 j,'*',i,'=',i*j 各类输出中间会有空格
    print()#这里的作用是输出换行符
```

输出结果如下：

```
1*1=1
1*2=2 2*2=4
1*3=3 2*3=6 3*3=9
1*4=4 2*4=8 3*4=12 4*4=16
1*5=5 2*5=10 3*5=15 4*5=20 5*5=25
1*6=6 2*6=12 3*6=18 4*6=24 5*6=30 6*6=36
1*7=7 2*7=14 3*7=21 4*7=28 5*7=35 6*7=42 7*7=49
1*8=8 2*8=16 3*8=24 4*8=32 5*8=40 6*8=48 7*8=56 8*8=64
1*9=9 2*9=18 3*9=27 4*9=36 5*9=45 6*9=54 7*9=63 8*9=72 9*9=81
```

2.登录程序,有 3 次输入账号、密码的机会,密码错误 3 次账号将被锁定。

```python
user: "hello world"
paswd = 123456
username = input("请输入用户名:")
password = input("请输入密码:")
for i in range(3):
    if username == user and int(password) == paswd:#判断用户名和密码是否都匹配
        print("欢迎您的到来")
        break
    elif i < 2：
        username = input("请输入用户名:")
        password = input("请输入密码")
    elif i == 2：
        print("账户已锁定")
```

```
    break
```

运行结果如下：

```
请输入用户名:123
请输入密码:123
请输入用户名:yan
请输入密码:456
请输入用户名:hhh
请输入密码:456
账户已锁定
>>>
请输入用户名:hello world
请输入密码:123456
欢迎您的到来
```

通过以上两个小程序，同学们对 Python 语言程序有了初步的了解，下面我们开始 Python 语言的学习。

12.1.2 Python 环境的搭建

本书主要以 Windows 系统为例讲解 Python 环境的搭建和 Python 程序的运行。首先打开命令行终端窗口输入"Python"查看自己的计算机是否具备 Python 环境。如果输入"Python"可以显示 Python 版本号，则说明具备 Python 环境，如若没有，则需要进行环境搭建。环境搭建的具体步骤可以参考实验教程的实验一。

在实际开发过程中可以选择集成开发环境(IDE)，方便查看程序运行结果和调试程序。一般情况下，程序员可选择的 IDE 类别很多，比如，用 Python 语言进行程序开发，既可以选用 Python 自带的 IDE，也可以选择使用 PyCharm 和 Notepad＋＋ 作为 IDE。并且，为了称呼方便，人们也常常会将集成开发环境称为编译器或编程软件。

12.1.3 基础语法

1. 交互式编程

交互式编程是指通过 Python 解释器的交互模式来编写代码，在 Linux/UNIX 系统中，在命令行输入"Python"即可启动交互式编程，窗口如图 12.1 所示。

```
Python 2.7.16 (default, Nov  9 2019, 05:55:08)
[GCC 4.2.1 Compatible Apple LLVM 11.0.0 (clang-1100.0.32.4) (-macos10.15-objc-s
on darwin
Type "help", "copyright", "credits" or "license" for more information.
>>>
```

图 12.1　命令行窗口

Windows 系统在安装 Python 时已经安装了交互式客户端 IDE，窗口如图 12.2 所示。

```
Python 3.8.1 (v3.8.1:1b293b6006, Dec 18 2019, 14:08:53)
[Clang 6.0 (clang-600.0.57)] on darwin
Type "help", "copyright", "credits" or "license()" for more information.
>>> print("hello world")
hello world
```

图 12.2　IDLE 示意图

2．脚本式编程

还有一种方式是通过脚本参数调用解释器开始执行脚本，直到脚本执行结束，当脚本执行完成之后解释器就失效了，脚本程序的 Python 文件以 py 为扩展名，在文件中写入以下源代码，如图 12.3 所示。

hello.py - /Volumes/personal/hello.py

```
print("hello world")
```

图 12.3　Python 文件示意图

打开终端，输入如下命令，即可出现程序执行结果。运行结果如图 12.4 所示。

```
cirenbichengdaqi:Python 3.8 yanxue$ python hello.py
hello world
cirenbichengdaqi:Python 3.8 yanxue$
```

图 12.4　Python 文件程序运行结果

3．标识符

在 Python 里，标识符由字母、数字和下划线组成，所有的标识符都可包含字母、数字和下划线，但是不能以数字开头。以下划线开头的标识符是有特殊含义的，以单下划线开头的 _foo 代表不能直接访问类的属性，需通过类提供的接口进行访问，不能用 from xxx import * 导入。以双下划线开头的 _foo 代表类的私有成员，以双下划线开头和结尾的 _foo _ 代表 Python 里特殊方法专用的标识，如 _init_() 代表类的构造函数。

一般情况下在 Python 中一行显示一条语句，如果需要一行显示多条语句需要用分号";"隔开。如果一条语句需要多行显示，则需要在换行处加上反斜杠"\"来区分。例如：

```
total = item_one + \
    item_two + \
    item_three
```

如果语句中包含 []，{} 或（）就不需要使用多行连接符。例如：

```
days = ['Monday', 'Tuesday', 'Wednesday',
    'Thursday', 'Friday']
```

4．保留字符

在 Python 中有些关键字不能用于常量名称或变量名称或其他任何标识符名称，这些关键字称为保留字符。所有的关键字只包含小写字母。在表 12.1 中列出了这些保留字符。

表 12.1　保留字符

and	exec	not
assert	finally	or
break	for	pass
class	from	print
continue	global	raise
def	if	return
del	import	try
elif	in	while
else	is	with
except	lambda	yield

5. 行和缩进

Python 与其他编程语言最大的不同是不用"{ }"控制逻辑结构、类以及函数等，主要靠缩进来区分模块。缩进的空格数量一般是以一个 Tab 键为准，最好统一一个模块里的代码缩进。例如：

```
if True：
    print("True")
else：
    print("False")
```

6. 注释

在 Python 中注释一般写在程序的开头或语句的后面，起到解释或说明的作用。或者注释部分多余代码进行程序的调试。单行注释用"#"开头，多行注释用 3 个单引号（'''）或 3 个双引号（"""）开头。

```
#文件名:test.py
#第一个注释
print("Hello,Python!")   # 第二个注释
'''
这是多行注释,使用单引号。
这是多行注释,使用单引号。
这是多行注释,使用单引号。
'''
"""
这是多行注释,使用双引号。
这是多行注释,使用双引号。
这是多行注释,使用双引号。
"""
```

12.1.4　变量和运算符

Python 程序中的变量是存储在内存中的值，在创建变量时要在内存中开辟一块空间。根据定义的变量的数据类型解释器会分配指定内存空间，并且可以设置数据存储在内存中

的权限。变量类型主要分为整数、浮点数、字符类型和布尔类型。和变量相对应的是常量，常量的存储方式和变量一样，与变量不同的是，变量的值可以被多次修改，常量的值一旦确定之后就不能修改。

1. 变量赋值

在任何编程语言中，将数据放入变量的过程叫作赋值。在 Python 中使用等号"＝"作为赋值符号，具体格式为"变量名＝值"，简单变量赋值代码和运行结果如下：

```
counter = 100 # 赋值整型变量
miles = 1000.0 # 浮点型
name = "John" # 字符串
print(counter)
print(miles)
print(name)
```

运行结果如下：

```
100
1000.0
John
```

只要给变量重新赋值，之前的值就会被覆盖，同时还可以将不同类型的数据赋值给同一变量，变量重复赋值代码如下：

```
n = 10 # 将 10 赋值给变量 n
n = 95 # 将 95 赋值给变量 n
n = 200 # 将 200 赋值给变量 n
print(n)
abc = 12.5 # 将小数赋值给变量 abc
abc = 85 # 将整数赋值给变量 abc
abc = "http://c.biancheng.net/"  # 将字符串赋值给变量 abc
print(abc)
```

运行结果如下：

```
200
http://c.biancheng.net/
```

除了赋值给单个数据，还可以将表达式的结果赋值给一个变量，表达式赋值如下：

```
sum = 100 + 20 # 将加法的结果赋值给变量
rem = 25 * 30 % 7 # 将余数赋值给变量
str = "C 语言中文网" + "http://c.biancheng.net/" # 将字符串拼接的结果赋值给变量
print(sum)
print(rem)
print(str)
```

运行结果如下：

```
120
1
C 语言中文网 http://c.biancheng.net/
```

2. 运算符

(1) 算术运算符:设定变量 $a=10,b=20$。具体运算符分类如表12.2所示。

表 12.2 算术运算符

运算符	描 述	运算结果
＋	加:两个变量相加 $a+b$	30
－	减:两个变量相减 $a-b$	－10
*	乘:两个变量相乘 $a*b$	200
/	除:b 除以 a	2
%	模除:返回 b 除以 a 的余数	0
* *	幂:a 的 b 次幂 a^b	100 000 000 000 000 000 000

//	取整除:返回商的整数部分(向下取整)	>>> 9//2
		4
		>>> -9//2
		-5

(2) 比较运算符:设定变量 $a=10,b=20$(运算结果返回"True"或"False")。具体运算符分类如表12.3所示。

表 12.3 比较运算符

运算符	描 述	运算结果
==	等于:比较两个对象是否相等	$a==b$ 返回"False"
!=	不等于:比较两个对象是否不相等	$a!=b$ 返回"True"
>	大于:返回 a 是否大于 b	$a>b$ 返回"False"
<	小于:返回 a 是否小于 b	$a<b$ 返回"True"
>=	大于等于:返回 a 是否大于等于 b	$a>=b$ 返回"False"
<=	小于等于:返回 a 是否小于等于 b	$a<=b$ 返回"True"

(3) 赋值运算符:设定变量 $a=10,b=20$。具体赋值运算符分类如表12.4所示。

表 12.4 赋值运算符

运算符	描 述	运算结果
=	简单的赋值运算符	$c=a+b$,将 $a+b$ 的结果赋值给 c
+=	加法赋值运算符	$c+=a$ 等效于 $c=c+a$
-=	减法赋值运算符	$c-=a$ 等效于 $c=c-a$
* =	乘法赋值运算符	$c*=a$ 等效于 $c=c*a$
/=	除法赋值运算符	$c/=a$ 等效于 $c=c/a$
%=	取模赋值运算符	$c\%=a$ 等效于 $c=c\%a$
* * =	幂赋值运算符	$c**=a$ 等效于 $c=c**a$
//=	取整除赋值运算符	$c//=a$ 等效于 $c=c//a$

（4）位运算符：是指把数字看作二进制来进行计算。设定变量 $a=60,b=13$，对应的二进制分别为 00111100 和 00001101。具体位运算符分类如表 12.5 所示。

表 12.5　位运算符

运算符	描　述	运算结果
&	按位与运算符：参与运算的两个值，如果两个相应位都为 1，则该位的结果为 1，否则为 0	$(a\&b)$ 输出结果为 12，二进制解释：00001100
|	按位或运算符：只要对应的两个二进制位有一个为 1 时，结果位就为 1	$(a\mid b)$ 输出结果为 61，二进制解释：00111101
∧	按位异或运算符：当两个对应的二进制位相异时，结果为 1	$(a\wedge b)$ 输出结果为 49，二进制解释：00110001
~	按位取反运算符：对数据的每个二进制位取反，即把 1 变为 0，把 0 变为 1。$\sim x$ 类似于 $-x-1$	$(\sim a)$ 输出结果为 -61，二进制解释：11000011
<<	左移动运算符：运算数的各二进制位全部左移若干位，由"<<"右边的数字指定移动的位数，高位丢弃，低位补 0	$(a<<2)$ 输出结果为 240，二进制解释：11110000
>>	右移动运算符：把">>"左边的运算数的各二进制位全部右移若干位，由">>"右边的数字指定移动的位数	$(a>>2)$ 输出结果为 15，二进制解释：00001111

（5）逻辑运算符：设定变量 $a=10,b=20$。具体逻辑运算符分类如表 12.6 所示。

表 12.6　逻辑运算符

运算符	逻辑表达式	描　述	运算结果
and	a and b	"与"：如果 a 为 False，a and b 返回"False"，否则返回 b 的计算值	a and b 返回"20"
or	a or b	"或"：如果 a 非 0，则返回 a 的值。否则返回 b 的计算值	a or b 返回"10"
not	not a	"非"：如果 a 为 True，则返回"False"。如果 a 为 False，则返回"True"	not $(a$ and $b)$ 返回"False"

（6）成员运算符：是指指定的数据是否在指定序列中，包括字符串、列表、元组或字典。具体成员运算符分类如表 12.7 所示。

表 12.7　成员运算符

运算符	描　述	运算结果
in	如果在指定的序列中找到值，则返回"True"，否则返回"False"	x 在 y 序列中，如果 x 在 y 序列中则返回"True"
not in	如果在指定的序列中没有找到值，则返回 True，否则返回"False"	x 不在 y 序列中，如果 x 不在 y 序列中则返回"True"

有关成员运算符的使用请参照以下实例。

```
a = 10
b = 20
list = [1, 2, 3, 4, 5];
```

```
if ( a in list ):
    print("1-变量 a 在给定的列表中 list 中")
else:
    print("1-变量 a 不在给定的列表中 list 中")
if ( b not in list ):
    print("2-变量 b 不在给定的列表中 list 中")
else:
    print("2-变量 b 在给定的列表中 list 中")
#修改变量 a 的值
a = 2
if ( a in list ):
    print("3-变量 a 在给定的列表中 list 中")
else:
    print("3-变量 a 不在给定的列表中 list 中")
```

运行结果如下:

1-变量 a 不在给定的列表中 list 中

2-变量 b 不在给定的列表中 list 中

3-变量 a 在给定的列表中 list 中

(7) 身份运算符:用于比较两个对象的存储单元。具体身份运算符如表 12.8 所示。

表 12.8　身份运算符

运算符	描　述	运算结果
is	is 是判断两个标识符是不是引用自一个对象	x is y,如果引用的是同一个对象,则返回"True",否则返回"False"
is not	is not 是判断两个标识符是不是引用自不同对象	x is not y,如果引用的不是同一个对象,则返回结果"True",否则返回"False"

有关身份运算符的使用请参考以下实例。

```
a = 20
b = 20
if ( a is b ):
    print ("1-a 和 b 有相同的标识")
else:
    print ("1-a 和 b 没有相同的标识")
if ( a is not b ):
    print ("2-a 和 b 没有相同的标识")
else:
    print ("2-a 和 b 有相同的标识")
#修改变量 b 的值
b = 30
if ( a is b ):
```

```
    print ("3-a 和 b 有相同的标识")
else:
    print ("3-a 和 b 没有相同的标识")
if ( a is not b ):
    print ("4-a 和 b 没有相同的标识")
else:
    print ("4-a 和 b 有相同的标识")
```

运行结果如下:

1-a 和 b 有相同的标识

2-a 和 b 有相同的标识

3-a 和 b 没有相同的标识

4-a 和 b 没有相同的标识

以上列出的运算符当在程序表达式中出现多个时,会有优先级之分,即先执行什么操作后执行什么操作。在表 12.9 中列出了从最高到最低优先级的运算符。

表 12.9　运算符优先级

运算符	描述
＊＊	指数(最高优先级)
～	按位翻转
＊　／　％　／／	乘、除、取模和取整除
＋ －	加法、减法
＞＞　＜＜	右移、左移运算符
&	位'AND'
∧　|	位运算符
＜= ＜　＞＞=	比较运算符
== ！=	等于运算符
=　％=　／=　／／=　－=　＋=　＊=　＊＊=	赋值运算符
is　is not	身份运算符
in　not in	成员运算符
not　and　or	逻辑运算符

12.1.5　列表、元组、字典和集合

在 Python 编程中,我们既需要独立的变量来保存数据,又需要序列来保存大量数据。Python 序列是指按特定顺序依次排列的一组数据,它们可以占用一块连续的内存,也可以分散到多块内存中。Python 中的序列类型包括列表(list)、元组(tuple)、字典(dict)和集合(set)。

列表(list)和元组(tuple)相似,都按照顺序保存元素,所有的元素占用一块连续的内存,每个元素都有自己的索引,因此列表和元组都是通过索引(index)来访问。两者不同之处是列表可以修改,而元组不可修改。字典(dict)和集合(set)存储的数据都是无序的,每份

元素占用不同的内存,其中字典元素以 key-value 键值对的形式保存。

1. 列表

列表是 Python 中使用最频繁的数据类型。列表可以完成大多数集合类的数据结构,它支持字符、数字、字符串甚至可以包含列表(即列表的嵌套),列表用"[ ]"标识,是 Python 中最通用的复合数据类型。

创建列表的格式为 listname＝[e_1,e_2,e_3.........e_n],其中 listname 表示列表变量名,e_1~e_n 表示列表元素。例如,下面的定义都是合法的:

list = ['runoob', 786 , 2.23,'john', 70.2]

tinylist = [123,'john']

也可以创建一个空列表,即列表中没有元素。

列表中的值可以切割,即可以取列表中的部分数据,用"[头下标:尾下标]"的格式截取相应的部分列表。从左到右索引默认从 0 开始,从右到左索引默认从 −1 开始,下标可以为空,表示取到头或尾。创建列表并读取列表中的数据示例代码如下:

```
list = ['runoob', 786 , 2.23,'john', 70.2 ]
tinylist = [123,'john']
print(list)                # 输出完整列表
print(list[0])             # 输出列表的第 1 个元素
print(list[1:3])           # 输出第 2 个至第 3 个元素
print(list[2:])            # 输出从第 3 个开始至列表末尾的所有元素
print(tinylist * 2)        # 输出列表两次
print(list + tinylist)     # 打印组合的列表
```

注:"＋"是列表连接运算符,"＊"是重复操作符。

运行结果如下:

['runoob', 786 , 2.23,'john', 70.2]

runoob

[786 , 2.23]

[2.23,'john', 70.2]

[123,'john', 123,'john']

['runoob', 786 , 2.23,'john', 70.2, 123,'john']

表 12.10 中列出了 Python 列表函数及常用方法,本书只对函数和方法做简单介绍,具体实例请参照实验教程。

表 12.10　列表函数

函数	描述
cmp(list1,list2)	比较两个列表的元素
len(list)	列表元素的个数
max(list)	返回列表元素的最大值
min(list)	返回列表元素的最小值
list(seq)	将元组转换为列表

实际开发中,经常需要对 Python 列表进行更新,包括向列表中添加元素、修改表中元素以及删除元素等。一些常用内置方法见表 12.11。

表 12.11　列表方法

方　　法	描　　述
list. append(obj)	在列表末尾添加新的对象
list. count(obj)	统计某个元素在列表中出现的次数
list. extend(seq)	在列表末尾一次性追加另一个序列中的多个值(列表扩展)
list. index(obj)	从列表找出某个值第一个匹配项的索引位置
list. insert(index,obj)	将对象插入列表
list. pop(index=−1)	移除列表中的一个元素(默认最后一个),并且返回该元素的值
list. remove(obj)	移除列表中某个值的第一个匹配项
list. reverse(j)	反向排列列表中的元素
list. sort(cmp=None,key=None,reverse=False)	对原列表进行排序

2. 元组

元组是 Python 中另外一个重要的序列结构,和列表类似,元组也是由一系列按照特定顺序排列的元素组成的。元组用"()"标识。元组不可修改,所以元组可以看作是不可变的列表,相当于只读列表。通常情况下,元组用于保存无须修改的内容。

创建元组的格式为 tuplename=$(e_1,e_2,e_3......e_n)$,其中 tuplename 表示元组变量名,$e_1 \sim e_n$ 表示元组元素。例如,下面的定义都是合法的:

```
tuple = ('runoob', 786 , 2.23,'john', 70.2 )
tinytuple = (123,'john')
```

创建元组并读取元组中的数据示例代码如下:

```
tuple = ('runoob', 786 , 2.23,'john', 70.2 )
tinytuple = (123,'john')
print(tuple)                # 输出完整元组
print(tuple[0])             # 输出元组的第 1 个元素
print(tuple[1:3])           # 输出第 2 个至第 4 个(不包含)的元素
print(tuple[2:])            # 输出从第 3 个开始至列表末尾的所有元素
print(tinytuple * 2)        # 输出元组两次
print(tuple + tinytuple)    # 打印组合的元组
```

运行结果如下:

```
('runoob', 786, 2.23, 'john', 70.2)
runoob
(786, 2.23)
(2.23, 'john', 70.2)
(123, 'john', 123, 'john')
('runoob', 786, 2.23, 'john', 70.2, 123, 'john')
```

元组是不允许更新的,而列表是允许更新的。下面的代码中对列表和元组的区别做了

简单的说明和比较,具体代码如下:

```
tuple = ('runoob', 786 , 2.23, 'john', 70.2 )
list = ['runoob', 786 , 2.23, 'john', 70.2 ]
# tuple[2] = 1000              #元组中是非法应用
list[2] = 1000                 # 列表中是合法应用
print(tuple)
print(list)
```

运行结果如下:

```
('runoob', 786, 2.23, 'john', 70.2)
['runoob', 786, 1000, 'john', 70.2]
```

由于元组不可修改的特殊性,所以元组中没有对元组元素更新的方法,我们只能通过连接符对元组进行连接组合,使用 del 语句来删除整个元组。Python 中提供了一些元组的内置函数,如表 12.12 所示。

表 12.12　元组函数

函　　数	描　　述
cmp(tuple1,tuple2)	比较两个元组元素
len(tuple)	计算元组元素的个数
max(tuple)	返回元组中元素的最大值
min(tuple)	返回元组中元素的最小值
tuple(tuple)	将列表转换为元组

3. 字典

字典是除列表以外 Python 中最灵活的内置数据结构类型。列表是有序的对象集合,字典是无序的对象集合。两者之间的区别在于字典中的元素是通过键来存取的,而不是通过偏移来存取的。字典用"{ }"标识,字典由键(key)和对应的值(value)组成。

创建字典的格式如下:

```
dictname = {'key₁':'vakue₁','key₂':'vakue₂',......'keyₙ':'vakueₙ'}
```

其中 dictname 表示字典变量名,key:value 表示各个元素的键值对。需要注意的是,同一字典中的各个键必须唯一,不能重复。例如,下面的定义都是合法的:

```
tinydict = {'name':'john','code':6734,'dept':'sales'}
```

创建字典并读取字典中的数据示例代码如下:

```
dict = {}
dict['one'] = "This is one"
dict[2] = "This is two"
tinydict = {'name':'john','code':6734,'dept':'sales'}
print(dict['one'])          # 输出键为'one'的值
print(dict[2])              # 输出键为 2 的值
print(tinydict)             # 输出完整的字典
print(tinydict.keys())      # 输出所有键
```

```
print(tinydict.values())    # 输出所有值
```

运行结果如下：

```
This is one
This is two
{'name':'john','code':6734,'dept':'sales'}
dict_keys(['name','code','dept'])
dict_values(['john',6734,'sales'])
```

表 12.13 中列出了 Python 字典函数及常用方法，本书只对函数和方法做简单介绍，具体实例请参照实验教程。

表 12.13　字典函数

函　　数	描　　述
cmp(dict1,dict2)	比较两个字典元素
len(dict)	计算字典元素个数，即键的总数
str(dict)	输出字典可打印的字符串表示
type(variable)	返回输入的变量类型，如果变量是字典，则返回字典类型

实际开发中，经常需要对 Python 字典进行更新，包括向列表中添加元素、修改表中的元素以及删除元素等。一些常用内置方法见表 12.14。

表 12.14　字典方法

方　　法	描　　述
dict.clear()	删除字典内所有元素
dict.copy()	返回一个字典的浅复制
dict.fromkeys(seq[,val])	创建一个新字典，以序列 seq 中的元素作为字典的键，val 为字典所有键对应的初始值
dict.get(key,default=None)	返回指定键的值，如果值不在字典中，则返回 default 值
dict.has_key(key)	如果键在字典 dict 里，则返回"True"，否则返回"False"
dict.items()	以列表返回可遍历的(键，值)元组数组
dict.keys()	以列表返回一个字典所有的键
dict.setdefault(key,default=None)	和 get()类似，但如果键不存在于字典中，将会添加键并将值设为 default
dict.update(dict2)	把字典 dict2 的键值对更新到 dict 里
dict.values()	以列表返回字典中的所有值
pop(key[,default])	删除字典给定键 key 所对应的值，返回值为被删除的值，key 值必须给出，否则，返回 default 值
popitem()	返回并删除字典中最后一对键和值

4. 集合

Python 中的集合和数学中的集合概念一样，用来保存不重复的元素，即集合中的元素都是唯一的，互不相同。从形式上看和字典类似，Python 集合也是用"{ }"标识。从内容上看,同一集合中只能存储不可变的数据类型,包括整型、浮点型、字符串、元组等,无法存储列表、字典、集合这些可变的数据类型,否则解释器会抛出 TypeError 错误。

创建集合的格式为 setname＝{e_1,e_2,e_3,......e_n},其中 setname 表示集合的名称,e_1 ～e_n 表示集合元素。例如:

a＝{1,2,1,(1,2,3),'a','c','a'}

print(a)

运行结果如下:

{1, 2, (1, 2, 3), 'c', 'a'}

注:数据必须保证是唯一的,因为集合对于每种数据元素只会保留一份。

同样,Python 中也提供了一些函数和方法用于集合的基本操作。这些函数和方法的具体作用如表 12.15 所示。

表 12.15　集合方法

方　法	描　述
set. add()	向集合中添加元素
set. clear()	清空集合中的所有元素
set1＝set. copy()	拷贝 set 集合给 set1
set2＝set. difference(set1)	将 set 中有而 set1 没有的元素给 set2
set. difference_update(set2)	从 set1 中删除与 set2 相同的元素
set. discard(e)	删除 set 集合中的 e 元素
set3 ＝ set1. intersection(set2)	取 set1 和 set2 的交集给 set3
set1. intersection_update(set2)	取 set1 和 set2 的交集,并更新给 set1
set1. isdisjoint(set2)	判断 set1 和 set2 是否没有交集,有交集则返回"False",没有交集则返回"True"
set1. issubset(set2)	判断 set1 是否是 set2 的子集
a ＝ set1. pop()	取 set1 中一个元素,并赋值给 a
set1. remove(e)	移除 set1 中的 e 元素
set3＝set1. symmetric_difference(set2)	取 set1 和 set2 中互不相同的元素,给 set3
set1. symmetric_difference_update(set2)	取 set1 和 set2 中互不相同的元素,并更新给 set1
set3 ＝ set1. union(set2)	取 set1 和 set2 的并集,赋给 set3
set1. update(e)	添加列表或集合中的元素到 set1

12.1.6　字符串

字符串是 Python 中常用的数据类型,我们可以使用引号(单引号或双引号)来创建字符串。创建字符串时只要为变量分配一个值即可,例如:

Str1 ="hello world"

Str2 ="Python"

1. 字符串的基本操作

(1)访问字符串中的值

Python 中不支持单字符类型,单字符在 Python 中作为一个字符串使用,在访问字符串时使用方括号截取字符串。创建和访问字符串示例如下：

```
var1 ='Hello World! '
var2 = "Python Runoob"
print("var1[0]:", var1[0])
print("var2[1:5]:", var2[1:5])
```

运行结果如下：

```
var1[0]: H
var2[1:5]: ytho
```

（2）字符串拼接

在实际开发应用场景中，我们需要将字符串和其他类型的数据拼接在一起使用，对于字符串常量之间的拼接直接使用"＋"就可以将两个字符串连接起来。字符串常量拼接代码如下：

```
str ='Hello World! '
print(str[:6] + 'python! ')
```

拼接完的字符串输出如下：Hello python!

但是，Python 不允许直接拼接数字，所以在拼接之前必须先将数字转换成字符串，借助 str()函数和 repr()函数函数将数字转换成字符串，使用格式为 str(obj)和 repr(obj)，其中 obj 表示要转换的对象，可以是数字、列表、元组、字典等多种类型的数据。字符串与其他类型数据拼接代码如下：

```
name = "C 语言中文网"
age = 8
course = 30
info = name +"已经" + str(age) + "岁了,共发布了" + repr(course) + "套教程。"
print(info)
```

拼接完的字符串输出如下：

C 语言中文网已经 8 岁了,共发布了 30 套教程。

（3）转义字符

在实际应用场景中有时需要在字符中使用特殊字符,这时候需要用反斜杠"\"来转义字符。如表 12.16 所示。

表 12.16　转义字符

转义字符	描　述
\(在行尾时)	续行符
\\	反斜杠符号
\'	单引号
\"	双引号
\a	响铃
\b	退格(backspace)
\e	转义
\000	空

续 表

转义字符	描 述
\n	换行
\v	纵向制表符
\t	横向制表符
\r	回车
\f	换页
\oyy	八进制数,yy 代表的字符,例如,\o12 代表换行
\xyy	十六进制数,yy 代表的字符,例如,\x0a 代表换行
\other	其他的字符以普通格式输出

2. 字符串的常用方法

（1）Unicode 字符串

在 Python 中定义一个 Unicode 字符串和定义一个普通字符串一样简单,例如:

```
>>> print(u"hello world!")
```

hello world!

引号前小写的"u"表示这里创建的是一个 Unicode 字符串。如果想加入一个特殊字符,可以使用 Python 的 Unicode-Escape 编码。例如:

```
>>> print( u'Hello\u0020World！')
```

Hello World！

被替换的 \u0020 标识表示在给定位置插入编码值为 0x0020 的 Unicode 字符(空格符)。

（2）内置函数

字符串方法是从 Python 1.6 开始逐渐添加的,这些方法实现了 string 模块的大部分方法,如表 12.17 所示,列出了目前字符串支持的方法,所有的方法都包含了对 Unicode 的支持,有一些甚至是专门用于 Unicode 的。

表 12.17 字符串方法

方 法	描 述
string. capitalize()	把字符串的第一个字符大写
string. count(str, beg＝0, end ＝len(string))	返回 str 在 string 中出现的次数,如果 beg 或者 end 指定则返回指定范围内 str 出现的次数
string. decode(encoding＝'UTF-8', errors＝'strict')	以 encoding 指定的编码格式解码 string,如果出错默认报告 ValueError 的异常 ,除非 errors 指定的是 ignore 或者 replace
string. encode(encoding＝'UTF-8',errors＝'strict')	以 encoding 指定的编码格式编码 string,如果出错默认报告 ValueError 的异常,除非 errors 指定的是 ignore 或者 replace
string. endswith(obj, beg＝0, end＝len(string))	检查字符串是否以 obj 结束,如果 beg 或者 end 指定则检查指定的范围内是否以 obj 结束,如果是,则返回"True",否则返回"False"
string. expandtabs(tabsize＝8)	把字符串 string 中的 tab 符号转为空格,tab 符号默认的空格数是 8
string. find(str, beg＝0, end＝ len(string))	检测 str 是否包含在 string 中,如果 beg 和 end 指定范围,则检查是否包含在指定范围内,如果是,则返回开始的索引值,否则返回－1

方 法	描 述
string.format()	格式化字符串
string.join(seq)	以 string 作为分隔符,将 seq 中所有的元素(或元素的字符串表示)合并为一个新的字符串
string.lower()	将 string 中所有大写字符转换为小写
string.lstrip()	截掉 string 左边的空格
string.rstrip()	删除 string 字符串末尾的空格
string.upper()	将 string 中的小写字母转换为大写

上述字符串函数的具体使用实例请参照实验教程。本书只举几个例子进行简单说明。

```
str = "hello world"
str1 = "PYthon"
str2 = "   pyhon learn"
print(str.capitalize())
print(str.format())
print(str1.lower())
print(str.upper())
print(str2.lstrip())
```

运行结果如下:

```
Hello world
hello world
python
HELLO WORLD
```

12.2 Python 程序设计基础

12.2.1 流程控制

与其他编程语言一样,Python 程序也有三大结构,即顺序结构、选择结构和循环结构。

顺序结构:程序从开始到结束,按顺序依次执行每一条 Python 代码,不重复执行任何代码,也不跳过任何代码。

选择结构:也称分支结构,当程序满足一定条件时执行相应的语句,否则执行相关语句,即让程序有选择性地执行代码。

循环结构:当程序满足一定条件时重复执行同一段代码。

1. 顺序结构

顺序结构就是按照顺序依次执行相应的代码,具体代码实例参照实验教程。本节主要介绍选择结构和循环结构。

2. 选择结构

Python 编程中常用 if 语句作为选择结构,基本形式如下:

```
if 判断条件:
    执行语句……
else:
    执行语句……
```

其中当"判断条件"成立(非 0)时,则执行后面的语句,执行语句可以有多行,一般情况下用整体缩进来区分表示同一范围。else 为可选语句,在条件不成立时执行 else 后面的语句。选择结构示例代码如下:

```
a = 10
if(a % 2 == 0):
    print("a 为偶数")
else:
    print("a 为奇数")
```

注:Python 语言中指定任何非 0 和非空值为 True,0 或者 null 为 False。

显然该程序输出结果为:

a 为偶数

if 语句的判断条件可以用>、<、>=、<=等运算符来表示其关系,当判断条件为多个值时可以使用以下形式:

```
if 判断条件1:
    执行语句1……
elif 判断条件2:
    执行语句2……
elif 判断条件3:
    执行语句3……
else:
    执行语句4……
```

多个选择条件的选择结果示例代码如下:

```
num = 5
if num == 3:           # 判断 num 的值
    print('boss')
elif num == 2:
    print('user')
elif num == 1:
    print('worker')
elif num < 0:          # 值小于零时输出
    print('error')
else:
    print('roadman')   # 条件均不成立时输出
```

通过对输入的数字进行判断,最后的输出结果应为"roadman"。

3. 循环结构

Python 提供了 for 循环和 while 循环(在 Python 中没有 do…while 循环)。

while 循环:在给定的判断条件为 True 时执行循环体,否则退出循环体。

for 循环:重复执行语句。

嵌套循环:可以在一种类型的循环体中嵌入同一类型或者不同类型的循环体。

在循环结构中可以使用循环控制语句更改语句执行的顺序,Python 支持以下循环控制语句。

break 语句:在语句块执行过程中终止循环,并且跳出整个循环。

continue 语句:在语句块执行过程中终止当前循环,跳出该次循环,执行下一次循环。

pass 语句:pass 是空语句,是为了保持程序结构的完整性。

(1) while 循环

while 语句用于循环执行某段程序,以处理需要重复处理的任务,基本形式为如下:

```
while 判断条件():
        执行语句……
```

执行语句可以是个别语句或语句块,判断条件可以是任何表达式,任何非 0 或非空的值均为 False,当判断条件为 False 时循环结束。while 循环结构示例代码如下:

```
count = 0
while (count < 9):
    print('The count is:', count)
    count = count + 1
print("Good bye!")
```

根据 while 循环的规律得到的运行结果如下:

```
The count is: 0
The count is: 1
The count is: 2
The count is: 3
The count is: 4
The count is: 5
The count is: 6
The count is: 7
The count is: 8
Good bye!
```

当判断条件始终为 True 时,则该循环为一个死循环。

(2) for 循环

Python 中的 for 循环语句可以遍历任何序列的项目,如一个列表或者一个字符串。其语法格式如下:

```
for 迭代变量 in 字符串|列表|元组|字典|集合:
        代码块
```

```
for letter in 'Python':      # 第1个实例
    print('当前字母:',letter)
fruits = ['banana','apple',  'mango']
for fruit in fruits:         # 第2个实例
    print('当前水果:',fruit)
print("Good bye!")
```

运行结果如下:

当前字母:P

当前字母:y

当前字母:t

当前字母:h

当前字母:o

当前字母:n

当前水果:banana

当前水果:apple

当前水果:mango

Good bye!

另外一种执行循环的遍历方式是通过索引,例如:

```
fruits = ['banana','apple',  'mango']
for index in range(len(fruits)):
    print('当前水果:', fruits[index])
print("Good bye!")
```

运行结果如下:

当前水果:banana

当前水果:apple

当前水果:mango

Good bye!

（3）嵌套循环

Python不仅支持if语句相互嵌套,还允许在一个循环体里面嵌入另外一个循环,while和for循环结构也支持嵌套。所谓嵌套,是指一条语句里面还有另一条语句,例如,for里面还有for,while里面还有while,甚至while中有for或者for中有while也都是允许的。当两个(甚至多个)循环结构相互嵌套时,位于外层的循环结构常简称为外层循环或外循环,位于内层的循环结构常简称为内层循环或内循环。

嵌套循环结构的代码,Python解释器执行的流程如下:

① 当外层循环条件为True时,执行外层循环结构中的循环体;

② 外层循环体中包含了普通程序和内循环,当内层循环的循环条件为True时会执行此循环中的循环体,直到内层循环条件为False为止,跳出内循环;

③ 如果此时外层循环的条件仍为True,则返回上一步,继续执行外层循环的循环体,直到外层循环的循环条件为False为止;

④ 当内层循环的循环条件为 False,且外层循环的循环条件也为 False 时,整个嵌套循环才算执行完成。

下面我们通过输出 100 以内的素数为例来理解嵌套循环程序的执行方式。

```
i = 2
while(i < 100):
    j = 2
    while(j <= (i/j)):
        if not(i % j): break
        j = j + 1
    if (j > i/j):
        print(i,"是素数")
    i = i + 1
print("Good bye!")
```

输出结果如下:

2 是素数

3 是素数

5 是素数

7 是素数

11 是素数

13 是素数

17 是素数

19 是素数

23 是素数

29 是素数

31 是素数

37 是素数

41 是素数

43 是素数

47 是素数

53 是素数

59 是素数

61 是素数

67 是素数

71 是素数

73 是素数

79 是素数

83 是素数

89 是素数

97 是素数

Good bye!

（4）循环控制语句

在执行 while 循环或者 for 循环时，只要满足循环条件，程序就会一直执行循环体，但在实际生活中，我们需要强制结束循环，Python 提供了两种强制离开当前循环体的办法：

① 使用 continue 语句，可以跳过执行本次循环体中剩余的代码，直接执行下一次的循环；

② 使用 break 语句，可以完全终止当前循环。

```python
# continue 和 break 用法
i = 1
while i < 10:
    i += 1
    if i % 2 > 0:
        continue          # 非双数时跳过输出
    print(i)              # 输出双数 2、4、6、8、10
i = 1
while 1:                  # 循环条件为 1 必定成立
    print(i)              # 输出 1~10
    i += 1
    if i > 10:            # 当 i 大于 10 时跳出循环
        break
```

运行结果如下：

```
2
4
6
8
10
1
2
3
4
5
6
7
8
9
10
```

（5）pass 语句

pass 是空语句，它可以保持程序结构的完整性。pass 不做任何事情，一般用作占位语句。

```python
# 输出 Python 的每个字母
```

```
for letter in 'Python':
    if letter == 'h':
        pass
        print('这是 pass 块')
    print('当前字母:', letter)
print("Good bye!")
```

运行结果如下:

当前字母:P

当前字母:y

当前字母:t

这是 pass 块

当前字母:h

当前字母:o

当前字母:n

Good bye!

12.2.2　函数

函数是组织好的,可重复使用的,是用来实现单一或相关联功能的代码段。函数可以提高应用的模块性和代码的重复利用率。Python 提供了许多系统函数,比如 print()等。用户也可以自己创建函数,称为用户自定义函数。

1. 函数定义

用户可以根据自己的需求定义一个函数,定义函数时需要满足以下规则:

(1) 函数代码块以 def 关键词开头,后接函数标识符名称和圆括号;

(2) 任何传入参数和自变量必须放在圆括号中间,圆括号之间可以用于定义参数;

(3) 函数的第一行语句可以选择性地使用文档字符串以说明函数的功能;

(4) 函数内容以冒号起始,并且选择性地缩进;

(5) return[表达式]结束函数,选择性返回一个值给调用方,不带表达式的 return 相当于返回 None。

定义函数的具体语法格式如下:

```
def 函数名(参数列表):
    "函数_文档字符串"
    //实现特定功能的多行代码
    [return [返回值]]
```

默认情况下,参数值和参数名称是按照函数声明中定义的顺序匹配起来的。函数定义方式如下:

```
def printme(str):
    "打印任何传入的字符串"
    print(str)
```

```
return
```

2. 函数调用

定义一个函数相当于创建了一个函数,只给了函数一个名称,指定了函数中包含的参数和代码块结构。完成函数定义之后用户可以通过另一个函数调用执行,也可以直接从Python 提示符执行。

函数调用的语法格式如下:

［返回值］ ＝ 函数名(［形参值］)

其中,函数名指要调用的函数名称;形参值指的是创建函数时要求传入的各个形参的值。如果该函数有返回值,那么可以通过一个变量来接收该值,也可以直接打印输出。需要注意的是,创建函数有多少个形参,调用时就需要传入多少个值,且顺序必须和创建函数时一致。即便该函数没有参数,函数名后的小括号也不能省略。有关函数调用的示例代码如下:

```
def printme(str):
    "打印任何传入的字符串"
    print(str)
    return
#调用 printme 函数
printme("我要调用用户自定义函数!")
printme("再次调用同一函数!")
```

运行结果如下:

```
我要调用用户自定义函数!
再次调用同一函数!
```

3. 参数传递

Python 中在使用函数时经常会用到形式参数(简称"形参")和实际参数(简称"实参"),二者之间的区别如下。

形式参数:在定义函数时,函数名后面括号中的参数称为形式参数。

实际参数:在调用函数时,函数名后面括号中的参数称为实际参数。

在调用函数时根据实际参数的类型不同,函数参数的传递方式有两种,分别为值传递和引用(地址)传递。

值传递:适用于实参类型为不可变类型(字符串、数字、元组)的情况。

引用(地址)传递:适用于实参类型为可变类型(列表、字典)的情况。

值传递和引用传递的区别是,函数参数进行值传递后,若形参的值发生改变,不会影响实参的值;而函数参数继续引用传递后,改变形参的值,实参的值也会一同改变。传递不可变对象(即值传递)示例如下:

```
def ChangeInt(a):
    a = 10
b = 2
ChangeInt(b)
print(b)# 结果是 2
```

实例中有 int 对象 2,指向它的变量是 b,在传递给 ChangeInt 函数时,按照值传递的方式复制了变量 b,a 和 b 都指向了同一个 int 对象,当 $a=10$ 时,新生成一个 int 对象 10,并让 a 指向它。

传递可变对象(即引用传递)示例如下:

```python
def changeme(mylist):
    "修改传入的列表"
    mylist.append([1,2,3,4])
    print("函数内取值:", mylist)
    return
# 调用 changeme 函数
mylist = [10,20,30]
changeme(mylist)
print("函数外取值:", mylist)
```

运行结果如下:

函数内取值:[10, 20, 30, [1, 2, 3, 4]]
函数外取值:[10, 20, 30, [1, 2, 3, 4]]

实例中传入函数的对象和在末尾添加新内容的对象用的是同一个引用。

除此之外,调用函数时可以使用的正式参数类型有必备参数、关键字参数、默认参数和不定长参数。

(1) 必备参数:必须以正确的顺序传入函数,调用时的数量必须和声明时的一样。例如,printme()函数在调用时必须传入一个字符串类型的参数,不然会出现语法错误。

(2) 关键字参数:关键字参数和函数调用关系紧密,函数调用使用关键字参数来确定传入的参数值。使用关键字参数允许函数调用时参数的顺序与声明时的顺序不一致,因为 Python 解释器能够用参数名匹配参数值。有关关键字参数传递示例如下:

```python
def printinfo(name,age):
    "打印任何传入的字符串"
    print("Name:", name)
    print("Age", age)
    return
# 调用 printinfo 函数
printinfo(age = 50,name = "miki")
```

运行结果如下:

Name: miki

Age 50

(3) 默认参数:在调用函数时如果不指定某个参数,Python 解释器会抛出异常。为了解决这个问题,Python 允许为参数设置默认值,即在定义函数时,直接给形式参数指定一个默认值。这样一来,即便调用函数时没有给拥有默认值的形参传递参数,该参数也可以直接使用定义函数时设置的默认值。值得注意的是,在定义函数时,指定有默认值的形式参数必须在所有没有默认值的参数的最后,否则会产生语法错误。默认参数传递示例代码如下:

```
def printinfo(name,age = 35 ):
    "打印任何传入的字符串"
    print("Name:",name)
    print("Age ",age)
    return
#调用 printinfo 函数
printinfo(age = 50,name = "miki")
printinfo(name = "miki")
```

运行结果如下:

```
Name: miki
Age  50
Name: miki
Age  35
```

（4）不定长参数：在实际开发中，用户可能需要一个函数能处理比当初声明时更多的参数，这些参数叫作不定长参数。形参定义格式为"＊变量名"，加了"＊"的变量名会存放所有未命名的变量参数。不定长参数具体使用方法如下：

```
def printinfo(arg1,＊vartuple):
    "打印任何传入的参数"
    print("输出:")
    print(arg1)
    for var in vartuple:
        print(var)
    return
#调用 printinfo 函数
printinfo(10)
printinfo(70,60,50)
```

运行结果如下:

```
输出:
10
输出:
70
60
```

4. 匿名函数

对于定义一个简单函数，Python 还提供了另外一种方法，即 lambda 表达式，又称为匿名函数，用来表示内部仅包含一行表达式的函数，如果一个函数的函数体内只有一行表达式，则该函数就可以用 lambda 表达式来代替。

lambda 表达式的语法格式如下：

```
name = lambda [arg1,...argn]:表达式
```

使用 lambda 表达式时需要注意以下两点。

（1）lambda 的主体是一个表达式，而不是一个代码块。仅仅能在 lambda 表达式中封装有限的逻辑。

（2）lambda 函数拥有自己的命名空间，且不能访问自有参数列表之外或全局命名空间里的参数。

有关匿名函数的用法如下：

```
sum = lambda arg1, arg2：arg1 + arg2
# 调用 sum 函数
print("相加后的值为：",sum( 10, 20 ))
print("相加后的值为：",sum( 20, 20 ))
```

运行结果如下：

```
相加后的值为： 30
相加后的值为： 40
```

12.2.3 类和对象

类和对象是 Python 的重要特征，相比其他面向对象语言，Python 很容易就可以创建出一个类和对象，同时，Python 也支持面向对象的三大特征：封装、继承和多态。

首先，我们先了解相关的一些术语。

类（class）：用来描述具有相同属性和方法的对象的集合。它定义了该集合中每个对象所共有的属性和方法。对象是类的实例。

对象：通过类定义的数据结构实例。对象包括两个数据成员（类变量和实例变量）和方法。

类变量：类变量在整个实例化的对象中是公用的。类变量定义在类中且函数体外。类变量通常不作为实例变量使用。

实例变量：在类的声明中，属性是用变量来表示的，这种变量就称为实例变量，是在类声明的内部且类的其他成员方法之外声明的。

实例化：创建一个类的实例，是类的具体对象。

1. 类的定义

Python 中定一个类使用 class 关键字，基本语法格式如下：

```
class 类名：
    '类文档描述字符串'
    类属性
    类方法.
```

注：无论是类属性还是类方法对于类来说它们都不是必需的，可以有也可以没有。类中的属性和方法所在的位置是任意的。定义一个类的基本语法格式如下：

```
class Employee:
    '所有员工的基类'
    empCount = 0
    def _init_(self, name, salary):
        self.name = name
```

```
        self.salary = salary
        Employee.empCount += 1
    def displayCount (self):
        print("Total Employee %d" % Employee . empCount)
    def displayEmployee(self):
        print("Name:",self.name,",Salary:",self.salary)
```

（1）empCount 变量是一个类变量，它的值将在这个类的所有实例之间共享，可以在内部类或外部类使用 Employee.empCount 访问。

（2）第一个方法_init_()是一种特殊的方法，被称为类的构造函数，当创建了这个类的实例时就会调用该方法。

（3）self 代表类的实例，self 在定义类的方法时是必须要有的，在调用时不必传入相应的参数。

self 代表类的实例，而非类。类的方法与普通的函数只有一个特别的区别——它们必须有一个额外的第一个参数名称，按照惯例，名称为 self。self 参数应用示例如下：

```
class Test:
  def prt(self):
    print(self)
    print(self._class_)
t = Test()
t.prt()
```

运行结果如下：

```
<_main_.Test object at 0x1090d1e50>
<class '_main_.Test>
```

从执行结果可以明显看出 self 代表的是类的实例，代表当前对象的地址，而 self._class_则指向类。self 不是 Python 的关键字，换成其他参数也可以正常执行。

2. 类的实例化

类的实例化就是创建类对象，Python 中类的实例化类似函数调用方式，以下是使用类的名称 Employee 来实例化，并通过_init_方法接收参数的例子。实例化的语法格式如下：

```
"创建 Employee 类的第一个对象"
emp1 = Employee("Zara", 2000)
"创建 Employee 类的第二个对象"
emp2 = Employee("Manni", 5000)
```

创建完类对象之后，使用点号"."来访问对象的属性，例如：

```
emp1.displayEmployee()
emp2.displayEmployee()
```

类的实例化完整实例如下：

```
class Employee:
  '所有员工的基类'
  empCount = 0
```

```
        def _init_(self, name, salary):
            self.name = name
            self.salary = salary
            Employee.empCount += 1
        def displayCount(self):
            print("Total Employee %d" % Employee.empCount)
        def displayEmployee(self):
            print("Name : ", self.name,  ", Salary: ", self.salary)
    "创建 Employee 类的第一个对象"
    emp1 = Employee("Zara", 2000)
    "创建 Employee 类的第二个对象"
    emp2 = Employee("Manni", 5000)
    emp1.displayEmployee()
    emp2.displayEmployee()
    print ("Total Employee %d" % Employee.empCount)
```

运行结果如下:

```
Name : Zara , Salary: 2000
Name : Manni , Salary: 5000
Total Employee 2
```

除此之外,还可以添加、删除、修改类的属性。可以直接用实例化的方法修改,也可以使用函数的方式来访问属性。有关类的函数的说明和使用方法见表 12.18。

表 12.18 类函数

函数	描述	实例
getattr(obj,name[,default])	访问对象的属性	getattr(emp1,'age')返回属性 age 的值
hasattr(obj,name)	检查是否存在一个属性	hasattr(emp1,'age')如果存在 age 属性,则返回"True"
setattr(obj,name,value)	设置一个属性。如果属性不存在则创建一个新属性	setattr(emp1,'age',8)添加属性 age 的值为 8
delattr(obj,name)	删除属性	delattr(emp1,'age')删除属性 age

3. 封装

Python 类中的变量和函数不是公有的就是私有的,公有属性的类变量和类函数在类的外部、内部以及子类中都可以访问,而私有属性的类变量和类函数只能在类内部使用,类的外部以及子类都无法使用。

Python 没有其他面向对象的编程语言的 public 和 private 修饰符,为了实现类的封装,Python 采取了以下两种方式:默认情况下,Python 类中的变量和方法都是公有的,它们名称前都没有下划线"_";如果类中的变量和函数的名称以双下划线"_"开头,则该变量或函数为私有变量或私有函数,属性等同于 private.

除此之外,还可以定义以单下划线"_"开头的类属性或者类方法,这种类属性和类方法通常被视为私有属性和私有方法,虽然也能通过类对象正常访问,但是这是一种约定俗成的用法。值得注意的是,Python类中还有以双下划线开头和结尾的类方法(例如,类的构造函数_init_(self)),这些都是 Python 内部定义的,用于内部调用。我们自己定义类属性或者类方法时不要使用这种格式。具体类的封装方式如下,从封装结果我们可以看出按照常规方式有些实例不能访问私有变量。

```
class JustCounter:
    _secretCount = 0# 私有变量
    publicCount = 0# 公开变量
    def count(self):
        self._secretCount += 1
        self.publicCount += 1
print(self._secretCount)
counter = JustCounter()
counter.count()
counter.count()
print(counter.publicCount)
print(counter._secretCount)   # 报错,实例不能访问私有变量
```
运行结果如下:
```
1
2
2
Traceback (most recent call last):
  File "/Volumes/personal/hello.py", line 14, in <module>
    print(counter._secretCount)   #报错,实例不能访问私有变量
AttributeError: 'JustCounter' object has no attribute '_secretCount'
```
虽然 Python 不允许实例化的类访问私有变量但是可以使用 object._className_attrName(对象名._类名_私有属性名)访问属性,参考以下实例。
```
class Site:
    _sitename = "www.baidu.com"
site = Site()
print(site._Site_sitename)
```
访问结果如下:
```
www.baidu.com
```
头尾双下划线定义的是特殊方法,一般用于系统定义名字;单下划线表示的是protected 类型的变量,即保护类型的变量只能允许其本身与子类进行访问;双下划线表示的是私有类型(private)的变量,只能允许这个类本身进行访问。

4. 继承

继承机制常用于创建与现有类功能类似的新类,或者是新类在现有类基础上添加新的属性或方法,但又不想直接将现有类代码复制给新类的情况。通过使用继承这种机制,可以

轻松实现类的重复使用。通过继承创建的新类称为子类或派生类,被继承的类称为基类、父类或超类。

继承语法如下:

Class 派生类名(基类名):

......

Python 在继承中有一些与其他面向对象语言继承机制不同的特点。

(1) 如果在子类中需要父类的构造方法就需要显示地调用父类的构造方法,或者不重写父类的构造方法。

(2) 在调用基类的方法时,需要加上基类的类名前缀,且需要带上 self 参数变量。区别在于类中调用普通函数时并不需要带上 self 参数。

(3) Python 总是首先查找对应类型的方法,如果它不能在派生类中找到对应的方法,那么它才会到基类中逐个查找(先在本类中查找调用的方法,找不到才去基类中找)。

如果派生类继承了多个父类则称为多重继承,其语法格式与单继承一样,但是父类之间要用","隔开。具体有关类的继承代码实例如下:

```python
class Parent:              # 定义父类
    parentAttr = 100
    def _init_(self):
        print("调用父类构造函数")
    def parentMethod(self):
        print('调用父类方法')
    def setAttr(self, attr):
        Parent.parentAttr = attr
    def getAttr(self):
        print("父类属性 :", Parent.parentAttr)
class Child(Parent):      # 定义子类
    def _init_(self):
        print("调用子类构造方法")
    def childMethod(self):
        print('调用子类方法')
c = Child()               # 实例化子类
c.childMethod()           # 调用子类方法
c.parentMethod()          # 调用父类方法
c.setAttr(200)            # 再次调用父类方法-设置属性值
c.getAttr()               # 再次调用父类方法-获取属性值
```

运行结果如下:

调用子类构造方法

调用子类方法

调用父类方法

父类属性 :200

　　子类继承了父类之后就拥有了父类所有的类属性和类方法。通常情况下,子类会在父类的基础上扩展一些新的类属性和类方法,但是,有些从父类中继承来的方法无法在子类中使用,需要对这些方法进行重写,即父类方法重写。父类方法重写的语法如下:

```
class Parent:          # 定义父类
  def myMethod(self):
    print('调用父类方法')
class Child(Parent):   # 定义子类
  def myMethod(self):
    print('调用子类方法')
c = Child()            # 子类实例
c.myMethod()           # 子类调用重写方法
```

调用结果如下:

调用子类方法

　　值得注意的是,使用类名调用其类方法,Python 不会为该方法的第一个 self 参数自动绑定值,因此采用这种调用方法需要手动为 self 参数赋值。

　　5. 多态

　　众所周知,Python 是弱类型语言,其最明显的特征是在使用变量时无须为其指定具体的数据类型,这就有可能出现同一变量会被先后赋值不同的类对象,产生多态的概念。多态是指接口的多种不同的实现方式,即一个抽象类有多个子类,因此多态一定是发生在子类和父类之间的,即多态依赖于继承。有关多态的示例如下:

```
class CLanguage:
    def say(self):
        print("调用的是 Clanguage 类的 say 方法")
class CPython(CLanguage):
    def say(self):
        print("调用的是 CPython 类的 say 方法")
class CLinux(CLanguage):
    def say(self):
        print("调用的是 CLinux 类的 say 方法")
a = CLanguage()
a.say()
a = CPython()
a.say()
a = CLinux()
a.say()
```

运行结果如下:

调用的是 Clanguage 类的 say 方法

调用的是 CPython 类的 say 方法

调用的是 CLinux 类的 say 方法

注:多态与多态性是两种概念。多态性是指具有不同功能的函数可以使用相同的函数名,这样就可以用一个函数名调用不同内容的函数。简单地说,多态性是指一个接口多种实现。

可以看出,CPython 和 CLinux 都继承于 CLanguage 类,而且都重写了父类的 say()方法。同一变量 *a* 在执行同一个 say()方法时,由于 *a* 实际表示不同的类的实例对象,因此 *a*.say()调用的并不是同一个类中的 say()方法,这就是多态。

12.2.4　文件操作(I/O)

Python 和其他编程语言一样也具有操作文件(I/O)的能力,比如,打开文件、读取和追加数据、插入和删除数据、关闭和删除文件等。除此之外 Python 还提供了很多模块来实现大量的函数和方法。本书只做简单介绍。

1. 文件路径

关于文件,它有两个关键属性,分别是文件名和路径。其中,文件名指的是为每个文件设定的名称,而路径则用来指明文件在计算机上的位置。在 Python 中文件所在的路径有两种表示方式,分别是绝对路径和相对路径。

绝对路径:总是从根文件夹开始表示的路径。Windows 系统一般以盘符(C:)作为根文件夹,Linux/UNIX 系统以“/”作为根文件夹。

相对路径:指的是文件相对于当前工作目录所在的位置。例如,当前工作目录为“C:\Windows\System32”,若文件 a.txt 就位于这个 System32 文件夹下,则 demo.txt 的相对路径表示为“.\a.txt”(其中“.\”表示当前所在目录)。

在使用相对路径表示某文件所在的位置时,除了经常使用“.\”表示当前所在目录之外,还会用到“..\”表示当前所在目录的父目录。

2. 文件的基本操作

Python 中,对文件的常见操作包括创建、删除、修改权限、读取、写入等。创建、删除和修改权限作用于文件本身,属于系统级操作。写入、读取是文件最常用的操作,作用于文件内容,属于应用级操作。

文件的应用级操作可以分为以下 3 步,每一步都需要借助对应的函数来实现。

(1) 打开文件:使用 open()函数,该函数会返回一个文件对象。

(2) 对已打开文件做读/写操作:读取文件内容可使用 read()、readline()以及 readlines()函数;向文件中写入内容可以使用 write()函数。

(3) 关闭文件:完成对文件的读/写操作之后需要关闭文件,可以使用 close()函数。

注:一个文件必须在打开之后才能对其进行操作,并且在操作结束之后还应将其关闭,顺序不能颠倒。

1) open()函数:用于创建或打开指定文件。

语法格式如下:

File = open(file_name,mode ='r',buffering = −1,encoding = None)

(1) file:表示要创建的文件对象。

(2) file_name:要创建或打开文件的文件名称,该名称要用引号(单引号或双引号都可以)括起来。需要注意的是,如果要打开的文件和当前执行的代码文件位于同一目录,则直接写文件名即可；否则，此参数需要指定打开文件所在的完整路径。

（3）mode：可选参数，用于指定文件的打开模式。可选的打开模式如表 12.19 所示。如果不写，则默认以只读(r)模式打开文件。

（4）buffering：可选参数，用于指定对文件做读写操作时，是否使用缓冲区。

（5）encoding：手动设定打开文件时所使用的编码格式，不同平台的 ecoding 参数值也不同，以 Windows 为例，其默认为 cp936(实际上就是 GBK 编码)。

表 12.19 open()函数支持的文件打开模式

模 式	意 义	注意事项
r	只读模式打开文件，读文件内容的指针会放在文件的开头	操作的文件必须存在
rb	以二进制格式采用只读模式打开文件，读文件内容的指针位于文件的开头，一般用于非文本文件，如图片文件、音频文件等	
r+	打开文件后，既可以从头读取文件内容，也可以从头向文件中写入新的内容，写入的新内容会覆盖文件中等长度的原有内容	
rb+	以二进制格式采用读写模式打开文件，读写文件的指针会放在文件的开头，通常针对非文本文件(如音频文件)	
w	以只写模式打开文件，若该文件存在，打开时会清空文件中的原有内容	若文件存在，会清空其原有内容(覆盖文件)；反之，则创建新文件
wb	以二进制格式采用只写模式打开文件，一般用于非文本文件(如音频文件)	
w+	打开文件后，会对原有内容进行清空，并对该文件有读写权限	
wb+	以二进制格式采用读写模式打开文件，一般用于非文本文件	
a	以追加模式打开一个文件，对文件只有写入权限，如果文件已经存在，则文件指针将放在文件的末尾(即新写入内容会位于已有内容之后)；反之，则会创建新文件	
ab	以二进制格式打开文件，并采用追加模式，对文件只有写入权限。如果该文件已存在，则文件指针位于文件末尾(新写入文件会位于已有内容之后)；反之，则创建新文件	
a+	以读写模式打开文件。如果文件存在，则文件指针放在文件的末尾(新写入文件会位于已有内容之后)；反之，则创建新文件	
ab+	以二进制模式打开文件，并采用追加模式，对文件具有读写权限，如果文件存在，则文件指针位于文件的末尾(新写入文件会位于已有内容之后)；反之，则创建新文件	

当一个文件被打开(或创建)后会得到一个 file 对象，用户可以调用 file 相关的属性方法得到有关该文件的具体信息。

file.closed：如果文件被关闭则返回"True"，否则返回"False"。

file.mode：返回被打开文件的访问模式。

file.name：返回文件的名称。

file.encoding：返回打开文件时使用的编码格式。

注：使用 open() 函数打开的文件对象，必须手动进行关闭(后续章节会详细讲解)，Python 垃圾回收机制无法自动回收打开文件所占用的资源。

2) read()函数：逐个字节或字符读取文件中的内容。

语法格式如下：

```
file.read([size])
```

size 作为一个可选参数,用于指定一次最多可读取的字符(字节)数,如果省略,则默认一次性读取所有内容。

另外需要注意的是,想使用 read() 函数成功读取文件内容,除了严格遵守 read() 的语法外,其还要求 open() 函数必须以可读默认(包括 r、r+、rb、rb+)打开文件。

3) readline():用于读取文件中的一行,包含最后的换行符"\n"。

语法格式如下:

`file.readline([size])`

size 为可选参数,用于指定读取每一行时,一次最多读取的字符(字节)数。和 read() 函数一样,此函数成功读取文件数据的前提是,使用 open() 函数指定打开文件的模式必须为可读模式(包括 r、rb、r+、rb+)。

4) readlines() 函数:用于读取文件中的所有行,它和调用不指定 size 参数的 read() 函数类似,只不过该函数返回是一个字符串列表,其中每个元素为文件中的一行内容。

语法格式如下:

`file.readlines()`

readlines() 和 read()、readline() 函数一样,它要求打开文件的模式必须为可读模式(包括 r、rb、r+、rb+)。

5) write() 函数:向文件中写入指定内容。

语法格式如下:

`file.write(string)`

string 表示要写入文件的字符串(或字节串,仅适用于写入二进制文件中)。在使用 write() 向文件中写入数据时,需保证使用 open() 函数是以 r+、w、w+、a 或 a+模式打开文件的,否则执行 write() 函数会抛出 io.UnsupportedOperation 错误。采用不同的文件打开模式,会直接影响 write() 函数向文件中写入数据的效果。

6) writelines() 函数:用于将字符串列表写入文件中。

语法格式如下:

`file.writelines(sequence)`

需要注意的是,使用 writelines() 函数向文件中写入多行数据时,不会自动给各行添加换行符。

7) close() 函数:用来关闭已打开文件。

语法格式如下:

`file.close()`

除了以上提到的文件操作函数,还有 tell() 函数,用于判断文件指针当前所在位置;seek() 函数,用于移动文件指针到文件的指定位置。由于程序中使用 seek() 时,使用了非 0 的偏移量,因此文件的打开方式中必须包含 b,否则就会报 io.UnsupportedOperation 错误,有兴趣的读者可自行尝试。

12.3 综合案例

本部分通过运用 Python 语言编写的 3 个实例,来帮助大家理清有关编程的逻辑思路,了解利用 Python 语言构建相应的数学模型来解决实际问题的全过程。

12.3.1 贪吃蛇游戏

我们先回顾一下贪吃蛇游戏的游戏规则:需要有贪吃蛇、食物;需要能控制贪吃蛇上下移动来获取食物;贪吃蛇在吃食物后自身长度增加,同时食物消失并随机生成新的食物;如果贪吃蛇触碰四周墙壁或者自己身体,则游戏结束。

我们需要借助第三方库 Pygame 来实现以上功能。Pygame 是一个利用 SDL 库的游戏库,是一组用来开发游戏软件的 Python 程序模块。SDL(Simple DirectMedia Layer)是一个跨平台库,支持访问计算机多媒体硬件(声音、视频、输入等),SDL 非常强大。Pygame 是 SDL 库的包装器,Pygame 在 SDL 库的基础上提供了各种接口,从而使用户能够使用 Python 语言创建各种各样的游戏或多媒体程序。

(1) 安装 Python。它的安装方法很简单,打开 Windows 的命令行窗口。输入指令"pip3 install pygame"即可。

(2) 导入必要模块,如 sys、random、time 等。

```
import random
import sys
import time
import pygame
from pygame.locals import *
from collections import deque
```

(3) 定义屏幕宽度、高度、游戏区域的坐标范围、食物的分值和颜色等。

```
SCREEN_WIDTH = 600          # 屏幕宽度
SCREEN_HEIGHT = 480         # 屏幕高度
SIZE = 20                   # 小方格大小
LINE_WIDTH = 1              # 网格线宽度
# 游戏区域的坐标范围
SCOPE_X = (0, SCREEN_WIDTH // SIZE-1)
SCOPE_Y = (2, SCREEN_HEIGHT // SIZE-1)
# 食物的分值及颜色
FOOD_STYLE_LIST = [(10, (255, 100, 100)), (20, (100, 255, 100)), (30, (100,
                    100, 255))]
LIGHT = (100, 100, 100)
DARK = (200, 200, 200)      # 蛇的颜色
BLACK = (0, 0, 0)           # 网格线颜色
RED = (200, 30, 30)         # 红色,GAME OVER 的字体颜色
BGCOLOR = (40, 40, 60)      # 背景色
```

(4) 初始化蛇和创建食物等。

```
# 初始化蛇
def init_snake():
```

```
snake = deque()
    snake.append((2, SCOPE_Y[0]))
    snake.append((1, SCOPE_Y[0]))
    snake.append((0, SCOPE_Y[0]))
return snake
def create_food(snake):
food_x = random.randint(SCOPE_X[0], SCOPE_X[1])
food_y = random.randint(SCOPE_Y[0], SCOPE_Y[1])
while (food_x, food_y) in snake:
# 如果食物出现在蛇身上,则重来
food_x = random.randint(SCOPE_X[0], SCOPE_X[1])
food_y = random.randint(SCOPE_Y[0], SCOPE_Y[1])
return food_x, food_y
def get_food_style():
return FOOD_STYLE_LIST[random.randint(0, 2)]
```

（5）游戏主逻辑结构实现，即实现整体游戏。

```
def main():
    pygame.init()
    screen = pygame.display.set_mode((SCREEN_WIDTH, SCREEN_HEIGHT))
    pygame.display.set_caption('贪吃蛇')
    font1 = pygame.font.SysFont('SimHei', 24)   # 得分的字体
    font2 = pygame.font.Font(None, 72)# GAME OVER 的字体
    fwidth, fheight = font2.size('GAME OVER')
    # 如果蛇正在向右移动,那么快速按向下向左,由于程序刷新没那么快,向下事件
        会被向左覆盖掉,导致蛇后退,直接 GAME OVER
    # b 变量就是用于防止这种情况的发生
    b = True
    # 蛇
    snake = init_snake()
    # 食物
    food = create_food(snake)
    food_style = get_food_style()
    # 方向
    pos = (1, 0)
    game_over = True
        start = False            # 是否开始,当 start = True,game_over = True
                                   时,才显示 GAME OVER
    score = 0                  # 得分
    orispeed = 0.5             # 原始速度
```

```
speed = orispeed
last_move_time = None
pause = False                  ♯ 暂停
while True:
for event in pygame.event.get():
    if event.type == QUIT:
        sys.exit()
  elif event.type == KEYDOWN:
        if event.key == K_RETURN:
            if game_over:
                start = True
                game_over = False
                b = True
                snake = init_snake()
                food = create_food(snake)
                food_style = get_food_style()
                pos = (1, 0)
                ♯ 得分
                score = 0
                last_move_time = time.time()
        elif event.key == K_SPACE:
            if not game_over:
                pause = not pause
        elif event.key in (K_w, K_UP):
            ♯ 这个判断是为了防止蛇向上移时玩家按了向下键,导致直接
              GAME OVER
            if b and not pos[1]:
                pos = (0, -1)
                b = False
        elif event.key in (K_s, K_DOWN):
            if b and not pos[1]:
                pos = (0, 1)
                b = False
        elif event.key in (K_a, K_LEFT):
            if b and not pos[0]:
                pos = (-1, 0)
                b = False
        elif event.key in (K_d, K_RIGHT):
            if b and not pos[0]:
```

```
                    pos = (1, 0)
                    b = False
    # 填充背景色
    screen.fill(BGCOLOR)
    # 画网格线 竖线
    for x in range(SIZE, SCREEN_WIDTH, SIZE):
        pygame.draw.line(screen, BLACK, (x, SCOPE_Y[0] * SIZE), (x, SCREEN_
        HEIGHT), LINE_WIDTH)
    # 画网格线 横线
    for y in range(SCOPE_Y[0] * SIZE, SCREEN_HEIGHT, SIZE):
        pygame.draw.line(screen, BLACK, (0, y), (SCREEN_WIDTH, y), LINE_WIDTH)
    if not game_over:
        curTime = time.time()
        if curTime-last_move_time > speed:
            if not pause:
                b = True
                last_move_time = curTime
                next_s = (snake[0][0] + pos[0], snake[0][1] + pos[1])
                if next_s == food:
                    # 吃到了食物
                    snake.appendleft(next_s)
                    score += food_style[0]
                    speed = orispeed-0.03 * (score // 100)
                    food = create_food(snake)
                    food_style = get_food_style()
                else:
                    if SCOPE_X[0] <= next_s[0] <= SCOPE_X[1] and SCOPE_Y[0]
                    <= next_s[1] <= SCOPE_Y[1] \
                        and next_s not in snake:
                    snake.appendleft(next_s)
                    snake.pop()
                else:
                    game_over = True
        # 画食物
        if not game_over:
            # 避免 GAME OVER 的时候把 GAME OVER 的字给遮住了
            pygame.draw.rect(screen, food_style[1], (food[0] * SIZE,
            food[1] * SIZE, SIZE, SIZE), 0)
        # 画蛇
```

```
for s in snake：
    pygame.draw.rect(screen, DARK, (s[0] * SIZE + LINE_WIDTH, s
    [1] * SIZE + LINE_WIDTH, SIZE - LINE_WIDTH * 2, SIZE -
    LINE_WIDTH * 2), 0)
print_text(screen, font1, 30, 7, f'速度：{score//100}')
print_text(screen, font1, 450, 7, f'得分：{score}')
if game_over：
    if start：
        print_text(screen, font2, (SCREEN_WIDTH-fwidth) // 2,
        (SCREEN_HEIGHT-fheight) // 2,'GAME OVER', RED)
pygame.display.update()
```

12.3.2　网络爬虫与信息提取

网络爬虫是一种按照一定的规则,自动地抓取万维网信息的程序或者脚本。另外,一些不常使用的名字还有蚂蚁、自动索引、模拟程序或者蠕虫。本书案例将引入爬取豆瓣最受欢迎的 250 部电影的例子。

(1) 首先是搭建爬虫环境。Urllib、re 这两个库是 Python 的内置库,直接导入即可。

```
import urllib
import urllib.request
response = urllib.request.urlopen("http://www.baidu.com")
print(response)
```

返回结果为 HTTPResponse 的对象即为导入成功。

```
import re
```

该库为 Python 自带的库,直接运行不报错则证明导入成功。

(2) 接下来是用命令行形式安装 requests 库,在命令行中输入命令"pip3 install requests"进行安装,安装完成后进行验证。

```
>>> import requests
>>> requests.get('http://www.baidu.com')
<Response [200]>
```

(3) 做爬虫时可能会碰到使用 JS 渲染的网页,使用 requests 来请求时,可能无法正常获取内容,我们使用 selenium 可以驱动浏览器获得渲染后的页面。selenium 也是通过"pip3 install selenium"命令来安装的。安装完成进行验证。

```
>>> import selenium
>>> from selenium import webdriver
>>> driver = webdriver.Chrome()
DevTools listening on ws://127.0.0.1:60980/devtools/browser/7c2cf211-1a8e-
41ea-8e4a-c97356c98910
>>> driver.get('http://www.baidu.com')
```

上述命令可以直接打开 chrome 浏览器,并且打开百度网页。但是,在这之前我们必须安装 chromedriver 和 googlchrome 浏览器,用户可自行去官网下载。当我们安装完毕后再运行这些测试代码可能依旧会出现一闪而退的情况,这是由于 chrome 和 chromdriver 的版本不兼容而导致的,重新下载 chrome 或 chromedriver 的版本即可。

(4) lxml 是 Python 的一个解析库,支持 HTML 和 XML 的解析,支持 XPath 解析方式,而且解析效率非常高。使用"pip3 install lxml"命令安装,beautifulsoup 是一个网络解析库,依赖于 lxml 库,必须使用"pip3 install beautifulsoup4"命令安装,因为 beautifulsoup 已经停止维护了。安装完成之后进行验证。

```
>>> from bs4 import BeautifulSoup
```

(5) PyQuery 是解析文档的不二之选。PyQuery 是 Python 仿照 jQuery 的严格实现。其语法与 jQuery 几乎完全相同,较 bs4 更加方便,也是使用 pip3 安装。

```
>>> from pyquery import PyQuery as pq  # 将其重命名
>>> doc = pq('<html></html>')
>>> doc = pq('<html>hello world</html>')
>>> result = doc('html').text()
```

本书先介绍以上几个常用的库,如果同学们需要更多的库可以自行查阅资料进行学习。以下是爬取豆瓣最受欢迎的 250 部电影的关键代码部分,具体操作步骤详见实验教程。

```python
import requests
import bs4
import re
def open_url(url):
    # 使用代理
    # proxies = {"http": "127.0.0.1:1080", "https": "127.0.0.1:1080"}
    headers = {'user-agent':'Mozilla/5.0 (Windows NT 10.0; WOW64) AppleWebKit/537.36 '
    '(KHTML, like Gecko) Chrome/69.0.3497.100 Safari/537.36 QIHU 360EE' }
    # res = requests.get(url, headers = headers, proxies = proxies)
    res = requests.get(url, headers = headers)
    return res
def find_movies(res):
    soup = bs4.BeautifulSoup(res.text,'html.parser')
    # 电影名
    movies = []
    targets = soup.find_all("div", class_ = "hd")
    for each in targets:
        movies.append(each.a.span.text)
        # 评分
    ranks = []
    targets = soup.find_all("span", class_ = "rating_num")
    for each in targets:
        ranks.append('评分:%s' % each.text)
```

```python
    # 资料
    messages = []
    targets = soup.find_all("div", class_ = "bd")
    for each in targets:
        try:
            messages.append(each.p.text.split('\n')[1].strip() + each.p.
            text.split('\n')[2].strip())
        except:
            continue
    result = []
    length = len(movies)
    for i in range(length):
        result.append(movies[i] + ranks[i] + messages[i] +'\n')
    return result
# 找出一共有多少个页面
def find_depth(res):
    soup = bs4.BeautifulSoup(res.text,'html.parser')
    depth = soup.find('span', class_ = 'next').previous_sibling.previous_
    sibling.text
    return int(depth)
def main():
    host = "https://movie.douban.com/top250"
    res = open_url(host)
    depth = find_depth(res)
    result = []
    for i in range(depth):
        url = host +'/? start =' + str(25 * i)
        res = open_url(url)
        result.extend(find_movies(res))
    with open("豆瓣 TOP250 电影.txt", "w", encoding = "utf-8") as f:
        for each in result:
            f.write(each)
if _name_ == "_main_":
    main()
```

12.3.3　泰坦尼克号遇难人数预测模型

泰坦尼克号遇难人数预测是机器学习中经典的分类模型问题,通过构造模型分析乘客的存活是运气原因还是存在一定的规律。在正式构建模型之前要先安装 Python 的算法库，包括 numpy、scipy 和 matplotlib。安装方法同上也是在命令行中进入 Python 中的 Scripts 目录，分别执行“pip3 install numpy”“pip3 install scipy”和“pip3 install matplotlib”命令，安装成功会有“Successfully installed xxx(库名)”的提示信息，表示此库安装成功。

(1) 首先我们先去 Kaggle 官网上下载已有的乘客信息，即 train. csv、test. csv、gender_submission. csv 数据集，如图 12.5、图 12.6 和图 12.7 所示。

	A	B	C	D	E	F	G	H	I	J	K	L
1	Passengerl	Survived	Pclass	Name	Sex	Age	SibSp	Parch	Ticket	Fare	Cabin	Embarked
2	1	0	3	Braund, Mı	male	22	1	0	A/5 21171	7.25		S
3	2	1	1	Cumings, M	female	38	1	0	PC 17599	71.2833	C85	C
4	3	1	3	Heikkinen,	female	26	0	0	STON/O2.	7.925		S
5	4	1	1	Futrelle, Mı	female	35	1	0	113803	53.1	C123	S
6	5	0	3	Allen, Mr. \	male	35	0	0	373450	8.05		S
7	6	0	3	Moran, Mr	male		0	0	330877	8.4583		Q
8	7	0	1	McCarthy,	male	54	0	0	17463	51.8625	E46	S
9	8	0	3	Palsson, M	male	2	3	1	349909	21.075		S
10	9	1	3	Johnson, M	female	27	0	2	347742	11.1333		S
11	10	1	2	Nasser, Mr	female	14	1	0	237736	30.0708		C
12	11	1	3	Sandstrom	female	4	1	1	PP 9549	16.7	G6	S
13	12	1	1	Bonnell, Mi	female	58	0	0	113783	26.55	C103	S
14	13	0	3	Saunderco	male	20	0	0	A/5. 2151	8.05		S
15	14	0	3	Andersson	male	39	1	5	347082	31.275		S
16	15	0	3	Vestrom, M	female	14	0	0	350406	7.8542		S
17	16	1	2	Hewlett, M	female	55	0	0	248706	16		S
18	17	0	3	Rice, Mast	male	2	4	1	382652	29.125		Q
19	18	1	2	Williams, M	male		0	0	244373	13		S
20	19	0	3	Vander Pla	female	31	1	0	345763	18		S
21	20	1	3	Masselmar	female		0	0	2649	7.225		C
22	21	0	2	Fynney, Mr	male	35	0	0	239865	26		S
23	22	1	2	Beesley, M	male	34	0	0	248698	13	D56	S
24	23	1	3	McGowan,	female	15	0	0	330923	8.0292		Q

图 12.5　train. csv 数据集

	A	B	C	D	E	F	G	H	I	J	K
1	Passengerl	Pclass	Name	Sex	Age	SibSp	Parch	Ticket	Fare	Cabin	Embarke
2	892	3	Kelly, Mr. J	male	34.5	0	0	330911	7.8292		Q
3	893	3	Wilkes, Mrs	female	47	1	0	363272	7		S
4	894	2	Myles, Mr.	male	62	0	0	240276	9.6875		Q
5	895	3	Wirz, Mr. A	male	27	0	0	315154	8.6625		S
6	896	3	Hirvonen, M	female	22	1	1	3101298	12.2875		S
7	897	3	Svensson, I	male	14	0	0	7538	9.225		S
8	898	3	Connolly, M	female	30	0	0	330972	7.6292		Q
9	899	2	Caldwell, M	male	26	1	1	248738	29		S
10	900	3	Abrahim, M	female	18	0	0	2657	7.2292		C
11	901	3	Davies, Mr.	male	21	2	0	A/4 48871	24.15		S
12	902	3	Ilieff, Mr. Yl	male		0	0	349220	7.8958		S
13	903	1	Jones, Mr.	male	46	0	0	694	26		S
14	904	1	Snyder, Mr	female	23	1	0	21228	82.2667	B45	S
15	905	2	Howard, M	male	63	1	0	24065	26		S
16	906	1	Chaffee, M	female	47	1	0	W.E.P. 573	61.175	E31	S
17	907	2	del Carlo, M	female	24	1	0	SC/PARIS 2	27.7208		C
18	908	2	Keane, Mr.	male	35	0	0	233734	12.35		Q
19	909	3	Assaf, Mr. (	male	21	0	0	2692	7.225		C
20	910	3	Ilmakanga	female	27	1	0	STON/O2.	7.925		S
21	911	3	Assaf Khali	female	45	0	0	2696	7.225		C
22	912	1	Rothschild,	male	55	1	0	PC 17603	59.4		C
23	913	3	Olsen, Mas	male	9	0	1	C 17368	3.1708		S

图 12.6　test. csv 数据集

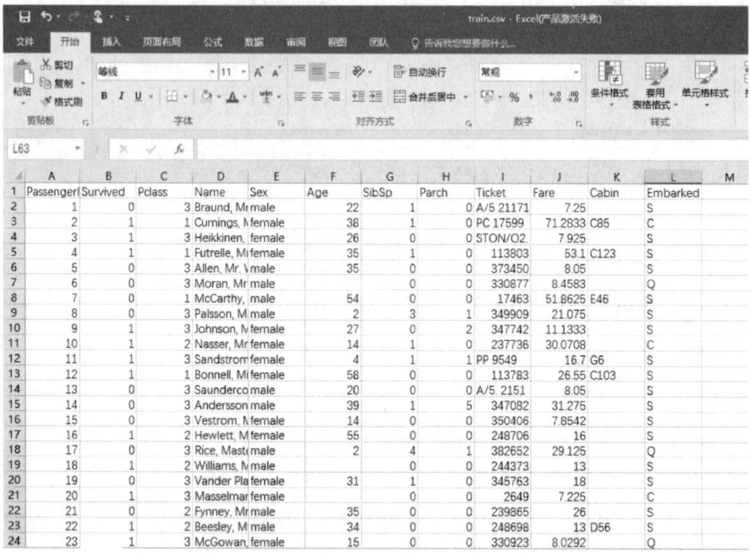

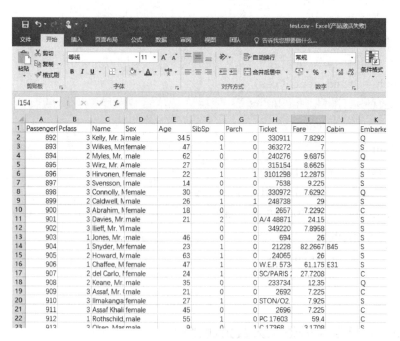

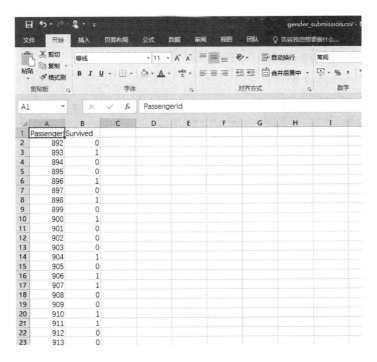

图 12.7　gender_submission.csv 数据集

先对给定数据集进行分析,根据常识,去除掉所给无用的特征。比如编号、乘客姓名、船票号。另外,给定的数据集中存在个别数据缺失的问题,我们对缺失数据赋予此特征在所有样本中的均值。对于 cabin 号,由于只有极个别样本中有这个特征,因此,我们不考虑这个特征。接下来展示使用随机森林进行预测的详细过程。

(2) 进行数据处理。

```
import csv    ＃加载读取 csv 文件的库
import numpy as np
filename ='F:/train.csv'
with open(filename) as f:
    reader = csv.reader(f)
    train_data = [row[2:]for row in reader]    ＃ 第 1 列是序列号,第 2 列为标签
    因此训练数据选择第 2 列以后的数据
    train_data.pop(0)                          ＃ 删除掉第 1 行(标题行)
with open(filename) as f:
    reader = csv.reader(f)
    train_label = [row[1]for row in reader]    ＃ 第 2 列是训练标签
    train_label.pop(0)
filename ='F:/test.csv'
with open(filename) as f:
    reader = csv.reader(f)
    test_data = [row[1:]for row in reader]     ＃测试集第 1 列是序列号,第 2 列以
```

后为数据集

```
        test_data.pop(0)
filename ='F:/gender_submission.csv'
with open(filename) as f:
        reader = csv.reader(f)
        test_label = [row[1]for row in reader]        # 测试数据集标签
        test_label.pop(0)
train_data = np.array(train_data)
test_data = np.array(test_data)
train_1 = np.delete(train_data,[1,6,8],axis = 1)
test_1 = np.delete(test_data,[1,6,8],axis = 1)
```

（3）从数据集中剔除无用特征。

```
train_data = np.array(train_data)                    # 把数据集从 list 格式转换为 矩阵
test_data = np.array(test_data)
train_1 = np.delete(train_data,[1,6,8],axis = 1)
                                                      # 删除姓名,船票号,船舱号这些列
test_1 = np.delete(test_data,[1,6,8],axis = 1)
```

（4）缺失值以及非数值数据处理。数据集中"年龄"和"旅费"有缺失值,求得训练样本中这两特征的均值,并赋给缺失值。

```
age = []
for i in range(train_1.shape[0]):
        if (train_1[i][2]! =''):
            age.append(np.float(train_1[i][2]))
ave_age = int(sum(age)/len(age))
        fare = []
for i in range(train_1.shape[0]):
        if (train_1[i][-2]! =''):
            fare.append(np.float(train_1[i][-2]))
ave_fare = float(sum(fare)/len(fare))
for i in range(test_1.shape[0]):
        if test_1[i][1] =='male':
            test_1[i][1] = 0
        if test_1[i][1] =='female':
            test_1[i][1] = 1
        if test_1[i][-1] =='S':
            test_1[i][-1] = 0
        if test_1[i][-1] =='C':
            test_1[i][-1] = 1
        if test_1[i][-1] =='Q':
```

```
        test_1[i][-1] = 2
    if test_1[i][-1] == '':
        test_1[i][-1] = 0
    if test_1[i][2] == '':
        test_1[i][2] = average
    if test_1[i][-2] == '':
        test_1[i][-2] = ave_fare
for i in range(train_1.shape[0]):
    if train_1[i][1] == 'male':              ♯男性取 0,女性取 1
        train_1[i][1] = 0
    if train_1[i][1] == 'female':
        train_1[i][1] = 1
    if train_1[i][-1] == 'S':                ♯3 个码头编号为 0,1,2
        train_1[i][-1] = 0
    if train_1[i][-1] == 'C':
        train_1[i][-1] = 1
    if train_1[i][-1] == 'Q':
        train_1[i][-1] = 2
    if train_1[i][-1] == '':                 ♯缺失值
        train_1[i][-1] = 0
    if train_1[i][2] == '':                  ♯年龄缺失 赋给均值
        train_1[i][2] = ave_age
```

经过以上的数据处理,训练数据已经成为有 7 个特征的数据集。

(5)接下来我们就可以构造分类器了。首先使用随机森林进行分类。参数值采用sklearn 中的默认值。

```
from sklearn.metrics import confusion_matrix,classification_report
import matplotlib.pyplot as plt
from sklearn.ensemble import RandomForestClassifier    ♯引入随机森林分类器
from sklearn.datasets import make_classification
clf = RandomForestClassifier()
clf.fit(train_1, train_label)                           ♯训练分类器
print(clf.feature_importances_)                         ♯输出每个特征的重要程度
pre_test = clf.predict(test_1)                          ♯预测结果
print(confusion_matrix(test_label,pre_test))            ♯输出预测结果的混淆矩阵
print(classification_report(test_label,pre_test))       ♯打印分类报告
```

输出结果如下:

[0.08066779 0.25796976 0.2639614 0.04288317 0.04141898 0.28226798
0.03083093]

[[231 35]

```
[ 41 111]]
```

	precision	recall	f1-score	support
0	0.85	0.87	0.86	266
1	0.76	0.73	0.74	152
avg / total	0.82	0.82	0.824	1

（6）我们得到的分类器对样本预测的正确率达到 82％。如果对分类器参数进一步调节，相信能取得更好的效果。使用支持向量机 SVM 分类预测示例如下：

```
from sklearn import svm
clf = svm.SVC(decision_function_shape = 'ovo',C = 20,gamma = 0.001) ♯其中 C 和
```

gamma 取值经过多次试验，取得一个分类效果比较好的数值

```
clf.fit(train_1, train_label)
svm_pre_test = clf.predict(test_1)
print(confusion_matrix(test_label,svm_pre_test))
print(classification_report(test_label,svm_pre_test))
```

运行结果如下：

```
[[227  39]
[ 13 139]]
```

	precision	recall	f1-score	support
0	0.95	0.85	0.90	266
1	0.78	0.91	0.84	152
avg / total	0.89	0.88	0.884	18

使用 svm 经过调参，分类正确率可以达到 89％。至此大致完成了对泰坦尼克号遇难人数的预测，虽然这个模型不是最优模型，对于数据处理部分相信还有更好的办法，有兴趣的同学可以课下尝试一下。

本 章 小 结

本章第 1 节主要介绍了关于 Python 的一些知识，从 Python 是什么到 Python 程序的基础语法格式等。第 1 小节介绍了 Python 的起源和 Python 语言相对于其他编程的特点。第 2 小节是针对初学者进行基础的 Python 环境搭建，依托的主要是 Windows 系统，Linux 或 Mac 系统中的环境搭建可参照官网下载对应的安装包来进行安装，具体搭建步骤详见实验教程。第 3 小节介绍了 Python 的一些基本语法，比如，书写程序时的注意事项以及程序执行的方式。第 4 小节向读者展示了如何在 Python 中定义和使用变量以及常用的几种运算符，使初学者更容易上手。第 5 小节介绍了 Python 中常用的存储数据的类型，列表、元组、字典和集合，这对于以后进行高级编程很重要，读者要好好学习这部分内容，无论使用什么编程语言对于字符串的处理都是很麻烦的，所以本书在第 6 小节专门介绍了 Python 平台中常用的字符串和字符串方法，方便以后处理有关字符串的问题。

第 2 节主要介绍了 Python 程序设计基础，包括流程控制、函数、类、对象和文件操作等。第 1 小节介绍了常用的 3 种流程控制语句和使用方法，重点和难点主要是选择结构和循环

结构,尤其是循环结构,读者要进行深入、系统的学习。第 2 小节向读者展示了函数的基本概念和实际开发情况中常用的函数使用方法,其中重点和难点是对于函数参数的理解和运用,这部分内容要深入理解。第 3 小节介绍了 Python 作为一门面对对象语言最重要的特性就是面向对象编程,在这之前首先要理解类和对象的有关内容,为以后的面向对象编程打下良好的基础,要掌握并熟练应用其中有关类的三大特性。第 4 小节介绍了简单的文件操作,更深入的有关文件操作的内容读者可以查阅相应资料进行学习。

第 3 节结合同学们的实际情况和实际需要讲述了用 Python 语言编写的 3 个实例,首先是贪吃蛇游戏,帮助大家理清有关编程的逻辑思路,编写代码的逻辑一定要严谨。其次是大家在以后进行数据分析时首先要进行的数据提取,即网络爬虫,从网络上得到需要使用的数据集,从而进行下一步工作。最后是机器学习的算法,利用 Python 语言构建相应的数学模型来解决实际问题。

习　题

1. 填空题

（1）Python 语言语句块的标记为_____。

（2）转义字符'\n'的含义是_____。

（3）任意长度的 Python 列表、元组和字符串中最后一个元素的下标为_____。

（4）表达式[1,2,3]*3 的执行结果为_____。

（5）请给出 $2^{20}-1$ 的 Python 表达式_____。

（6）Python 表达式 4.5%2 的值为_____。

（7）Python 序列包括_____、_____、_____、_____等。其中_____是 Python 中唯一的映射类型。

（8）Python 中单行注释用_____,多行注释用_____。

（9）语句 print('AAA','BBB',seq='—',end='! ')的执行结果是_____。

（10）判断整数 i 能否同时被 3 和 5 整除的 Python 表达式为_____。

（11）Python 中无穷循环 while true 的循环体中可用_____语句退出循环体。

（12）已知 $x=[1,2]$ 和 $y=[3,4]$,那么 $x+y$ 的结果为_____。

（13）函数定义的关键字为_____。

（14）函数定义时确定的参数称为_____,而函数调用时提供的参数称为_____。

（15）Python 文件操作时用_____打开文件,用_____关闭文件。

（16）当存在一个 abc.txt 文件时,语句 myfile = open("abc.txt","w")的功能是_____。

（17）在直角坐标系中,x、y 是坐标系中任一点的位置。用 x、y 表示第一象限或第二象限的 Python 表达式为_____。

（18）Python 语句 print(set([1,2,1,2,3]))的结果是_____。

（19）执行循环语句 for i in range(1,5):pass 后,变量 i 的值是_____。

（20）设有 f = lambda x,y:{x:y},则 f(5,10)的值是_____。

2. 单选题

(1) Python 源程序的执行方式为（　　　）。

A. 编译执行　　　　　　B. 解析执行　　　　　　C. 直接执行　　　　　　D. 边编译边执行

(2) 关于 Python 语言的特点,以下选项中描述错误的是（　　　）。

A. Python 语言是非开源语言

B. Python 语言是跨平台语言

C. Python 语言是多模型语言

D. Python 语言是脚本语言

(3) 下面哪个不是 Python 的合法标识符?（　　　）

A. int32　　　　　　　B. 40XL　　　　　　　C. self　　　　　　　　D. _name_

4. 下列哪个语句在 Python 中是非法的?（　　　）

A. x = y = z = 1　　　B. x = (y = z + 1)　　C. x,y = y,x　　　D. x += y

(5) 关于 Python 内存管理,下列说法错误的是（　　　）。

A. 变量不必事先声明　　　　　　　　　B. 变量无须先创建和赋值就可以直接使用

C. 变量无须指定类型　　　　　　　　　D. 可以使用 del 释放资源

(6) Python 不支持的数据类型是（　　　）。

A. char　　　　　　　B. int　　　　　　　C. float　　　　　　　D. list

(7)（多选）下列哪种说法是错误的?（　　　）

A. 除字典类型外,所有标准对象均可以用于布尔测试

B. 空字符串的布尔值是 False

C. 空列表对象的布尔值是 False

D. 值为 0 的任何数字对象的布尔值是 False

(8) 关于字符串下列说法错误的是（　　　）。

A. 字符应该视为长度为 1 的字符串

B. 字符串以"\0"标志字符串的结束

C. 既可以用单引号,也可以用双引号创建字符串

D. 在三引号字符串中可以包含换行回车等特殊字符

(9) 以下不能创建一个字典的语句是（　　　）。

A. dict1 = {}　　　　　　　　　　　　B. dict2 = { 3 : 5 }

C. dict3 = dict（[2 , 5],[3 , 4]）　　D. dict4 = dict（（[1,2],[3,4]）)

(10)（多选）以下哪个为创建分配内存的方法（　　　）。

A. new（）　　　　　　　　　　　　　B. init()

C. del()　　　　　　　　　　　　　　D. 没有正确答案

(11) 以下哪个不属于面向对象的特征?（　　　）

A. 封装　　　　　　　B. 继承　　　　　　　C. 多态　　　　　　　D. 复合

(12) 下列哪个不是 Python 语言的保留字?（　　　）

A. except　　　　　　B. do　　　　　　　C. pass　　　　　　　D. while

(13) 假设有字符串 s = "Happy New Year",则 s[3:8]的值为（）。

A. "ppy Ne"　　　　　B. "py Ne"　　　　　C. "ppy N"　　　　　　D. "py New"

（14）以下那个不是合法的布尔表达式？（　　　）

A．x in range(6)　　B．3 = a　　　　　　C．e > 5 and 4 == f　D．(x - 6) > 5

（15）下列代码的执行结果是什么？（　　　）

```
x = 1
def change(a):
    x += 1
    print(x)
change(x)
```

A．1　　　　　　　　B．2　　　　　　　　C．3　　　　　　　　D．报错

（16）下列哪种类型是 Python 的映射类型？（　　　）

A．str　　　　　　　B．list　　　　　　C．tuple　　　　　D．dict

（17）下列哪种函数参数定义不合法？（　　　）。

A．def myfunc(* args)：

B．def myfunc(arg = 1)：

C．def myfunc(* args,a = 1)：

D．def myfunc(a = 1, * * args)：

（18）下列哪种不是 Python 元组的定义方式？（　　　）

A．(1)　　　　　　　B．(1,)　　　　　C．(1,2)　　　　　D．(1,2,(3,4))

（19）以下程序的输出结果是（　　　）。

```
dat = ['1','2','3','0','0','0']
for item in dat:
if item == '0':
dat.remove(item)
print(dat)
```

A．['1','2','3']　　　　　　　　　　B．['1','2','3','0','0']

C．['1','2','3','0','0','0']　　　　D．['1','2','3','0']

（20）以下程序的输出结果是（　　　）。

```
ss = list(set("jzzszyj"))
ss.sort()
print(ss)
```

A．['z','j','s','y']　　　　　　　　B．['j','s','y','z']

C．['j','z','z','s','z','y','j']　　D．['j','j','s','y','z','z','z']

3．简答题

（1）简述执行 Python 脚本的两种方式。

（2）简述 Python 语言的特点。

（3）声明变量的注意事项有哪些？

（4）简述列表、元组、字典和集合的异同。

（5）阅读代码，请写出执行结果。

```
a = "python"
```

```
b = a.capitalize()
print(a)
print(b)
```

（6）常用的字符串格式化有哪几种？

（7）数字、字符串、列表、元组、字典对应的布尔值的 False 分别是什么？

（8）int 与 string 之间如何转化？转换的结果是什么？有没有条件？

（9）简述解释型和编译型编程语言的异同。

（10）简述一个典型的 Python 文件应该具有怎样的结构？

（11）简述 continue 和 break 的区别。

（12）什么是 lambda 函数？使用它有什么好处？

（13）面向对象语言都有封装、继承、多态的特性，分别描述封装、继承、多态的含义和作用。

（14）简述 read()、readline()、readlines()函数的区别。

（15）使用 open()函数时，指定打开文件的模式有哪几种？其默认打开模式是什么？

（16）为什么应尽量从列表的尾部进行元素的增加与删除操作？

（17）异常和错误有什么区别？

（18）如何判断是函数还是方法？

（19）简述函数进行参数传递时几种参数形式。

（20）值传递和引用传递有什么区别？两者分别用在什么场合？

4. 程序题

（1）查找列表 li 中的元素，移除每个元素的空格，并找出以"A"或者"a"开头，并以"c"结尾的所有元素，并将它们添加到一个新列表中，最后循环打印这个新列表。

```
li = ['taibai','alexC','AbC','egon','Ritian','Wusir','  aqc']
```

（2）实现一个整数加法计算器。

如：content = input('请输入内容:')

如用户输入：5+8+7…（最少输入两个数相加），然后进行分割再进行计算，将最后的计算结果添加到此字典中（替换 None）：

dic = {'最终计算结果':None}

（3）输入 3 个数，x、y、z，把这 3 个数由小到大输出。

（4）输入某年某月某日，并判断这一天是这一年的第几天。

（5）写一个购物车程序，具体功能如下。

用户输入总资产，例如，2 000 元；显示商品列表，让用户根据序号选择商品，并加入购物车；购买，如果商品总额大于总资产，提示账户余额不足，否则，购买成功。

（6）利用条件运算符的嵌套来完成此题：学习成绩＞＝90 分的同学用 A 表示，60～89 分之间的用 B 表示，60 分以下的用 C 表示。

（7）输入一行字符，分别统计出其中英文字母、空格、数字和其他字符的个数。

（8）随机输入 10 个数，并从大到小对其进行排序。

（9）a 和 b 是两个列表变量，已知 $a=[3,6,9]$，键盘输入 b，计算 a 中元素与 b 对应元素乘积的累加和。

（10）编写一个函数,判断随机输入的一个数是否为素数。

（11）请编写一个函数实现将 IP 地址转换成一个整数。

例如,12.3.9.12 转换为 123912(去掉'.')。

（12）编写程序。在 D 盘根目录下创建一个文本文件 test. txt,并向其中写入字符串 "hello world"。

（13）向上述文本文件中追加内容"好好学习 天天向上"。

（14）编写一个程序,统计当前目录下每个文件类型的文件数。

（15）定义一个学生类,包括以下内容。

① 类属性:

姓名、年龄、成绩(语文,数学,英语)。

注:每科成绩的类型为整数。

② 类方法:

获取学生的姓名:get_name()。返回类型为 string。

获取学生的年龄:get_age()。返回类型为 int。

返回 3 门科目中最高的分数:get_course()。返回类型为 int。

写好类以后,可以定义 1～2 个如下同学测试:

```
zm = Student('zhangming',20,[69,88,100])。
```

参 考 文 献

[1] 姜薇,张艳.大学计算机基础教程[M].徐州:中国矿业大学出版社,2008.

[2] 丛晓红,郭江鸿.大学计算机基础[M],北京:清华大学出版社,2010.

[3] 耿国华.大学计算机应用基础[M],北京:清华大学出版社,2010.

[4] 杨素行.微型计算机系统原理及应用[M].北京:清华大学出版社,2009.

[5] 常晋义,王小英,周蓓.计算机系统导论[M].北京:清华大学出版社,2011.

[6] 张尧学,史美林,张高.计算机操作系统教程[M].3版.北京:清华大学出版社,2006.

[7] 潘卫华,张丽静,张锋奇,等.大学计算机基础[M].北京:人民邮电出版社,2015.

[8] 钟玉琢,沈洪,吕小星,等.多媒体技术基础及应用[M].北京:清华大学出版社,2000.

[9] 林福宗.多媒体技术基础[M].北京:清华大学出版社,2000.

[10] 赵子江,吴海燕.多媒体技术基础[M].北京:机械工业出版社,2004.

[11] 刘甘娜.多媒体应用基础[M].3版.北京:高等教育出版社,2003.

[12] 谢希仁.计算机网络[M].5版.北京:电子工业出版社,2008.

[13] 高敬阳,朱群雄.大学计算机基础[M].北京:清华大学出版社,2012.

[14] 贾宗璞,许合利.大学计算机基础[M].徐州:中国矿业大学出版社,2008.

[15] 陆汉权.大学计算机基础教程[M].浙江:浙江大学出版社,2006.

[16] 严蔚敏,吴伟民.数据结构C语言版[M].北京:清华大学出版社,2007.

[17] 赵学军,钱旭主.C语言与程序设计[M].北京:清华大学出版社,2013.

[18] 李代平.软件工程[M].3版.北京:清华大学出版社,2011.

[19] 张海藩.软件工程导论[M].5版.北京:清华大学出版社,2008.

[20] 冯博琴,贾应智,张伟.大学计算机基础[M].3版.北京:清华大学出版社,2010.

[21] 许合利,沈记全.计算机文化基础[M].徐州:中国矿业大学出版社,2005.

[22] 李存斌.计算机公共基础教程[M].北京:高等教育出版社,2008.

[23] 李秀,安颖莲,田荣牌,等.计算机文化基础[M].北京:清华大学出版社,2006.

[24] 贾积有.大学计算机应用基础[M].浙江:浙江大学出版社,2007.

[25] 韦鹏程,石熙,邹晓兵.物联网导论[M].北京:清华大学出版社,2017.

[26] 刘鹏,张燕,张重生,等.大数据[M].北京:电子工业出版社,2017.

[27] 王万森.人工智能[M].北京:人民邮电出版社,2011.

[28] 周勇.计算思维与人工智能基础[M].北京:人民邮电出版社,2019.

[29] 奥尔索夫.Python编程无师自通:专业程序员的养成[M].宋秉金,译.北京:人民邮电出版社,2019.